耦合仿生学

任露泉　梁云虹　著

科学出版社

北京

内 容 简 介

生物界普遍存在的生物耦合现象是多元耦合仿生的重要生物学基础，它为仿生学，尤其是工程仿生学带来新的研究理念和思维。本书从系统生物学、应用生物学和仿生学的角度，系统地阐述了生物耦合的作用机制、特征规律、耦合仿生设计与制造的基础理论和关键技术及其最新研究进展。

全书共分 12 章，除系统介绍和阐释了生物耦合的基本构成与主要特征、耦合原理与作用规律、生成机制与功能实现模式外，还重点阐述了基于生物耦合分析的生物建模和仿生建模、仿生耦合设计及仿生耦合功能产品的制造，此外还介绍了耦合仿生的效能评价。书中详述了大量实例，以方便读者借鉴。

本书可作为仿生学、应用生物学、系统生物学、生物工程、生物医学工程、机械工程、材料工程和农业工程等学科专业的教师、本科生、研究生的教学或科学研究的参考书，也可供相关学科专业的科研人员、技术人员和设计人员参考。

图书在版编目(CIP)数据

耦合仿生学/任露泉，梁云虹著. —北京: 科学出版社，2011
ISBN 978-7-03-030378-3

Ⅰ.①耦… Ⅱ.①任…②梁… Ⅲ.①耦合-仿生 Ⅳ.①TB17

中国版本图书馆 CIP 数据核字（2011）第 029455 号

责任编辑：夏 梁 王 静 刘 晶/责任校对：刘小梅
责任印制：徐晓晨/封面设计：耕者设计工作室

科学出版社 出版
北京东黄城根北街 16 号
邮政编码：100717
http://www.sciencep.com

北京凌奇印刷有限责任公司印刷
科学出版社发行 各地新华书店经销
*
2012 年 1 月第 一 版 开本：B5（720×1000）
2025 年 1 月第四次印刷 印张：19 3/4
字数：396 000
定价：128.00元
（如有印装质量问题，我社负责调换）

前　　言

　　生物经过亿万年的进化，优化出各种各样的形态、构形、结构和材料等，展现出多种多样的功能特征，成为对生存环境具有最佳适应性和高度协调性的系统。生物适应其生境所呈现的各种功能，不仅仅是单一因素的作用，还是互相依存、互相影响的多个因素通过适当的机制耦合、协同作用的结果，亦即生物的不同形态、结构、材料等因素通过彼此之间的耦合作用而达到生物功能的最优化、对环境适应的最佳化和生物物质与能量消耗的最低化。显然，生物通过两个或两个以上不同因素的耦合作用有效地实现生物的各种功能，充分展现其对生境的最佳适应性，这种生物耦合现象是生物界普遍存在的。因此，学习和模拟生物这种耦合机制的多元耦合仿生，较之仅学习和模拟影响生物功能单一因素的单元仿生，更接近生物的功能原理，将会产生更好的仿生效能，将加快仿生从形似向神似迈进的步伐。

　　生物耦合是多元耦合仿生的生物学基础，因此，学习和模拟生物耦合机制与规律的多元耦合仿生，是不同于传统单元仿生的多元仿生，是更接近于生物实际的仿生，是从概念、内容到方法上的全新的仿生理念，有望解决传统单元仿生难以解决的问题。例如，荷叶、苇叶等植物叶片和蝴蝶等昆虫翅膀，通过表面形态、复合结构和表面低能化材料相耦合，具有显著的自洁功能。学习和模拟这些生物的耦合原理，进行三元耦合仿生，有望解决高能表面的自洁问题，这是单纯的形态仿生、结构仿生、材料仿生等单元仿生难以解决的。多元耦合仿生理论与技术在生物功能的仿生实现中正发挥着越来越重要的作用。

　　目前，在国际仿生领域，单元仿生仍占主导地位，如形态仿生、结构仿生、材料仿生、柔(弹)性仿生等，尤其是非光滑形态仿生仍是国际众多工程仿生领域研究的热点。可喜的是，单元仿生向多元仿生的发展正形成新的研究趋势，而耦合仿生正在助推之。在国家自然科学基金委员会的大力支持下，2008 年、2010 年举行的第二届、第三届国际仿生工程学术会议，都将耦合仿生学作为会议专题之一，引起国内外同行的极大兴趣，得到高度评价。虽然耦合仿生的理念提出仅仅数年，但已显示出巨大的生命力，尤其在工程仿生领域，发展迅速，成果频出，涌现一批仿生耦合技术与产品，产生了明显的仿生效能。但这仅仅是耦合仿生学发展的初步，大量的问题还有待探究，大量的技术还有待研发，尤其是由于生物耦合的多样性、耦合机制的复杂性、耦合仿生的多元交融性，使生物耦合的建模及其仿生研究异常困难，研究任务还相当艰巨。

耦合仿生学是仿生学的最新发展之一，是仿生学的重要组成部分，它将促进仿生学从单元向多元，从形似向神似，从单场单相向几何、物理、化学、生物等多场多相优质交融的方向发展。研究生物耦合中形态、结构、材料等因素的协同作用机制与规律，建立具有普遍意义的生物耦合模型，是全面构建生物材料–结构–形态–功能一体化的仿生耦合理论与技术的关键。在生物耦合研究基础上进行的多元耦合仿生设计制造，正向着多因素优质集成化、结构智能化、材料多样化、功能系统化的现代仿生设计制造的前沿水平发展，展现功能时，将具更佳的环境适应性和更强的时空调控能力。可见，耦合仿生学将为仿生科学与工程提供更为宽广的探索空间和更为美好的发展前景。

本书主要取材于国家自然科学基金重点项目(Grant No.50635030)资助下取得的成果和作者及其研究团队在国内外专业期刊与学术会议上发表的学术论文。全书共 12 章，第 1 章至第 6 章是生物耦合的基础理论，主要包括生物耦合的基本构成、耦合原理、特征规律、生成机制及其功能实现；第 7 章至第 11 章是耦合仿生的基本理论和关键技术，主要包括在生物耦合分析基础上的生物建模与仿生建模、仿生耦合设计与制造及其试验应用；第 12 章主要阐述耦合仿生的效能评价。书中列举了大量实例，许多是耦合仿生学的最新研究成果，为方便读者借鉴，我们大多进行了详述。

本书可作为仿生学、应用生物学、系统生物学、生物工程、生物医学工程、机械工程、材料工程和农业工程等学科专业的教师和本科生、研究生教学及科学研究的参考书，也可以供相关学科专业的科研人员、技术人员和设计人员参考。

本书在写作过程中参阅了国内外相关的文献资料，在此向所有原作者与译者一并表示感谢！作者还向关心与支持本书出版的有关部门、有关学者、专家和同事表示衷心的谢意！

限于水平，书中疏漏和不妥之处在所难免，诚请读者指正。

作　者
2011 年 8 月

目　录

前言
第1章　绪论 …………………………………………………………………………… 1
1.1　单元仿生 ……………………………………………………………………… 2
1.2　生物耦合现象 ………………………………………………………………… 18
1.3　多元耦合仿生 ………………………………………………………………… 19
1.4　耦合仿生学研究内容 ………………………………………………………… 20
参考文献 …………………………………………………………………………… 20
第2章　生物的功能、特性与行为 ……………………………………………… 26
2.1　生物功能 ……………………………………………………………………… 26
2.2　生物特性 ……………………………………………………………………… 38
2.3　生物行为 ……………………………………………………………………… 40
2.4　生物功能、特性与行为异同 ………………………………………………… 53
参考文献 …………………………………………………………………………… 53
第3章　生物耦元及其耦联方式 ………………………………………………… 56
3.1　生物耦元 ……………………………………………………………………… 56
3.2　生物耦元耦联方式 …………………………………………………………… 72
参考文献 …………………………………………………………………………… 80
第4章　生物耦合 …………………………………………………………………… 84
4.1　生物耦合定义 ………………………………………………………………… 84
4.2　生物耦合条件 ………………………………………………………………… 85
4.3　生物耦合分类 ………………………………………………………………… 86
4.4　生物耦合基本特征规律 ……………………………………………………… 93
参考文献 …………………………………………………………………………… 96
第5章　生物耦合功能原理与实现模式 ………………………………………… 98
5.1　生物耦合功能原理 …………………………………………………………… 98
5.2　生物耦合功能实现模式 ……………………………………………………… 120
参考文献 …………………………………………………………………………… 126

第6章　生物耦合生成机制··130

　　6.1　生物耦合生成条件··130

　　6.2　生物耦合生成驱动力··131

　　6.3　生物耦合生成过程··141

　　6.4　生物耦合生成控制、修复与再生··142

　　参考文献··144

第7章　生物耦合分析··147

　　7.1　生物耦合分析一般程式··147

　　7.2　生物耦合模块分析法··148

　　7.3　生物耦合可拓分析··154

　　参考文献··165

第8章　生物耦合建模··167

　　8.1　生物耦合模型··167

　　8.2　生物耦合建模原理··174

　　8.3　典型生物耦合模型··178

　　参考文献··209

第9章　仿生耦合建模··212

　　9.1　仿生耦合模型··212

　　9.2　仿生耦合建模原理··217

　　9.3　典型仿生耦合模型··218

　　参考文献··229

第10章　仿生耦合设计··231

　　10.1　仿生耦合设计的概念与内涵··231

　　10.2　仿生耦合设计准则··235

　　10.3　仿生耦合设计方法··236

　　10.4　仿生耦合设计过程··249

　　参考文献··255

第11章　仿生耦合功能产品的设计与制造··257

　　11.1　仿生耦合脱附减阻功能产品的设计与制造··257

　　11.2　仿生耦合自洁功能产品的设计与制造··261

　　11.3　仿生耦合抗疲劳功能产品的设计与制造··268

　　11.4　仿生耦合视频隐身变色功能材料的设计与制造··278

参考文献 ……………………………………………………………… 285
第 12 章　耦合仿生效能评价 ……………………………………… 288
　12.1　多元耦合仿生效能 …………………………………………… 288
　12.2　传统的评估方法和常用评价方法 …………………………… 290
　12.3　多元耦合仿生效能评价方法的总体框架 …………………… 293
　12.4　多元耦合仿生效能评价关键技术 …………………………… 295
　12.5　多元耦合仿生效能评价实例 ………………………………… 299
　参考文献 …………………………………………………………… 304

参考文献 285

第12章 288

12.1 288

12.2 290

12.3 291

12.4 295

12.5 299

参考文献 304

第1章 绪 论

自然界中的生物，在优胜劣汰的进化过程中，为了生存，必须造就适应环境、延续生命的本领[1-2]。自古以来，五彩缤纷的生物界一直在强烈地吸引着人们的探索目光，是人类产生各种技术思想和发明创造灵感的不竭源泉；回顾科学技术发展的历史，不难发现，影响人类文明进程的许多重大发明都源于仿生思维。人类正是通过向大自然，特别是向生物界不懈地学习和模仿，从而不断地找出解决人类科技发展甚至经济建设和社会进步面临的诸多问题的答案与方法。

仿生学(bionics)是运用从生物界发现的机理与规律来解决人类需求的一门综合性的交叉学科，是利用自然生物系统构造和生命活动过程作为技术创新设计的依据，有意识地进行模仿与复制；它开启了人类社会由向自然界索取转入向生物界学习的新纪元[1]。简言之，仿生学就是研究生物系统的结构、性状、功能、能量转换、信息控制等各种优异的特性，并把它们应用到工程技术系统中，改善已有的技术工程设备，为工程技术提供新的设计思想、工作原理和系统构成的技术科学。仿生学的意义在于它将认识自然、改造自然和超越自然有机结合，将生物经过亿万年进化、优化逐渐具有的各种与生存环境高度适应的功能特性，移植到相应工程技术领域中，为人类提供最可靠、最灵活、最高效、最经济的接近于生物系统的技术系统，为科学技术创新提供新思路、新理论和新方法。

仿生学一经诞生就得到了迅猛发展，在许多科学研究和技术工程领域崭露头角，取得了巨大的成就。随着现代科学技术的发展和工程实际的需求，在众多的工程技术领域也相应地开展了对口的技术仿生研究。例如，航海部门对水生动物运动流体力学的研究；航天部门对鸟类、昆虫飞行的模拟及动物定位与导航研究；工程建筑对生物力学的模拟；无线电技术部门对于生物神经细胞、感觉器官和神经网络的模拟；计算机技术对于脑的模拟及生物智能的研究等。现今，许多国家为系统深化仿生学基础研究做了精心的长期计划准备。美国最早创建"仿生学"学科，并紧紧围绕国家的安全需求，在美国国防部先进研究计划署 (DARPA)的支持下，使生物机器人和仿生壁虎机器人的研究处于国际领先地位；英国的仿生学研究，在生物力学、仿生材料和仿生机械方面成效明显；德国通过德意志研究联合会 (DFG)持续支持与高校和企业的合作，在自清洁、汽车仿生设计等多个领域获得了巨大的成功；日本的仿蛇机器人和仿人机器人居国际前沿水平；我国在机械仿生、材料仿生、智能仿生、非光滑形态仿生、功能表面仿生、壁虎运动仿生、界面仿生脱附减阻等方面的研究取得了丰硕的成果。

仿生学的研究内容是极其丰富多彩的，因为生物界本身就包含着成千上万的种类，它们具有各种优异的结构和功能供各行各业来研究。人们既可以独立对生物某一方面或某一个因素进行单元仿生，也可以同时模拟生物的多个方面或多个因素进行多元耦合(协同)仿生。目前，在国际仿生领域，单元仿生仍占主导地位，如形态仿生、结构仿生、材料仿生、柔性仿生和构形仿生等。

1.1 单 元 仿 生

1.1.1 形态仿生

形态仿生，其核心是通过相似类比模拟生物的表观形态以实现一定的功能。在单元仿生中，形态仿生，特别是非光滑形态仿生，已成为国际工程仿生领域研究的热点。

1. 水生动物非光滑形态仿生

目前，对于水生动物非光滑形态仿生研究，美国、澳大利亚、中国等国家重点研究鲨鱼、鲸等大型水生动物体表形态特征，进行形态仿生减阻研究。对鲨鱼体表研究发现，其皮肤表面规则地分布着许多盾鳞，这种盾鳞嵌在皮肤内的是骨质基板，露在外面的是具有珐琅质的棘。每片鳞片上都有顺流向排列的 V 形微沟槽，而且以特殊的方式排列，如图 1-1(a)和(b)所示。Walsh 等[3-5]研究发现，顺流方向的微小沟槽表面能有效地降低壁面与水的摩擦阻力，提高游速。沟槽非光滑形态首先在航天领域得到了试验应用，1978 年美国航空航天局(NASA)率先开展了仿生非光滑鲨鱼皮的研究，设计出分布有微小凸状物的微观非光滑表面，并粘贴在机身表面，使机身表面阻力减少了 6%~8%[6-8]。澳大利亚的 Speedo 公司以此发明了仿生鲨鱼皮泳衣，其表面形态如图 1-1(c)所示，穿着此泳衣可减小水中阻力近 7.3%，从而大幅度提高游泳运动成绩。欧洲空中客车公司将空客 A320 试验机约 70%的表面贴上具有沟槽非光滑形态的薄膜，达到了节油 1%~2%的效果。美国 NASA 兰利中心在 Learjet 型飞机上开展了类似试验，研究结果表明，沟槽表面能使阻力减小约 6%。我国在仿水生动物非光滑形态减阻方面做了大量试验研究工作[9-12]，北京航空航天大学采用生物复制成形工艺制备出的仿鲨鱼减阻表面具有明显的减阻效果，在试验工况内，最大减阻率达到 8.25%[12]。西北工业大学在国产运七飞机的表面贴上沟槽非光滑形态膜，测试表明，阻力减少5%~8%[13]。

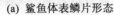

(a) 鲨鱼体表鳞片形态 　　　(b) 单个鳞片 　　　(c) 鲨鱼皮泳衣表面形态

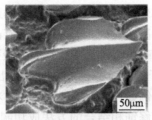

图1-1　鲨鱼体表鳞片及仿鲨鱼皮泳衣表面形态

此外，为防止海藻和海洋生物附着在船体上，影响船的机动性，美国Florida大学和英国Birmingham大学的科学家模拟鲨鱼皮非光滑形态，用塑料与橡胶合成一种被称为聚二甲基硅氧烷橡胶(PDMSe)的仿鲨鱼皮涂层材料，其表面由细小的菱形凸起构成，每个菱形凸起约15μm。表面的凸起会随着电流强度的变化而膨胀或收缩，从而在船体表面不断进行伸缩运动，这种运动不影响船的航速，而且还能有效地防止淤泥和其他生物对船体的附着[14]。

Fish和Miklosovic等[15-18]对鲸进行了大量的研究，发现座头鲸的鳍状肢边上存在球形的结节非光滑形态，如图1-2所示，其可以减小游动阻力；Bushnell和Moore[19]则认为这些球形结节不仅可以减小游动时的阻力，而且能有效提高升力。

图1-2　座头鲸鳍状肢上的球形结节非光滑形态

2. 植物叶片表面非光滑形态仿生

在植物叶片表面非光滑形态仿生研究中，德国重点研究荷叶等植物叶片表面形态，并进行微凸形态仿生防粘自洁研究[20-24]。在德国，该技术已经获得200多件专利，在纺织品、油漆、玻璃、瓷砖和塑料等行业得到广泛应用。我国对植物叶片表面非光滑形态也进行了大量的研究[25-34]，发现植物叶片表面普遍具有非光滑形态，主要有凸包形[图1-3(a)和(b)]、花状[图1-3(c)]、毛状[图1-3(d)]、条纹状[图 1-3(e)]、网格形[图 1-3(f)]等。非光滑单元体的形状、深径比和分布规律是影响植物表面润湿性强弱的决定性因素，其中，具有凸包形非光滑形态的植物叶片表面与水的接触角最大，疏水性和减粘脱附能力最强。这些研究成果为工程材料表面防粘自洁设计提供了借鉴，我国成功地研制出了仿生不粘炊具[35-36]及仿生超疏水表面材料[37-38]等。例如，Wu 等[39]在工程材料铝及其合金表面上通过简单快速的电化学反应与表面修饰相结合的方法成功制备了超双疏表面，该表面不仅对水、食用油、离子液体、有机溶剂、有机烷烃、聚合物熔体等各类非含氟液体表现出超疏特性，如图 1-4 所示，而且对航空润滑油类及原油也显示出极低的粘附性[39]。

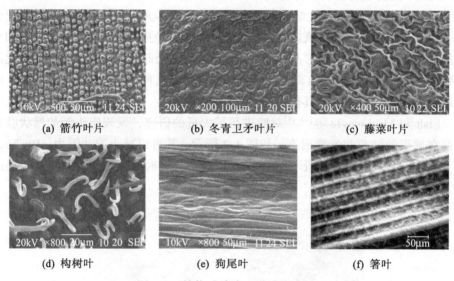

(a) 箭竹叶片   (b) 冬青卫矛叶片   (c) 藤菜叶片

(d) 构树叶   (e) 狗尾叶   (f) 箬叶

图 1-3　植物叶片表面非光滑形态

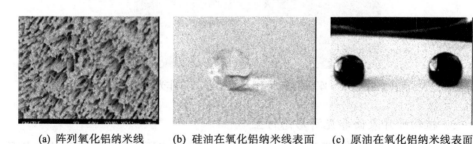

(a) 阵列氧化铝纳米线　(b) 硅油在氧化铝纳米线表面　(c) 原油在氧化铝纳米线表面

图 1-4　高场阳极氧化制备的阵列氧化铝纳米线形态及其粘附性

3. 土壤动物体表非光滑形态仿生

我国对土壤动物体表形态特征做了大量的研究工作，揭示了土壤动物体表非光滑形态脱附减阻机理，并开展非光滑形态脱附减阻工程仿生产品的设计与制造。自20世纪80年代初期开始，吉林大学(原吉林工业大学)工程仿生教育部重点实验室系统地开展了土壤动物体表非光滑形态的减粘、脱附、降阻的专项研究，在全国各地采集1万多个土壤动物标本，并筛选出非光滑体表特征较显著的3门7纲28种3000只土壤动物进行形态分析，发现其体表形态有密布鳞片、密生刚毛、凸包、凹坑、棱纹、纵向有节等几种类型。90年代初期，任露泉等[40-45]又从界面粘附角度对土壤动物非光滑表面进行了定义和分类，将其分成几何非光滑、力学非光滑、数学非光滑、化学非光滑和动态非光滑5种表面形态，并对几何非光滑结构单元进一步划分，将其分成凸包形、凹坑形、条纹形、波纹形、鳞片形、刚毛形等几种形态，如图1-5所示。对结构单元大小、分布和力学特性等进行了细致分析，并运用形态描述、数学建模、理论推导、计算机模拟(图1-6)等手段[46-47]，揭示了土壤动物体表非光滑形态脱附减阻的机理和规律[48-52]。同时，针对地面机械脱附减阻的实际需求，运用非光滑仿生理论与技术，结合地面机械的类型差异、触土部件作业规律和结构特点，制定了不同类型仿生非光滑产品开发的基本原则，所研制的4种系列10多个品种的仿生脱附减阻部件已在农业、建筑、矿山和电力等多种机械上应用。应用表明，这些仿生部件结构简单，能在不影响原机正常作业的情况下，与工作装置同步自动完成预定作业，且成本低、能耗小、效率高、脱附效果好。例如，仿生非光滑犁壁、仿生镇压辊和仿生非光滑电渗落煤斗等脱附率达90%[2]。

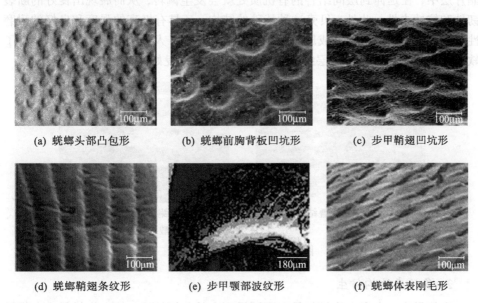

(a) 蝼蛄头部凸包形　　(b) 蝼蛄前胸背板凹坑形　　(c) 步甲鞘翅凹坑形

(d) 蝼蛄鞘翅条纹形　　(e) 步甲颚部波纹形　　(f) 蝼蛄体表刚毛形

图1-5　土壤动物体表非光滑形态

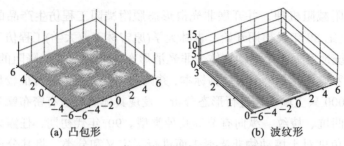

(a) 凸包形　　　　　　　　　(b) 波纹形

图 1-6　仿生非光滑表面计算机模拟

1.1.2　结构仿生

结构仿生是指模仿生物体不同尺度(宏观、微观、纳观)的结构模式,构建仿生结构/系统。自然界的生物,经过亿万年优胜劣汰、适者生存的进化,造就了许多优异的结构模式,如壳结构、多尺度结构、管状/多孔结构、膜翅结构、分形结构等。生物这些特殊的结构和功能,为人类工程仿生提供了天然的蓝本。

1. 壳结构仿生

自然界中有许多天然的壳状结构,如贝壳、蛋壳、豆荚等,它们具有的特殊结构,使其展现出超强的生物功能。例如,贝壳的珍珠层由陶瓷碳酸钙和有机质组成,这两种物质以"砖泥"形式交替层叠排列,形成软、硬相结合的结构,如图 1-7 所示[53-54]。当受一定的外力冲击时,表层晶片出现的裂纹不会扩展到其他晶片层中,在延伸到层间结合的有机质处就会发生偏转,从而展现出良好的断裂韧性和抗冲击性。此外,贝壳这种特殊的结构,还具有极高的强度和良好的耐磨性。基于贝壳珍珠层的构成原理和优良的力学性能,人们进行结构仿生,制备了软、硬材料交替叠合的多层结构复合材料,具有良好发好的综合性能[55-56]。

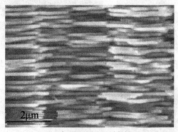 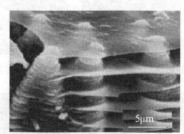

(a) 珍珠层层叠结构　　　　　(b) 成长中的鲍鱼珍珠层生长尖端的
碳酸钙柱与层

图 1-7　鲍鱼壳珍珠层结构

2. 多尺度结构仿生

自然界中,许多生物材料具有不同尺度上的分级结构,使生物材料具有优异的综合性能。例如，骨骼外层是紧密堆积的钙化层，由许多柱状的骨单位组成，内部细胞外层由细胞膜接受器包围；骨骼胶原质分子由钙化的无机物颗粒联结首尾构成胶原纤维，胶原纤维之间有由界面聚合物构成的纤维间基质[57]，如图1-8(a)所示。腱的多尺度分级结构，即从分子尺度原胶原开始，原胶原分子首尾相连，侧向聚集成微纤维，在亚纤维中原胶原分子排列成空间点阵结构，亚纤维组合在一起形成胶原纤维，多根胶原纤维按一定规则组装成纤维束单元，最后一级结构是由两根或三根纤维束组成的腱，如图1-8(b)所示。又如，木材细胞壁的膜结构也是一种天然的多尺度分级结构[58-59]，细胞壁可分为初生壁、次生壁外层(S_1)、次生壁中层(S_2)及次生壁内层(S_3) 4个副层。各副层是由纤维束分子组成的纤丝系统，每个纤维束又由多个微纤维束组成，每个微纤维束的微纤丝又是由许多纤维束分子链有规则地排列而成的微团构成，纤维束相互结合形成薄层，从而构成了具有层状分级结构的细胞壁，如图1-9所示。

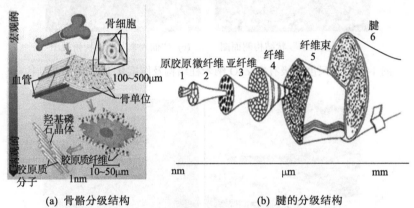

(a) 骨骼分级结构　　　　　　　(b) 腱的分级结构

图 1-8　骨骼和腱的多尺度分级结构

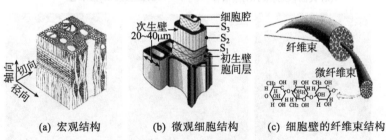

(a) 宏观结构　　　(b) 微观细胞结构　　　(c) 细胞壁的纤维束结构

图 1-9　木材的分级结构

　　骨骼、腱、木材等受到多尺度结构的控制而具有较高的强度、硬度和韧性，这为制备性能优异的仿生结构材料提供了一种策略。例如，Sounart 等[60]利用湿化学方法，通过晶体分步顺序成核和生长，在基底上陈列 ZnO 纳米柱来构筑复杂的多尺度分级有序结构，如图 1-10(a)所示。在此基础上，用类似方法，在已有的 ZnO 纳米柱上制造新的成核点，可以得到具有分级结构的 ZnO 图案化表面，如图 1-10(b)~(e)所示。

(a) ZnO 纳米柱结构

(b) 花状结构俯视图

(c) 花状结构侧面图

(d) "仙人掌"状结构侧面图

(e) "仙人掌"状结构俯视图

图 1-10 多尺度分级有序 ZnO 纳米柱结构及图案化 ZnO 纳米花结构

(a) 大面积3通道TiO$_2$微米管

(b) 2通道TiO$_2$微米管

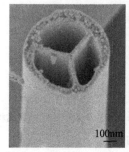
(c) 3通道TiO$_2$微米管

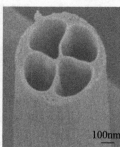
(d) 4通道TiO$_2$微米管

(e) 5通道TiO$_2$微米管

图 1-11 具有不同通道的 TiO$_2$ 微米管

3. 管状/多孔结构仿生

自然界中，许多生物具有多通道的管状结构。例如，许多植物的茎是中空的多通道微米管,使其在保证足够强度的前提下,可以有效节约材料;很多鸟类的羽毛和极地动物的皮毛都具有多通道管状结构,这种复杂精巧的结构在保持足够的机械强度前提下,不仅有效地减轻重量,又起到卓越的保温作用。由于其优异的性能,这种多通道管状结构受到科学家的广泛关注。例如,Zhao 等[61]利用多流体复合电纺技术,成功地制备出了具有仿生多通道结构的 TiO_2 微纳米管,而且通过简单调控内流体的数目,可以精确得到与内流体相应数目的 1、2、3、4、5 通道 TiO_2 微米管,如图 1-11 所示。

此外,自然界中许多生物还具有分级多孔结构,如木材、硅藻、竹子等,多孔结构使其具有低密度、高韧性、高弹性和优良的机械性能。利用天然生物系统中各种多孔结构,通过生物模板法,可以制备出具有生物体精细多孔结构的新型仿生结构。例如,木材除具有多尺度结构外,还具有精细的分级多孔结构,其管孔形状多种多样,呈现出不规则的圆形、椭圆形和多边形等,如图 1-12 所示。刘兆婷等[62-64]采用模板法,800℃ 焙烧泡桐、白松和杉木,成功制得了 Fe_2O_3 的多

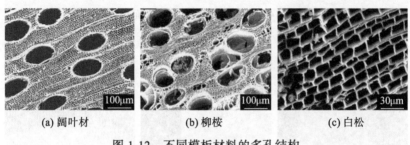

(a) 阔叶材　　　　　　　(b) 柳桉　　　　　　　　(c) 白松

图 1-12　不同模板材料的多孔结构

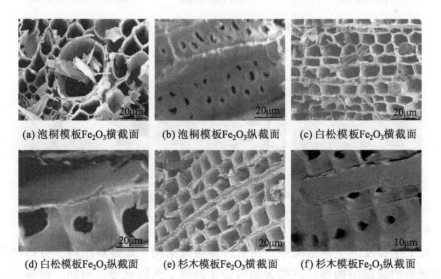

(a) 泡桐模板Fe_2O_3横截面　　(b) 泡桐模板Fe_2O_3纵截面　　(c) 白松模板Fe_2O_3横截面

(d) 白松模板Fe_2O_3纵截面　　(e) 杉木模板Fe_2O_3横截面　　(f) 杉木模板Fe_2O_3纵截面

图 1-13　800℃ 焙烧不同木材制备多孔 Fe_2O_3 材料

孔结构，其中，大孔遗传于导管孔、小孔遗传于纤维孔，实现了对木材多孔结构从微米尺度到纳米尺度的复制，如图 1-13 所示。又如，利用竹子多孔结构作模板，在 1500℃ 下焙烧 1h，可成功制备仿竹子多孔 SiC 结构[65]，如图 1-14 和图 1-15 所示；利用硅藻复杂有序的多孔结构作模板，可制备具有多孔的 Au 纳米结构，如图 1-16 所示，将蒸发到硅藻细胞上的 Au 从硅藻模板上分离后，就可以获得具有硅藻结构的 Au 纳米层[66]。

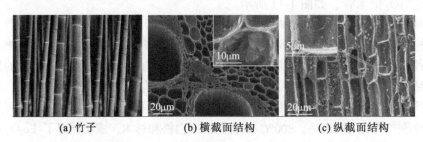

(a) 竹子　　　　　　　(b) 横截面结构　　　　　　　(c) 纵截面结构

图 1-14　竹子及横截面和纵截面结构

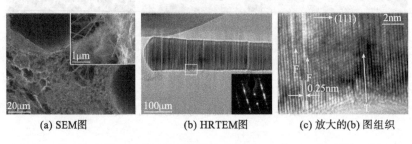

(a) SEM图　　　　　　(b) HRTEM图　　　　　　(c) 放大的(b)图组织

图 1-15　1500℃ 焙烧竹子 1h 所得多孔 SiC 材料

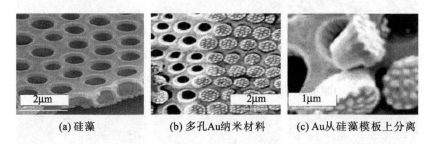

(a) 硅藻　　　　　(b) 多孔Au纳米材料　　　　(c) Au从硅藻模板上分离

图 1-16　采用硅藻模板制备多孔 Au 纳米材料

4. 其他结构仿生

除上述提及的生物结构外，还有许多特殊结构，如蜂巢结构、分形结构、昆虫翅膀的膜翅结构等，这些为结构仿生提供了无限灵感。例如，蜂巢由一个个排列整齐的六棱柱形小蜂房组成，每个小蜂房的底部由 3 个相同的菱形组成，菱形的所有钝角都是 109°28′，所有的锐角都是 70°32′，如图 1-17 所示，这种结构使其不仅容量大、强度高，而且最节省材料。受蜂巢结构启迪，人类发明了各种蜂巢复合结构及其制品，如高强度蜂窝纸板是近年来在欧美地区、日本和我国兴起的一种节省资源、保护生态环境、成本低廉的新型绿色环保包装板材，它具有轻、强、刚、稳四大优点，体现了一种全新的包装模式和观念。蜂巢结构强度很高，重量又很轻，还有益于隔音和隔热。因此，现在的航天飞机、人造卫星、宇宙飞船在其内部大量采用蜂巢结构，卫星的外壳也几乎全部是蜂巢结构。美国威斯康星州麦迪逊聚合物研究中心与固铂轮胎公司合力开发了一种新型的蜂巢轮胎[67]，其不仅保持一定减震性能，而且最大化地提高车轮强度；同时，在噪声抑制和轮胎摩擦发热上也比普通轮胎更为优越，如图 1-18 所示。

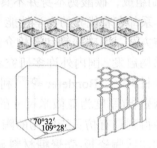

(a) 蜂巢结构　　　　　　　　　　　　(b) 结构示意图

图 1-17　蜂巢及其结构示意图

(a) 蜂巢轮胎　　　　　(b) 外力破坏的应力分析　　　　　(c) 轮胎测试试验

图 1-18　仿生蜂巢轮胎

　　不仅如此，自然界中还有许多生物具有优异的结构，它们以最自然、最合理、最经济、最有效、最精细的结构形式在自然界中竞相媲美，为结构仿生提供了天然的生物模本。

1.1.3　材料仿生

　　材料仿生，即模拟生物材料的结构、组织、组成而进行的仿生。例如，自然界在长期的进化演变过程中，形成了结构组织完美和性能优异的生物矿化材料、光晶体材料、超强韧材料、高粘附材料、耐磨抗疲劳材料等。

1. 生物矿化材料

生物矿化是一个十分复杂的过程，其重要特征之一是无机矿物在超分子模板的调控下成核和生长，最终形成具有特殊组装方式和多级结构特点的生物矿化材料。在生物矿化过程中，生物矿物的形貌、尺寸、取向及结构等受包括生物大分子在内的有机组分的精巧调控[68-69]，如贝壳、珍珠、蛋壳、硅藻、牙齿、骨骼等。

在众多的天然生物矿化材料中，贝壳的珍珠层由于具有独特的结构、极高的强度和良好的韧性而备受关注[70-71]。贝壳珍珠层由碳酸钙(约占95%)和少量有机基质(约占5%)组成，碳酸钙本身并不具有良好的强度、韧性、硬度等力学性能，但整个贝壳体系却有着优异的力学性能[54]。这种良好的力学性能归因于珍珠层特殊的材料组装方式，即碳酸钙和有机介质逐层交叠形成多尺度、多层级结构。受贝壳珍珠层结构启发，国内外许多研究者利用不同的方法合成了一系列仿生高强超韧层状复合材料[72]。Bonderer等[73]利用自下而上(bottom-up)的胶体组装技术，将高强度的陶瓷板(厚度为亚微米尺寸的 Al_2O_3 微板)与柔性生物高聚物壳聚糖，通过逐层组装得到具有仿贝壳结构的陶瓷板-壳聚糖层状复合材料，如图1-19所示。这种新型的层状陶瓷板-壳聚糖材料显示了良好的韧性、弹性和强度，其强度是天然珠母贝的 2 倍；此外，与相同强度的钢相比，陶瓷板-壳聚糖复合材料的重量仅是钢的1/4~1/2。Podsiadlo等[74]利用层层组装技术，通过从纳米到微米尺度的多级组装，制备了聚氨酯/聚丙烯酸层状复合材料，其不仅具有优异的强度、韧性等，同时还具有良好的光学性能。

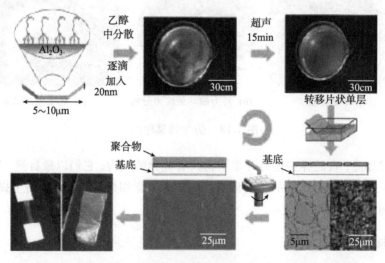

图1-19　仿贝壳结构的陶瓷板-壳聚糖层状复合材料示意图

此外，利用生物矿化原理可指导人们仿生合成从介观尺度到宏观尺度的多种仿生材料。例如，Yu 等[75]根据生物矿化原理，用自组装技术，制备了 $BaSO_4$ 纳米纤维，如图 1-20 所示。他们还在常温常压下利用外消旋聚合物分子 (PEG-*b*-DHPOBAE)作为模板构筑了具有手性结构的超长螺旋状 $BaCO_3$ 纳米线[76]，如图 1-21 所示。与以往利用大分子和有机构筑单元自组装形成的螺旋结构不同，具有手性结构的螺旋状 $BaCO_3$ 纳米线的形成并不受固定排列约束，而是通过纳米颗粒方向性构筑而成。

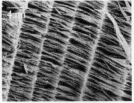

(a) $BaSO_4$ 纳米纤维　　　(b) 放大的(a)图组织　　　(c) 放大的(b)图组织

图 1-20　有机分子调控的 $BaSO_4$ 纳米纤维

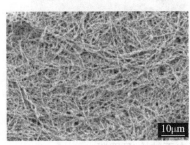

(a) 低倍　　　　　　　　　　　　(b) 高倍

图 1-21　不同放大倍数下螺旋结构 $BaCO_3$ 纳米线

2. 光晶体材料

自然界中的某些矿物或生物具有非常绚丽的结构色。例如，蛋白石色彩缤纷的外观并不是色素产生的，而是与蛋白石的微观结构有关。蛋白石是由亚微米 SiO_2 堆积形成的矿物，SiO_2 是一种天然的光子晶体，其几何结构上的周期性，使某一波段的光在其间发生干涉、衍射或散射等，从而过滤出特定波长的光，呈现出绚丽的色彩[77]。Parker 等[78]首次在甲虫(*Pachyrhynchus argus*)身上发现与蛋白石一样的光子晶体结构相似物，这种结构使甲虫具有在任何方向都可见的金属光泽。模仿蛋白石的微观结构，如图 1-22 所示，可以合成人工蛋白石结构的光子晶体，如利用单分散无机胶体粒子(SiO_2)、聚合物乳胶(聚苯乙烯)及其他胶体粒子的稀溶液通过自发沉积可以得到人工蛋白石[79]。以 SiO_2、聚苯乙烯等人工蛋白石为模板，通过煅烧、溶剂溶解等方法除去初始模板，可以得到排列规整的反蛋白石结构材料[80]，如图 1-23 所示。显然，对于自然(天然矿石和生物)结构色中光子晶体的分子结构、微/纳米结构、周期性结构及其功能的深入研究，将为开发新一代光学材料、存储材料及显示材料等提供重要的理论与技术依据[72]。

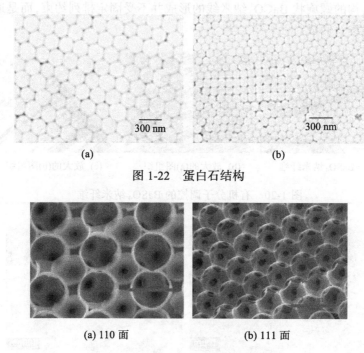

(a)   (b)

图 1-22   蛋白石结构

(a) 110 面   (b) 111 面

图 1-23 SiO_2 反蛋白石结构(见图版)

3. 超强韧材料

在生物超强韧材料中，蜘蛛丝具有超强的机械强度，其无论是在干燥状态或是潮湿状态下均具有良好的性能。蜘蛛丝独特的纤维组成方法、优良的结构和超强的性能，引起了国内外学者的广泛关注，已成为当今纤维材料领域的热门课题。蜘蛛丝在强度和弹性上都大大超过人类制成的钢和凯芙拉(Kevlar)，即使是拉伸10 倍以上也不会断裂。此外，蜘蛛丝还具有良好的吸收振动、耐低温、信息传导、反射紫外线等功能。一般来说，蜘蛛丝的直径约为几微米，并且具有典型的多级结构，它由一些被称为原纤的纤维束组成。原纤是几个厚度为纳米级的微原纤的集合体，微原纤则是由蜘蛛丝蛋白构成的高分子化合物[81-82]。由于天然蜘蛛丝具有轻质、高强度、高韧性等优异的力学性能和生物相容性等特性，因此，在工业、农业、军事、医学等领域具有广阔的应用前景。目前，许多发达国家已经投入大量的人力和物力对蜘蛛丝进行深入的研究,并已取得了一系列令人瞩目的研究成果。

Dalton 等[83]通过纺丝技术成功地将单壁纳米碳管(直径约 1nm)编织成超强纳米碳管复合纤维(含 60％的纳米碳管)。这种纳米碳管复合纤维具有良好的强度和韧性,其拉伸强度与蜘蛛丝相同,但其韧性高于目前所有的天然纤维和人工合成纤维材料,比天然蜘蛛丝高 3 倍,比凯芙拉纤维强 17 倍[83]。Mckinley 研究小组通过模仿蜘蛛丝的特殊结构,将层状堆叠的纳米级黏土薄片(laponite)嵌入到聚氨酯弹性体(elasthane),制备了一种同时具有良好弹性和韧性的纳米复合材料,如图 1-24 所示[84]。

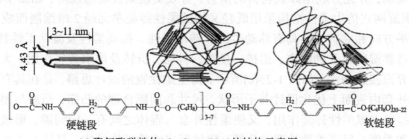

(a) 聚氨酯弹性体(elasthane 80A)的结构示意图

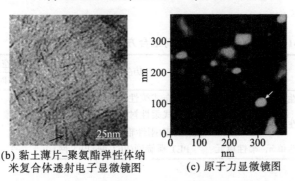

(b) 黏土薄片–聚氨酯弹性体纳米复合体透射电子显微镜图

(c) 原子力显微镜图

图 1-24　仿蛛丝纳米复合材料

1.1.4　柔性仿生

模拟生物体表柔性特征构造人工柔性系统即为柔性仿生[2]。例如,许多土壤动物(如田鼠、蝼蛄、蚯蚓、马陆、穿山甲等)体表具有柔性,其以非刚性动态柔性系统实现柔动脱附效应。例如,穿山甲靠真皮组织的牵拉运动,鳞片可绕其根部翘起、抖动,产生柔性效应,抖落鳞片上的泥土,实现脱附效应[85]。吉林大学基于生物柔性脱附减阻原理,建立了柔性系统脱附减阻仿生模型;并以触土部件粘附和阻力最小化为目标,通过对穿山甲、蚯蚓和马陆等动物柔性体的仿生组合、仿生类比和仿生优化，提出了柔性仿生结构的设计方法，研发了链布式、链条式与螺旋网式柔性衬和柔性辊的设计制作技术[85-87]，如图 1-25 和图 1-26 所示。

表 1-1 列出柔性仿生中刚性与柔性结构单元的组合方式及其仿生设计思路。刚性单元与刚性单元的 2 维织构形成 2-3 维链布式柔性仿生结构，其设计原理在于优化结构单元的形状、尺寸、连接方式、密度及其分布，可在任一方向产生无约束柔性变形，具有转动、移动、伸缩、蠕动等柔动特性，实现最佳柔度、柔层和柔动，如图 1-25(a)所示。 刚性单元(组)与柔性单元组或空间间隔的 1-2 维织构形成链条式 2 维柔性仿生结构，其设计原理在于柔层中单元组相对独立，单元组间有一定间距，易实现横向摆动，在其水平面内具有较大柔度，可形成合理的柔层和柔动，并充分利用卸载物料的重力，有效实现柔性动态脱附，如图 1-25(b)所示。螺旋网式仿生柔性结构采用既轻又韧的柔性螺旋单元经 2 维编制而成，在柔层水平方向和垂直方向具有移动柔性、转动柔性、振动柔性及波动柔性特征，可使松散黏湿物料受到隔离、柔搓、撕剥、抖动、折转及渗水透气作用，大大改善粘附界面接触条件，如图 1-25(c)所示。仿生柔性辊的设计思路，是在具有合适柔性的外套内表面上优化设计若干形状、尺寸和间隔合理的凸筋，凸筋与辊体接触，既起到支撑柔性外套作用，又使柔性外套与辊体之间有一定间隙，形成适宜的柔层和柔度，保证柔性外套、凸筋、辊体形成柔性工作结构，且具有 3 维柔动效应，如图 1-26 所示。

表 1-1　刚性、柔性单元不同组合方式及其仿生设计

生物柔性组合	单元组合	仿生设计	空间维数	
			制作时	作业时
穿山甲(鳞片+鳞片)	刚性单元+刚性单元	链布式柔性衬(钢环+钢环)	2	3
穿山甲(鳞片+肌体)	刚性单元+柔性单元	链条式柔性衬(钢链+间隔空间)	1	2
		柔性辊(刚性辊+非光滑橡胶套)	2	3
蚯蚓(体节+体节)	柔性单元+柔性单元	PET 螺旋网(PET 网+PET 网)	3	3

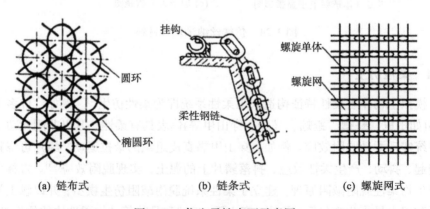

(a) 链布式   (b) 链条式   (c) 螺旋网式

图 1-25　仿生柔性表面示意图

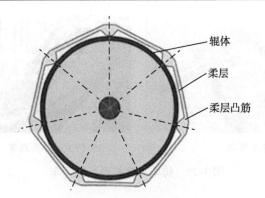

辊体

柔层

柔层凸筋

图 1-26 仿生柔性镇压辊

1.1.5 构形仿生

构形仿生，亦即体态、形状、外形仿生，源于人类祖先朴素的形状相似模仿理念[2]。尽管迄今难以追溯到哪个生物原型启发了构形仿生，但近代飞行器、潜艇等的外形设计均来自对鸟类、昆虫、鱼类等生物体构形的观察所产生的灵感。模拟生物形体进行仿生减阻一直是国际上研究的热点。例如，奔驰汽车公司根据热带的硬鳞鱼——箱鲀鱼构形，作为车身构形的设计方案，设计并制造出了一辆风阻系数仅为 0.19 的仿生奔驰概念车，如图 1-27 所示，其不仅整体构形满足空气动力学对高速运动形体的要求，而且，车前后部位凸起的翼，也是依据鱼翼构形设计的空气导流板，在超高速运行中起着一定的平衡作用[88]。又如，日本模仿翠鸟喙的构形，作为高速列车车头构形方案，设计出的仿生高速列车，如图 1-28 所示，其不仅降低了噪声，而且能减小阻力，能效提高约 20%[89]。吉林大学模拟土壤动物爪趾的特殊构形及其高效松土原理，提出了包含松土部件的楔形、楔角和特殊曲线形铲柄的系统仿生设计思路，研发了仿生松土部件结构参数与工作参量一体化设计及其优化技术，并实现了一体化成形制造[90]。

(a) 箱鲀鱼   (b) 仿生奔驰车

图 1-27 仿箱鲀鱼构形的奔驰车

(a) 翠鸟   (b) 仿生子弹头列车

图 1-28   仿翠鸟喙构形高速列车

1.2   生物耦合现象

随着生物学和仿生学研究的不断深入，人们发现，生物适应其生境所呈现的各种功能，不仅仅是单一因素的作用，而且是互相依存、互相影响的多个因素通过适当的机制耦合、协同作用的结果[2]。我们在研究土壤动物脱附减阻过程中发现，土壤动物通过多个因素相互耦合、协同作用，自身形成了优异的主动脱附减阻功能。例如，在研究蚯蚓脱附减阻功能时发现，蚯蚓头部呈圆锥形，这种构形能减小其前进方向土壤对体表的压力，有利于其钻土；蚯蚓由近百个环状体节组成，当其在土壤中穿行时，纵横肌协调地收缩伸展，使其体节动态变化，产生柔性变形以蠕动形式向前推进，且在运动过程的每一瞬间，体表均呈波浪形几何非光滑形态，从而有利于减小体表的粘附力和摩擦力，也有利于促使附着于身体上的细小土粒脱附；此外，蚯蚓体表分布着能自动调控开启和关闭的多个背孔，在需要时，就会分泌体表液，润滑蚯蚓–土壤界面，以防粘减阻；蚯蚓钻土前行时，其身体运动部分相对于静止部分会具有负电位，产生生物电渗效应，可降低土壤对体表的粘附。可见，蚯蚓在土壤中穿行时，将自身和环境中一切有利于脱附减阻的因素，亦即构形、形态、材料、柔性、电渗、润滑、蠕动等多种因素充分调动起来，有机耦合，相互协同地实现脱附减阻功能。

生物这种耦合或协同作用现象，在自然界是普遍存在的。例如，荷叶、苇叶等植物叶片和蝴蝶、夜蛾等昆虫翅膀的自洁防粘特性，是由它们的表面非光滑形态、微/纳米复合结构和低能材料等三个因素耦合实现的；沙蜥、岩蜥、蝎子等沙漠动物优异的抗冲蚀功能，是其体背硬质鳞片非光滑形态与皮下多层结缔组织柔性相互耦合的结果；毛蚶、脉红螺等水中贝类，通过其表面复合形态、多层结构和特殊材料相耦合，具有优良的耐磨特性。生物界(动物、植物乃至微生物)中存在着大量天然合理的这种"耦合"，且已达到优化的水平，这是生物生存的需要，是其长期自然选择和进化的结果。越来越多的科学研究已经证实，生物体实现特定的生物功能,是通过生物体多因素间的耦合作用而得以实现的。自然界普遍存在的生物耦合现象,为仿生学,尤其是工程仿生学带来新的研究理念和思维。

1.3　多元耦合仿生

基于生物耦合的机理与规律而进行的仿生,称为“耦合仿生”[91]。耦合仿生是模仿生物多因素相互耦合、协同作用的仿生,不同于传统的单元仿生,是更接近于生物实际的仿生,是从概念、内容到方法上的全新的仿生理念,有望解决传统单元仿生难以有效解决的问题。例如,非光滑单元形态仿生可有效解决动态界面粘附系统脱附减阻问题,但却不能解决静态界面粘附系统防粘自洁问题。但进行二元耦合仿生,将非光滑形态与低能材料耦合或将非光滑形态表面再进行低能化处理,不仅可将高能亲水表面转变为低能疏水表面,而且可大大改善表面防粘自洁功能特性。如果将非光滑表面形态进一步微尺度化,或进行三元耦合仿生,即在非光滑形态表面上再进行微/纳复合结构建造,最后再进行表面低能化处理,可实现表面疏水再向超疏水转变,真正实现生物防粘自洁功能特性的仿生再现。又如,根据荷叶表面乳突形非光滑形态与蜡质材料相耦合具有的超疏水性,Shiu 等[92]利用纳米球刻蚀与氧离子体处理技术,得到排列整齐的单层聚苯己烯(PS)纳米珠阵列,然后在其表面覆盖 20nm 厚的 Au 膜,并用十八硫醇(ODT)进行修饰,从而制备形态与材料耦合的仿生表面;与未修饰的表面相比,其接触角增大。通过调整 PS 纳米珠的直径大小(440~190nm),可以控制表面接触角的大小(135°~168°),如图 1-29 所示。此外,Shiu 等[92]在制备排列整齐的单层聚苯己烯(PS)纳米珠阵列后,再用氧等离子体处理以进一步减小纳米珠的尺寸,从而得到粗糙表面,并在其表面覆盖 20nm 厚的 Au 膜,用十八硫醇(ODT)进行修饰,可以进一步增强疏水性。当利用双层 PS 纳米珠阵列(440nm)进行氧等离子处理后,可以得到超疏水性表面,如图 1-30 所示,经过 ODT 修饰后表面的接触角为 170°。

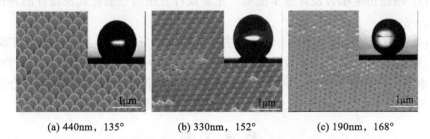

(a) 440nm, 135°　　　　(b) 330nm, 152°　　　　(c) 190nm, 168°

图 1-29　PS 纳米珠阵列(小图为 ODT 修饰后表面的接触角)

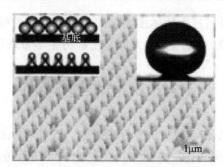

图 1-30   氧等离子处理后的双层 PS 纳米珠阵列

目前，单元仿生向多元仿生的发展，正形成新的研究趋势，而多元耦合仿生正在助推之。耦合仿生的理念，虽然提出仅仅数年，但已显示出巨大的生命力，尤其在工程仿生领域发展迅速、成果频出，涌现一批仿生耦合技术与产品。可见，学习和模仿生物耦合的多元耦合仿生，较之学习和模仿生物功能单一影响因素的传统单元仿生，更接近生物模本的功能原理，将会产生更好的仿生效能。

1.4   耦合仿生学研究内容

本书汇聚了作者研究小组多年来从事工程仿生的研究成果，从仿生学的角度，发现了生物体不同层次的形态、结构及其材料等多因素相互耦合而发挥功能作用的机理与规律，提出了生物耦合及耦合仿生的概念，并进行典型生物多因素耦合条件下的功能特性及其仿生原理的研究。本书主要研究内容如下。

(1) 分析生物的形态、结构、材料等耦元相互作用的生物耦合现象与耦合类别，揭示生物耦合特征规律与机制及生物耦合功能实现模式。

(2) 运用相应的几何、物理、数学等技术手段，科学合理地表述出生物耦合信息，建立关于生物功能与耦元、耦联及其实现模式间的生物耦合模型，并依据工程实际需要，建立科学合理的仿生耦合模型。

(3) 阐述仿生耦合设计基本准则、主要设计方法与一般程式及设计的评价和优化。

(4) 开发机械部件仿生耦合设计方法与制造技术，研制仿生耦合典型机械部件。

(5) 建立多元耦合仿生效能评价指标体系，对仿生耦合部件、产品进行评价。

本书的研究工作得到了国家自然科学基金重点研究项目"机械仿生耦合设计原理与关键技术"(Grant No.50635030)研究计划资助。

参 考 文 献

[1]   Lu Y X. Significance and progress of bionics. J Bionic Eng, 2004, 1(1): 1-3.

[2]　Ren L Q. Progress in the bionic study on anti-adhesion and resistance reduction of terrain machines. Sci China Ser E-Tech Sci, 2009, 52(2): 273-284.

[3]　Walsh M J. Riblets as a viscous drag reduction technique. AIAA Journal, 1983, 21(4): 485-486.

[4]　Gaudet L. Properties of riblets at supersonic speed. Appl Sci Res, 1989, 46: 245-254.

[5]　Jung Y C, Bhushan B. Wetting behavior of water and oil droplets in three-phase interfaces for hydrophobicity/philicity and oleophobicity/philicity. Langmuir, 2009, 25(24): 14165-14173.

[6]　Bechert D W, Hoppe G, Reif W E. On the drag reduction of the shark skin. AIAA Shear Flow Control Conference, AIAA-85-0546, 1985: 1-18.

[7]　Reif W E, Dinkelacker A. Hydrodynamics of the squamation in fast swimming sharks. Neues Jahrbuch fur Geologie und Palaontologie-Abhandlungen, 1982, 164: 184-187.

[8]　Bechert D W, Bartenwerfer M, Hoppe G, et al. Drag reduction mechanisms derived from shark skin. Presented at the 15th ICAS Congress, London, 1986: 1044-1068.

[9]　王晋军, 兰世隆, 苗福友. 沟槽面湍流边界层减阻特性研究. 中国造船, 2001, 42(4): 2-5.

[10]　杨弘炜, 高歌. 一种新型边界层控制技术应用于湍流减阻的实验研究. 航空学报, 1997, 18(4): 455-457.

[11]　王子延, 庞俊国. 细薄肋型减阻沟纹湍流减阻特性的实验研究. 西安交通大学学报, 1999, 33(1): 35-38.

[12]　韩鑫, 张德远, 李翔, 等. 大面积鲨鱼皮复制制备仿生减阻表面研究. 科学通报, 2008, 53(7): 838-842.

[13]　李育斌, 乔志德, 王志岐. 运七飞机外表面沟纹膜减阻的实验研究. 气动实验与测量控制, 1995, 9(3): 21-26.

[14]　Hoipkemeier-Wilson L, Schumacher J F, Carman M L, et al. Antifouling potential of lubricious, micro-engineered, PDMS elastomers against zoospores of the green fouling alga ulva (Enteromorpha). Biofouling, 2004, 20(1): 53-63.

[15]　Fish F E, Battle J M. Hydrodynamic design of the humpback whale flipper. J Morphol, 1995, 225(1): 51-60.

[16]　Miklosovic D S, Murray M M, Howle L E, et al. Leading-edge tubercles delay Stall on humpback whale (*Megaptera novaeangliae*) flippers. Phys Fluids, 2004, 16(5): 39-42.

[17]　Fish F E, Lauder G V. Passive and active flow control by swimming fishes and mammals. Annu Rev Fluid Mech, 2006, 38: 193-224.

[18]　Anderson E J, MacGillivray P S, DeMont M E. Scallop shells exhibit optimization of riblet dimensions for drag reduction. Biological Bulletin, 1997, 192: 341-344.

[19]　Bushnell D M, Moore K J. Drag reduction in nature. Annu Rev Fluid Mech, 1991,23: 65-79.

[20]　Barthlott W, Neinhuis C. Purity of the sacred lotus, or escape from contamination in biological surfaces. Planta, 1997, 202: 1-8.

[21]　Neinhuis C, Barthlott W. Characterization and distribution of water-repellent, self-cleaning plant surfaces. Annals of Botany, 1997, 79: 667-677.

[22]　Barthlott W, Neinhuis C. The lotus-effect: nature's model for self-cleaning surfaces. International Textile Bulletin. 2001, 1: 8-12.

[23]　Barthiott M. Scanning electron microscopy of the epicuticular waxes. *In*: Cutler D F, Alvin K L, Price C E. London: The Plant Cuticle Academic Press, 1990: 139-166.

[24] Jeffree C E. The cuticle, epicuticular waxes and trichomes of plants, with reference to their structure, functions and evolution. *In*: Juniper B E, Southwood R. Insects and the Plant Surface. London: Edward Arnold, 1986: 23-64.

[25] Sun T L, Feng L, Gao X F, et al. Bioinspired surface with special wettability. Accounts of Chemical Research, 2005, 38(8): 644-652.

[26] 江雷. 从自然到仿生的超疏水纳米界面材料. 现代科学仪器, 2003, 3: 6-10.

[27] Guo Z G, Liu W M. Biomimic from the superhydrophobic plant leaves in nature: binary structure and unitary structure. Plant Science, 2007, 172: 1103-1112.

[28] Feng L, Li S H, Li Y S, et al. Super-hydrophobic surface: from natural to Artificial. Adv Mater, 2002, 14 (24): 1857-1860.

[29] 任露泉, 王淑杰, 周长海, 等. 典型植物非光滑疏水表面的理想模型. 吉林大学学报(工学版), 2006, 36(S2): 97-102.

[30] 王淑杰, 任露泉, 韩志武, 等. 典型植物叶表面非光滑形态的疏水防粘效应. 农业工程学报, 2005, 21(9): 16-19.

[31] 王淑杰, 任露泉, 韩志武, 等. 植物叶表面非光滑形态及其疏水特性的研究. 科技通报, 2005, 21(5): 553-556.

[32] Wang S J, Ren L Q. Study on mechanical properties characteristics of surfaces morphology of typical plant leaves. Scientific Research Monthly, 2006, 5(16): 3-5.

[33] 韩志武, 邱兆美, 王淑杰, 等. 植物表面非光滑形态与润湿性的关系. 吉林大学学报(工学版), 2008, 38(1): 110-115.

[34] 刘志明. 植物叶片仿生伪装研究. 国防科学技术大学博士学位论文, 2009.

[35] 葛亮. 仿生不粘锅黏附性能的研究. 吉林大学硕士学位论文, 2005.

[36] 任露泉, 丛茜, 陈秉聪, 等. 几何非光滑典型生物体表防粘特性的研究. 农业机械学报, 1992, 23(2): 29-35.

[37] Jiang L, Zhao Y, Zhai J. A Lotus-leaf-like superhydrophobic surface: a porous microsphere/nanofiber composite film prepared by electrohydrodynamics. Angew Chem Int Ed, 2004, 43: 4338-4341.

[38] Feng L, Li S H, Li H J, et al. Super-hydrophobic surface of aligned polyacrylonitrile nanofibers. Angew Chem Int Ed, 2002, 41:1221-1223.

[39] Wu W C, Wang X L, Wang D A, et al. Alumina nanowire forests via unconventional anodization and super-repellency plus low adhesion to diverse liquids. Chem Commun, 2009, 9: 1043-1045.

[40] 丛茜, 任露泉, 吴连奎, 等. 几何非光滑生物体表形态的分类学研究. 农业工程学报, 1992, 8(2): 7-12.

[41] 丛茜. 土壤动物非光滑体表减粘脱附机理研究. 吉林工业大学博士学位论文, 1992.

[42] 任露泉, 陈德兴, 胡建国, 等. 仿生推土板减粘降阻机理初探. 农业工程学报, 1990, 6(2): 13-20.

[43] 任露泉, 丛茜, 佟金. 界面黏附中非光滑表面基本特性的研究. 农业工程学报, 1992, 8(1): 16-22.

[44] 任露泉, 丛茜, 陈秉聪, 等. 几何非光滑典型生物体表防粘特性的研究. 农业机械学报, 1992, 23(2): 29-35.

[45] 任露泉, 陈德兴, 胡建国. 土壤动物减粘脱土规律初步分析. 农业工程学报, 1990, 6(1):

15-20.

[46] Ren L Q, Deng S Q, Wang J C, et al. Design principles of the non-smooth surface of bionic plow moldboard. J Bionic Eng, 2004, 1(1): 9-19.

[47] 刘庆怀, 任露泉, 董小刚. 波纹形典型土壤动物非光滑体表的演化建模及其计算机实现. 工程数学学报, 2006, 23(5): 767-774.

[48] 任露泉, 佟金, 李建桥, 等. 松软地面机械仿生理论与技术. 农业机械学报, 2000, 31(1): 5-9.

[49] 陈秉聪, 任露泉, 徐晓波, 等. 典型土壤动物体表形态减粘脱土的初步研究. 农业工程学报, 1990, 6(2): 1-6.

[50] 任露泉, 佟金, 李建桥, 等. 生物脱附与机械仿生——多学科交叉新技术领域. 中国机械工程, 1999, 10(9): 984-986.

[51] 程红, 孙久荣, 李建桥, 等. 臭蜣螂体壁表面结构及其与减粘脱附功能的关系. 昆虫学报, 2002, 45(2): 175-181.

[52] 王国林, 任露泉, 陈秉聪. 蜣螂体表几何非光滑结构单元分布的分形特性. 农业机械学报, 1997, 28(4): 5-9.

[53] Tian Z R, Voigt J A, Liu J, et al. Complex and oriented ZnO nanostructures. Nature Materials, 2003, 2: 821-826.

[54] Mayer G. Rigid biological systems as models for synthetic composites: materials and biology. Science, 2005, 310: 1144-1147.

[55] 赵建民, 麦康森, 张文兵, 等. 贝壳珍珠层及其仿生应用. 高技术通讯, 2003, 11: 94.

[56] 黄玉松, 郑威, 辛培训, 等. 贝壳珍珠层结构仿生复合材料研究. 工程塑料应用, 2008, 36(10): 21-25.

[57] Stevens M M, George J H. Exploring and engineering the cell surface interface. Science, 2005, 310:1135-1138.

[58] Greil P, Lifka T, Kaindl A. Biomorphic cellular silicon carbide ceramics from wood: I. Processing and microstructure. J Eur Ceram Soc, 1998, 18(14): 1961-1973.

[59] Greil P, Lifka T, Kaindl A. Biomorphic cellular silicon carbide ceramics from wood: II. Mechanical properties. J Eur Ceram Soc, 1998, 18(14): 1975-1983.

[60] Sounart T L, Liu J, Voigt J A, et al. Sequential nucleation and growth of complex nanostructured films. Adv Funct Mater, 2006, 16: 335-344.

[61] Zhao Y, Cao X Y, Jiang L. Bio-mimic multichannel microtubes by a facile method. J Am Chem Soc, 2007, 129: 764-765.

[62] Liu Z T, Kirihara S, Miyamoto Y, et al. Development of highly efficient electromagnetic wave absorbers with photonic crystal structures. Oral Presentation, Japan Society of Powder and Powder Metallurgy, Tokyo, Japan, 2005.

[63] Liu Z T, Fan T X, Zhang D, et al. Optimization of synthesis of biomorphic cellular iron oxide from wood templates. First International Conference on Multidisciplinary Design Optimization and Applications, Besancon, France, 2007.

[64] 刘兆婷. 木材结构分级多孔氧化物制备、表征及其功能特性研究. 上海交通大学博士学位论文, 2008.

[65] Cheung T L Y, Ng D H L. Conversion of bamboo to biomorphic composites containing silica and silicon carbide nanowires. Journal American Ceramic Society, 2007, 90(2): 559-564.

[66] Losic D, Mitchell J G, Voelcker N H. Fabrication of gold nanostructures by templating from porous diatom frustules. New J Chem, 2006, 30: 908-914.

[67] 苏博. 固铂仿生蜂巢轮胎. 橡胶科技市场, 2009, 10: 14.

[68] Mann S. Biomineralization: Principles and Concepts in Bioinorganic Materials Chemistry. Oxford: Oxford University Press, 2001.

[69] 江雷, 冯琳. 仿生智能纳米界面材料. 北京: 化学工业出版社, 2007.

[70] Kamat S, Su X, Ballarini R, et al. Structural basis for the fracture toughness of the shell of the conch strombus gigas. Nature, 2000, 405: 1036-1040.

[71] Addadi L, Weiner S. Biomineralization: a pavement of pearl. Nature, 1997, 389: 912-914.

[72] 刘克松, 江雷. 仿生结构及其功能材料研究进展. 科学通报, 2009, 54(18): 2667-2681.

[73] Bonderer L J, Studart A R, Gauckler L J. Bioinspired design and assembly of platelet reinforced polymer films. Science, 2008, 319: 1069-1073.

[74] Podsiadlo P, Arruda E M, Kheng E, et al. LBL assembled laminates with hierarchical organization from nano-to microscale: high-toughness nanomaterials and deformation imaging. ACS Nano, 2009, 3(6):1564-1572.

[75] Yu S H, Antonietti M, Co1lfen H, et al. Growth and self-assembly of $BaCrO_4$ and $BaSO_4$ nanofibers toward hierarchical and repetitive superstructures by polymer-controlled mineralization reactions. Nano Lett, 2003, 3(3): 379-382.

[76] Yu S H, Colfen H, Tauer K, et al. Tectonic arrangement of $BaCO_3$ nanocrystals into helices induced by a racemic block copolymer. Nature Mater, 2005, 4: 51-55.

[77] Jones J B, Sanders J V, Segnit E R. Structure of opal. Nature, 1964, 204: 990-991.

[78] Parker A R, Welch V L, Driver D, et al. Structural colour: opal analogue discovered in a weevil. Nature, 2003, 426: 786-787.

[79] Newton M R, Morey K A, Zhang Y H, et al. Anisotropic diffusion in face-centered cubic opals. Nano Lett, 2004, 4: 875-880.

[80] Blanco A, Chomski E, Grabtchak S, et al. Large-scale synthesis of a silicon photonic crystal with a complete three-dimensional bandgap near 1.5 micrometres. Nature, 2000, 405: 437-440.

[81] Rousseau M E, Cruz D H, West M M, et al. Nephila clavipes spider dragline silk microstructure studied by scanning transmission X-ray microscopy. J Am Chem Soc, 2007, 129: 3897-3905.

[82] Trancik J E, Czernuszka J T, Bell F I, et al. Nanostructural features of a spider dragline silk as revealed by electron and X-ray diffraction studies. Polymer, 2006, 47: 5633-5642.

[83] Dalton A B, Collins S, Munoz E, et al. Super-tough carbon-nanotube fibres. Nature, 2003, 423: 703.

[84] Liff S M, Kumar N, McKinley G H. High-performance elastomeric nanocomposites via solvent-exchange processing. Nature Mater, 2007, 6: 76-83.

[85] Ren L Q, Li J Q, Tong J, et al. Applications of the bionics flexibility technology for anti-adhesion between soil and working components. In: Proc 14th Int Conf ISTVS. Vicksburg: ISTVS, 2002.

[86] Yang X D, Ren L Q, Cong Q. Experimental study on freezing adhesion of coal dusts. In: Proc 6th Asia-Pacific ISTVS Conf. Bangkok: ISTVS, 2001.

[87] Ren L Q, Han Z W, Tian L M, et al. Characteristics of the non-smooth surface morphology of living creatures and its application in agricultural engineering. *In*: Proc 2nd Int Conf Design and Nature. Rhodes: ISTVS, 2004.

[88] 思远. 箱鱼情缘. 世界汽车, 2005, 8: 88-91.

[89] 朱曦. 来自大自然的灵感. 跨世纪(时文博览), 2008, 12: 63-64.

[90] Tong J, Guo Z J, Ren L Q, et al. Curvature features of three soil-burrowing animal claws and their potential applications in soil-engaging components. Int Agr Eng J, 2003, 12(3-4): 119-130.

[91] Ren L Q, Liang Y H. Biological couplings: classification and characteristic rules. Sci China Ser E-Tech Sci, 2009, 52(10): 2791-2800.

[92] Shiu J Y, Kuo C W, Chen P, et al. Fabrication of tunable superhydrophobic surfaces by nanosphere lithography. Chem Mater, 2004, 16(4): 561-564.

[16] Zhou C, Zhao Y, Liu X, et al. Characterization of surface-enhanced surface morphology by micro-structure and nano-structure in engineering[J]. Engineering Fracture Mechanics, 2008.

[17] Tian L, Ren L, Jiang X, et al. Bionics[J]. 2008.

[18] Jiang X, Gao Z, Han Z, et al. Structure features of ultraviolet reflecting scales and inhibition construction to ultraviolet on components[J]. Applied, 2011.

[19]

[20] Ren L Q, Liang Y H. Biological couplings: function, characteristics and implementation mode[J]. Sci China Technol Sci, 2010, 53(9): 2259-2368.

[21] Shen Z W, Li G, An J, et al. Fabrication of bimetallic super-hydrophobic surfaces by chemical methods in Shangrao[J]. Chem Phys Letter, 1982, 91: 561.

第 2 章 生物的功能、特性与行为

2.1 生 物 功 能

2.1.1 生物功能及其物质基础

1. 生物功能相关概念

生物体是指具有生命意义，能相对独立地展现生物功能特性的生物个体或其部分[1]。例如，一颗植物或植物的一片叶子；一只动物或其爪趾、鳞片、脊背等，都可称为生物体。生物体不同于生物个体，生物个体是一个完整的、活生生的生命体，而不是其一部分；显然，生物体既含生物个体，亦包含生物个体的某部分。

生物群(落)是指大量生物个体的集合。生物群中生物个体不仅是大量的，且具有较为稳固的、长久的联系[1]。有的生物群是由同类、同种生物构成的，如蚁群、蜂群等；有的则是由不同类、不同种生物构成的，如生态植物群(落)。前者在仿生算法、智能仿生学、军事仿生学中大有用武之地，而后者则是生态仿生学的重要生物学基础。

生物功能是指生物体、生物群(落)(植、动物、微生物)在生命过程中所呈现的某种(些)有利于其生存与发展的能力或作用[1]，如生物的光合作用、新陈代谢、自组织、自修复等生物学功能，又如生物所呈现的自洁[2-4]、脱附、减阻[5-8]、耐磨[9]、消声降噪[10-11]等工程学功能，等等。生物功能是生物的属性，是生物与其生存环境在相互作用过程中所表现出的本领，是生存与适应能力的具体表现。

2. 生物功能物质基础

1) 生物功能机构

生物功能机构承担生物体一定的工作，能够完成某些特定功能，是生物功能的存储器、生物功能实现的物质支撑。例如，脊椎动物的肢，鸟类的翅膀，植物的根、茎等。生物功能机构是由不同的影响因素通过不同联系方式联合起来构成的，其结构特点跟它的生物功能相适应。生物功能机构自身具有相关功能，能够相对独立地展现一定的生物功能，亦能与其他的功能机构协同或耦合，形成更高层次的新系统，实现更高级的生物功能。

2) 生物功能条件

生物都有在环境中生存的功能，这些功能分解到全身各部分机构上，生物通过这些功能机构协调一致地工作而实现特定的生物功能。从广义上讲，生物机体是由各种不同形式的机构或部件组成的，这些均是生物功能实现的"硬件"系统。这些"硬件"系统是制约和影响生物功能存在与发展的重要因素，为了更好地发挥生物效能，其必须满足如下功能条件。

A. 分工性

若干个生物功能机构可相互协同或耦合，形成一个完整的功能体系。在这个体系中，各个功能机构都有明确的分工，完成一个或多个完整生物功能的一部分。

B. 相关性

生物功能机构之间不是完全独立的，而是相互联系的，相互间是有某种影响的，但是某些功能也能相对独立地实现一定功能

C. 协调性

在同一个生物功能体系内，各功能机构具有协同配合性，能够协调一致地完成该生物功能。

D. 平衡性

生物功能机构之间相互激励或制约，具有严格的静动态均衡机制，以达到其相互平衡和稳定。

E. 完整性

生物功能机构之间相互协同或耦合，具有结构和功能在涨落作用下的稳定性，具有随环境变化而改变其结构和功能的适应性及历时性，以保证生物功能实现的完整性、有效性。

不仅如此，生物还必须具有能够根据外部环境变化而自主地、动态地调动自身功能机构运作，改变自身结构和行为以适应其生存环境的指令，即生物功能实现的"软件"系统——生物信息，其是控制和调节一切生命活动的信号。生物作为一个由许多机构和部件组成的相互联结、相互作用并与外界环境相互作用、能够执行多种功能的整体，其通过各部分之间及整个系统与环境之间的信息交换，即信息的接收、传递、处理、存贮与反馈等，调节和控制机体，实现各种生物功能。生物在受到外界环境刺激时，生物信息系统必须具备的功能条件是能够正确处理反馈信息，提供所要求展现功能的指令，使功能机构相互协同或耦合，完成特定生物功能，以保证自身在相应的环境中生存。因此，生物功能条件是生物功能得以有效发挥的条件保证。

3) 生物功能外现

生物功能机构是生物功能的承载者，其在满足一定的生物功能条件时，生物功能就会外现。生物功能外现是生物功能的目标体现、本质实现，是生物在环境中生存与发展的保证。

2.1.2　生物功能特点

生物功能具有如下特点。

1. 以生物体、生物群(落)为载体，在其生命过程中展现

这里所指的生命过程，即生物生长健康、行为正常、活动自由、生境和谐；否则，生命过程就会遭到伤害，甚至终结，根本谈不上生物功能。生物的一切功能特性被生物体、生物群(落)所承载，也被其生命过程所展现。

2. 普遍性

生物为适应各自不同的生存环境和实现特定的生物学行为皆具有某些功能，甚至有特殊的功能，可以说，凡是生物皆有之。在时间历程中，生物不同因素耦合在一起所呈现出的特定生物功能，贯穿生命的全过程；在三维空间、宏微纳观尺度内，一切生物根据自身不同的生物学特性，都具有与之相应的生物功能存在，以实现对环境的最佳适应性。

3. 多样性

不同的生物具有不同的生物功能，同一生物体可能具有多种功能；生物在不同生境、处于不同生长期、进行不同活动、发生不同行为，也会呈现出不同的生物功能；即使同一生物体，其不同部位、不同的系统也会呈现出不同的功能。

4. 复杂性

生物功能复杂性主要表现在：① 影响生物功能的各种因素多类、多态、多样，其影响机制呈现多元非线性、权重差异性；② 甚至在同一生物体也会呈现出功能的多重性、复合性；③ 生物功能实现模式多样性、并行性，其实现过程静动态交叠、显隐性交错，从而形成具有最佳适应性的生物功能系统。在自然界中，越是高级的生物，其生物功能越复杂。

2.1.3　生物功能类别

生物功能的类别是多种多样的，根据对其初步研究，可按以下几个方面进行分类。

1. 生物学功能

生物学功能即具有生物学意义的生物功能，例如，植物的光合作用，动物的新陈代谢，生物的自组织、自学习、自适应、自愈合、自修复和自繁殖等；不仅如此，生物学功能还包括生物调节、生物感应、生物智能和生物防护等。生物通过生物学功能自我调节，保持自身的稳定。

1) 光合作用

光合作用是指植物、藻类利用叶绿素和某些细菌利用其细胞本身，在可见光的照射下，将二氧化碳和水(细菌为硫化氢和水)转化为有机物并释放出氧气(细菌释放氢气)的生化过程。光合作用为自然界的几乎所有生物的生存提供了物质来源和能量来源。因此，光合作用对于整个生物界都具有非常重要的意义。具体地说，光合作用除了制造数量巨大的有机物，将太阳能转化成化学能并储存在光合作用制造的有机物中，以及维持大气中氧和二氧化碳含量的相对稳定外，还对生物的进化具有重要作用。

对于生物界的几乎所有生物来说，这个过程是其赖以生存的关键，而在面临能源短缺和环境污染的今天，这一过程中的能量转换也为人类提供了极其重要的仿生启示。例如，生物固碳技术是利用微生物和植物的光合作用，提高生态系统的碳吸收和储存能力，将二氧化碳资源转化为碳水化合物和氧气，变废为宝，从而减少二氧化碳在大气中的浓度，减缓全球变暖趋势，这是国际科学界公认的固定二氧化碳成本最低且副作用最少的方法，对人类能源可持续发展具有重要的意义。又如，模拟植物光合作用制氢或者微生物制氢过程是人类向自然学习的仿生思想典型[12-14]，在能源和环境领域，这一仿生技术显示了巨大应用潜力和价值。2008 年 7 月，美国麻省理工学院化学家诺塞拉研制出一种可以将水分解成氢和氧的催化剂[15]。这种催化剂与光电太阳能电池板相结合，组成一个简单水分解及发电系统，而且整个系统成本很低。该系统可以实现对太阳能量的存储，从而产生清洁的无碳电力。科学家们利用在植物中发现的化学物质来复制光合作用的关键过程，为利用阳光将水分解成氢和氧开辟了一条新途径。此项技术的突破可以革新再生能源行业的制氢工艺，利用太阳光大规模生产氢气，从而使氢这一能效高且没有碳排放的绿色清洁能源为未来社会所用。

应当指出，生物发光和光合作用都是"电子传递"现象，而从某个角度上看，生物发光可以看做是光合作用的逆反应。如果将光合作用和生物发光机制在仿生学框架下同时加以研究，就有可能在能量利用的电子传递现象中取得进展，从而实现能源利用更为巨大的进步。

2) 新陈代谢

新陈代谢是指生物体与外界环境之间的物质和能量交换，以及生物体内物质和能量的转变过程。新陈代谢是生命现象的最基本特征，它由两个相反而又同一的过程组成，一个是同化作用过程，另一个是异化作用过程。其中，同化作用又称为合成代谢，是指生物体把从外界环境中获取的营养物质转变成自身的组成物质，并且将能量储存的变化过程；异化作用又称为分解代谢，是指生物体能够把自身的一部分组成物质加以分解，释放出其中的能量，并且把分解的最终产物排出体外的变化过程。新陈代谢是生命体不断进行自我更新的过程，是生命体特有的运动形式，如果新陈代谢停止了，生命也就结束了。

目前，新陈代谢理论广泛应用于能源、建筑、城市规划、企业管理等多个领域。例如，新陈代谢派仿生建筑，就是从自然界中生物的新陈代谢过程吸取灵感，使建筑处于一个开放的四维空间之中，不断地适应外部环境变化和内部各子系统的变化，如日本山梨县文化会馆，它的平面组合就是仿照生物新陈代谢的功能，设计了一个个垂直的圆形交通塔，内为电梯、楼梯与各种服务设施，所有办公空间则建立其间，这样可以根据需要不断扩建或减少[16]。

3) 自组织

自组织是指在适当的条件下，生物体大量的结构单元自己组织起来形成各种宏观的时空有序结构(时间上的有序运动、空间上的有序分布)状态。自组织是一个动态过程，是生物从简单到复杂、从无序到有序、层次上不断提高的演进过程。生物自组织功能具有有序性、协调性、同步性、整体性、目的性、分维性等特点。生物体自组织功能越强，其保持和产生新功能的能力也就越强。任何生物都必须具备自组织功能，否则就失去了存在的基础和发展的动力。

在工程仿生学领域，模拟生物自组织功能，开发出了许多仿生技术，如自组装技术等[17]。自组装技术是指基本结构单元(分子、纳米、微米或更大尺度的物质)自发形成有序结构的一种技术。自组装过程并不是大量原子、离子、分子之间弱作用力的简单叠加，而是若干个体之间同时自发地发生关联并集合在一起，形成一个紧密而又有序的整体，是一种整体的复杂的协同作用。在自组装的过程中，基本结构单元在基于非共价键的相互作用下自发组织或聚集为一个稳定且具有一定规则的几何外观结构。因此，通过模拟生物自组织现象，可以构造高度有序的结构，为设计结构复杂的高性能材料提供基础。

4) 自适应

自适应是指生物体与其生存环境表现出相适合的现象，是对生物生存与发展具有重要意义的功能。它包括两方面的含义：一是生物的形态、结构、材料等对环境的适应，如生物体表的保护色(图 2-1)、警戒色、拟态等，以及辐射适应和趋同适应等；二是生物的生理及行为特征对环境的适应，如动物的冬眠、夏蛰、洄游、迁徙等，植物的蒸腾作用和休眠等均是其对温度的典型自适应现象。生物的自适应现象是普遍存在的，但都是相对的适应，而不是绝对的适应。面对环境的变化，生物需要不断地调节自身的形态、结构、材料，甚至是生理及行为特征去适应环境变化，以便有更多的生存机会。

5) 自愈合、自修复

自愈合、自修复是生物体受伤后，在其受伤部位形成愈伤组织，自行修补创伤。自愈合、自修复是生物在长期进化过程中形成的一种自我保护、自我恢复的方式，是对外界损伤的敏感响应。自然界中，许多生物具有自愈合、自修复与再生的能力。例如，人和动物的皮肤、骨骼等受到损伤后，能较快地愈合伤口，进行自我修复和愈合；壁虎的尾、蝾螈的肢、螃蟹的足等在失去后，通过自我修复，可重新形成失去的那部分躯体。

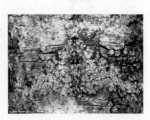

(a) 雨林树树干苔藓上的壁虎　　(b) 苔藓中的绿色青蛙　　(c) 白桦树树干上的椒花蛾

图 2-1　生物保护色(见图版)

在工程仿生学领域，受生物自愈合、自修复功能启示，对工程材料进行仿生愈合、修复处理，使材料对内部或者外部损伤能够进行自修复、自愈合，从而消除隐患，提高材料的机械性能，延长使用寿命[18]。

6) 生物感应

生物感应是指生物对内外环境变化作出相应的反应，感应方式包括嗅觉、视觉、听觉、触觉和味觉等。任何生物都有对内外环境刺激发生比较灵敏的生物感应的能力。例如，人类具有敏感的嗅觉感应，且具有高度"专业化"的特征，其嗅觉的产生是基于生物分子对外界刺激产生应激变化，使得人类能够辨别和记忆约 1 万种不同气味。研究发现，有气味的物质会首先与气味受体结合，这些气味受体位于鼻子上皮的嗅觉受体细胞中，每个气味受体细胞仅表达出一种气味受体基因。气味受体被气味分子激活后，气味受体细胞就会产生神经信号，这些信号随后被传输到大脑嗅球中被称为"嗅小球"的微小结构中。人的大脑中约有 2000 个"嗅小球"，数量是气味受体细胞种类的 2 倍。"嗅小球"非常"专业化"，携带相同受体的气味受体细胞会将神经信号传递到相应的"嗅小球"中，即来自具有相同受体细胞的信息会在相同的"嗅小球"中集中。"嗅小球"随后又会激活被称为僧帽细胞的神经细胞，每个"嗅小球"只激活一个僧帽细胞，使人的嗅觉系统中信息传输的"专业性"得到保持。然后僧帽细胞将信息传输到大脑其他部分，最终，来自不同类型气味受体的信息组合成与特定气味相对应的模式，大脑最终有意识地感知到特定的气味，如图 2-2 所示[19]。生物嗅觉感应系统识别和分辨大量不同气味分子的生物学机理是值得仿效的，人们模仿嗅觉系统识别和分辨气味的机理，以生物活性组分作为敏感元件，构建了多种仿生嗅觉传感器，与生物嗅觉系统类似，其具有灵敏度高、响应速度快、选择性好等特点，可广泛应用于生物医学、环境监测、药物开发、植物保护、食品和水源质量控制等诸多领域。

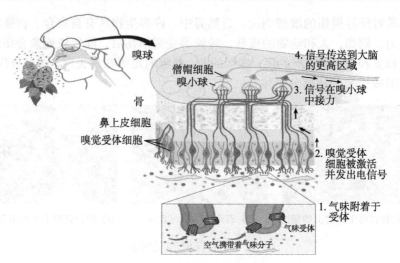

图 2-2　嗅觉产生机理

　　自然界中的许多生物不仅具有敏锐的嗅觉感应，而且还具有良好的视觉感应。例如，飞蛾的复眼由六角形排列有序的纳米结构阵列构成，每一个纳米结构突起是一个减反射单元，如图 2-3 所示，产生低的反光性，使其眼睛看起来异常黑，因此，这种良好的视觉效应使飞蛾在夜间飞行也不易被察觉[20]。又如，果蝇的复眼由大量单眼组成，单眼排列在一起，形成圆屋顶结构，如图 2-4(a)和(b)所示。单眼结构精巧，有一个如凸透镜一样的集光装置，称为角膜镜，下面连着圆锥形的晶锥；在这些集光器下面连着视觉神经纤维(感杆)[21]，其由紧密排列的柱状微绒毛构成，长度 1~2μm，直径约 60nm，如图 2-4(c)所示。感觉到光的刺激后，光点传入到神经感受集光器，而后造成"点的影像"，许多单眼的"点的影像"相互作用，就组成"影像"。由较少的神经元组成的昆虫视觉系统虽然相对简单，但却能出色地完成视觉检测任务，尤其对运动着的环境进行感知和评估更是如此。目前，复眼的工作原理已被成功用于智能机器人、导弹的导引装置、激光微加工均束器等。此外，人们还提出了利用复眼透镜实现二维图像光学信息编码和译码的技术原理，将光学复眼应用到激光识别等系统中。仿生复眼视觉系统体积小、重量轻、视场大，使其有利于减少承载系统所需的能量，也有利于减少系统的体积，同时可以大视场地监控目标。因此，仿生复眼的研究一直是许多研究工作者热衷选择的极具诱惑性和挑战性的一个重要课题。

　　生物还有很多生物学功能，限于篇幅，在此不一一列举。生物学功能是生物生存和发展的根本保证，是生命过程得以延续的基础环节。因此，学习和模拟生物的生物学功能，并将其原理移植到工程技术中，为人类提供最可靠、最灵活、最高效、最经济的接近于生物系统的技术系统，这将是工程仿生追求的目标。

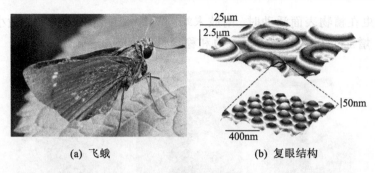

(a) 飞蛾　　　　　　　　(b) 复眼结构

图 2-3　飞蛾及其复眼结构

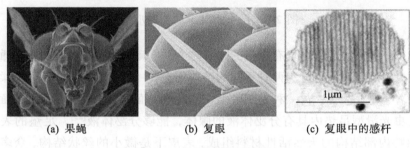

(a) 果蝇　　　　　　(b) 复眼　　　　　(c) 复眼中的感杆

图 2-4　果蝇及其复眼结构

2. 工程学功能

工程学功能即具有工程学意义的生物功能，例如，壁虎、树蛙、蜘蛛等动物足部具有附着功能；变色龙、甲虫、乌贼及蝴蝶、苍蝇的翅膀具有变色功能；穿山甲、潮间贝及生活在沙漠地区的沙漠蜥蜴等具有优异的抗冲蚀、耐磨功能；长尾林鸮、长耳鸮等具有消声降噪功能；等等。下面简单介绍几种具有工程意义的生物功能。

1) 附着功能

运动是生物生存的基础，生物生命过程中总是伴随着不同形式的运动。附着装置是许多生物运动器官完成其运动功能的保障，陆地上的生物在运动过程中，典型的生物附着装置包括足、附肢、爪、足垫等。这些附着装置使生物能在物体表面上行走自如，如植食性昆虫为了获得食物必须保证其牢固地附着在许多表面生有蜡质层的植物茎叶表面。

在生物的附着装置中，钩形器官常见于动物的爪趾和食肉鸟类的喙上，如猫科动物的钩形爪、鸟爪的端部、昆虫附肢末端上的爪[22]等都具有钩形的结构，如图 2-5 所示。这些着生于生物体上，具有钩状结构的器官，能够增加附着能力，特别是在粗糙表面上的附着能力。例如，猫科动物在地面奔跑时，其钩形爪如钉子一样插入土中，增加了其在快速运动状态下的附着和驱动能力。

又如，昆虫在植物表面活动时，附肢末端的爪钩钩入到植物表皮的微小凸起或纹理中，增加了其运动时的附着力和稳定性。

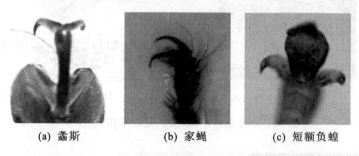

　　(a) 螽斯　　　　　　　(b) 家蝇　　　　　　(c) 短额负蝗

图 2-5　昆虫附肢末端上的爪钩

　　此外，昆虫的足垫也具有超强的附着能力，是其附着在光滑表面上的重要器官。昆虫的足垫表面可分为两种不同的结构形态，一种是光滑型，以光滑柔软的肉垫附着于基底表面；另一种是刚毛型，以足垫表面的刚毛附着于基底表面。其中，昆虫光滑型足垫内具有分泌体液的腺体，能够分泌体液[23]。足垫的表皮由具有独特内部结构的天然活性材料组成，表皮下是微小的丝状结构，众多的丝状结构填充了厚厚的足垫，使其在外部载荷的作用下有极强的变形能力，以适应被附着表面的形状。当昆虫的足垫与接触面接触时，足垫、足底分泌液和接触面形成了三层接触结构，足垫依靠中间层液体的毛细作用实现与基底的湿性附着[24]。昆虫依靠这种附着功能，可以在直立的墙面或植物茎干、叶面背部自由移动，甚至可以倒悬在天花板上。

　　刚毛型足垫的刚毛系统是由体表的凸起物形成的，如壁虎、蜘蛛、苍蝇等足部刚毛结构使其不需要靠液体的毛细作用获得黏附力。例如，壁虎脚底具有高黏附力，研究表明，其每只脚底长着大约 50 万根极细的刚毛，每根刚毛约有 100μm 长，刚毛末端又有 400~1000 根更细小的分支，如图 2-6 所示。这种精细结构使得刚毛与物体表面分子间距离非常近，从而产生范德华力，累积起来就会产生极强的黏附功能[25]。又如，蜘蛛足部有一簇毛状物，其中，每根毛上又覆盖着许多宽度只有几百纳米的小毛，蜘蛛用这些小毛粘在物体表面上，如图 2-7 所示。蜘蛛足部的高黏附力是小毛中相距只有几纳米的各分子间的范德华力形成的，这些分子间的力结合起来形成了非常强的力，使蜘蛛能倒着爬过几乎任何类型的表面[26]。

　2) 变色功能
　　自然界中的许多生物，如章鱼、乌贼、鳌虾、比目鱼、变色龙、甲虫等，可以随周围环境及条件变化而改变自身颜色，具有变色功能。有些生物不仅可以依照背景颜色变化，还可以依照背景的图案变化，如比目鱼、海蝎鱼等，若将其放在有条纹或斑点图案的环境里，它的身体则会出现条纹或斑点，如图 2-8 所示。此外，表面上看起来单调、透明的昆虫翅膀其实也拥有绚丽的色彩，如苍蝇、果蝇和黄蜂等，翅膀在不同的背景下呈现出不同的色彩[27]。研究发现，黄蜂、苍蝇、果蝇的翅膀由两层压缩的透明角素构成，光线经两层反射，从而形成艳丽的色彩，在翅膀的表面随机闪烁、变幻着不同的色彩，如图 2-9 所示。

(a) 微米级阵列刚毛　　(b) 单根刚毛　　(c) 单根刚毛末端细小分支

图 2-6　壁虎脚趾的刚毛形貌

 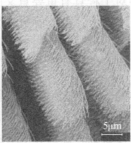 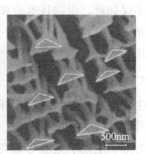

(a) 刚毛结构　　(b) 放大的(a)图组织　　(c) 放大的(b)图组织

图 2-7　蜘蛛足部刚毛结构的逐级放大

(a) 比目鱼　　　　　　　　(b) 海蝎鱼

图 2-8　比目鱼和海蝎鱼依照背景变色(见图版)

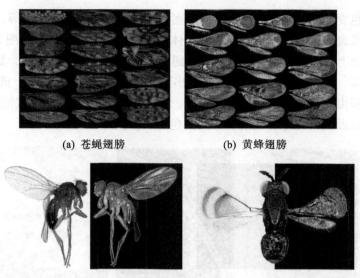

(a) 苍蝇翅膀   (b) 黄蜂翅膀

(c) 明亮和黑暗背景中的果蝇翅膀   (d) 明亮和黑暗背景中的苍蝇翅膀

图 2-9   不同背景下的昆虫翅膀(见图版)

不仅如此，生物还有许多对工程具有重要意义的功能，如抗疲劳、增阻、抓取、导向等，其不断被发现、被揭示，在生物功能仿生实现中发挥着越来越重要的作用。

3. 特殊功能

生物功能是复杂的、多样的，不仅有生物学功能、工程学功能，而且许多生物还具有特殊的功能，例如，植物的向光、向地、向水、向化、向触性等向性功能，电鳐、电鲶、电鳗等鱼类及蚯蚓、蝼蛄等土壤动物体表的生物电现象，微生物的固氮功能，等等。

1) 向性

向性是指在单向的环境刺激下，生物的定向运动反应，包括向光、向地、向水、向化、向触性等。例如，植物的枝叶具有向光性，逐光生长，有些植物的叶片甚至随日出日落而转移方向；在弱光下，通常保持叶面与光线垂直，但在强光下，叶面却与光线平行，从而减少了被灼伤的可能。又如，植物的根呈向地性，向着地心吸力的方向生长，能深入泥土中，巩固在地上的植物体，并能从泥土中吸收水分及矿物盐。

2) 生物特殊电现象

生物电是指生物体在进行生理活动或受外界刺激时所显示出的电现象，这种现象在生物界是普遍存在的[28-29]，但是，某些生物具有特殊的电现象。例如，在太阳草的叶片上，一部分给予光照，另一部分不给光照，则几分钟之内，两部分之间可产生 50~100mV 的电位差；在一定范围内，电位差的大小与光照强度成正比。还有一些生物有专门的发电器官，产生的电流、电压相当大，如电鳐、电鲶、电鳗等鱼类。此外，还有一些生物能把化学能转化为电能，发光而不发热，如萤火虫、海萤、水母、海鞘、珊瑚和一些菌类等，如图 2-10 所示。

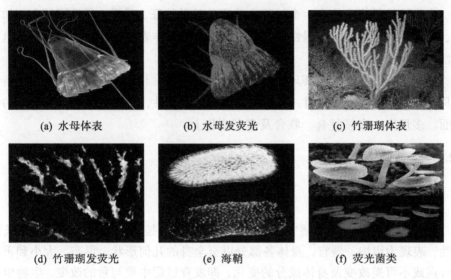

(a) 水母体表　　　　　　　(b) 水母发荧光　　　　　　(c) 竹珊瑚体表

(d) 竹珊瑚发荧光　　　　　　(e) 海鞘　　　　　　(f) 荧光菌类

图 2-10　发荧光生物(见图版)

3) 生物固氮

生物固氮是指固氮微生物将大气中的氮还原成氨的过程，对维持自然界的氮循环起着极为重要的作用。大气中的氮，必须通过以生物固氮为主的固氮作用，才能被植物吸收利用。生物固氮只发生在少数的细菌和藻类中，是固氮微生物特有的一种生理功能。生物固氮在农业生产中具有十分重要的作用，氮素是农作物从土壤中大量吸收的一种元素，因此，土壤每年要失去大量的氮素[30]。如果土壤每年得不到足够的氮素弥补损失，土壤的含氮量就会下降。通过适当方式固定大气中的游离氮素，将其转变为能参与生物体新陈代谢的铵态氮，这是地球上维持生产力的一个重要的生态反应。从战略上考虑，正确的农业生产政策应该是既要增加粮食生产，又不损害土地的持久生产力，而生物固氮正好同时满足这两个目的。因此，应用现代科学技术建立和完善生物固氮体系，已经成为解决人类目前所面临的人口、粮食、能源和环境等问题的重要技术措施。

2.2　生　物　特　性

2.2.1　生物特性及其特点

生物特性是指生物在生命过程中呈现的某种特征、品质、品性或特点，如荷叶、粽叶及蝴蝶翅膀的润湿性；树枝、水草及田鼠体表的柔性；蚯蚓体表的电渗特性和自润滑性等。

任何生物自身都有与其环境相适应的多种特性，与生物功能相比，生物特性更具普遍性和多样性。同时，生物特性还具有复杂性，主要体现在许多特性的多层面、多尺度、多场复合、联合及多态变化上。

2.2.2　生物特性类别

1. 按生命过程分

1) 生长特性

生长特性是指生物在适宜的条件或环境中具有按照一定的模式进行生长的特性，表现为组织、器官、身体各部分以至全身的几何形状、形态、大小和重量的可逆或不可逆改变及身体成分的变化，即发育过程中质与量的改变。生物生长是按一定的变化模式进行的稳定过程。在生命过程中，生物体随时间而发生变化，它在任何一个特定时间的状态都是自身生长发育的结果。生长特性是生物基本特征之一，所有的生物都有各自的按一定模式和规律进行生长的特性。揭示生物生长特性(包括时间上的周期性、空间上的相关性和生理上的异质性等)，是生物学领域研究的重要内容，在农林仿生学、医学仿生学等领域大有用武之地，同时亦是生物医学、组织工程学及生物制造与仿生制造的生物学基础。

2) 行为特性

行为特性是指生物呈现出的对内外环境变化作出相应反应的特征，如动物的取食、御敌、沟通、社交、学习等。生物的行为特性是复杂多样的，不同的生物对环境变化表现不同的行为特性，同一生物在不同环境中亦可能表现出不同的行为特性，即使同一生物体，其不同部位也会呈现出不同的行为特性；不仅如此，同种生物群内不同个体行为特性也不同。生物行为特性是生物适应环境变化的一种表现形式，因此，生物的行为特性具有一定的生态学意义，它们可被内外环境变化刺激触发，在适当条件下产生。

3) 运动特性

运动特性是指生物展现出的在一维、二维或多维空间内整体或部分进行移动的特征。例如，许多动物的行走、奔跑、游泳、飞翔等位移运动；一些植物的向光、向地、向水、向触性等定向运动；某些植物叶片及花朵昼开夜合的感夜运动等。不同的生物为适应各自的生存环境具有不同的活动特性，这是生物在长期进化的过程中逐步适应生存环境的结果。运动特性亦是生物最为突出的显性行为特性。

4) 生境特性

生境特性是指生物经过长期的进化与自然选择，呈现出的与生存环境相适应的特征、品质、品性。例如，生物体表的保护色、警戒色、拟态等；鱼类的身体呈流线型、用鳃呼吸、用鳍游泳，这些都是其与水生环境相适应的生境特性。生境特性具有普遍性，即自然界中的每种生物都具有与一定环境相适应的特性，其使生物能在一定的环境条件下生存与发展；生境特性又有相对性，即每种生物对环境的适应都不是绝对的、完全的适应，只是一定程度上的适应，环境条件的变化对生物的适应性有很大的影响。

2. 按性质分

1) 几何特性

几何特性是指生物在生命过程中呈现出具有一维、二维或多维几何性质的特征。例如，树枝、水草等植物及田鼠、蚯蚓等土壤动物体表的柔性呈现出一维、二维和三维的多种柔形，使生物体本身的不同部分可进行非线性大变形，并能在外力作用下恢复原形[31]。

2) 机械特性

机械特性是指生物在生命过程中呈现出具有机械性质的特征、特点。例如，穿山甲鳞片、潮间带贝类的贝壳、动物牙齿等的耐磨性；竹子、木材的强韧性；蜘蛛丝的高延展性等。

3) 物理特性

物理特性是指生物呈现出的具有力、声、光、电、磁、热等物理性质的特征、特点、品质。例如，蛋壳的抗压力学特性，鸮类的无声捕食特性，一些蝶类的结构色光学特性，电鳗等鱼类的放电特性，蚯蚓等土壤动物体表的电渗特性，一些候鸟的磁定向特性，响尾蛇等的热敏效应，等等。

4) 物化特性

生物在生命过程中呈现出的具有物理化学性质的特征、特点、品性。例如，荷叶、苇叶等植物叶片及蝴蝶、蜻蜓、蛾等昆虫翅膀的润湿性。

5) 生物学特性

生物学特性是指生物凸显其生命现象的特有的品质、品性或特征。例如，动物的组织、器官、系统所具有的生理、心理等特性；植物的叶脉、茎秆和根系等的水分、养分输运特性等，这些都是鲜明的生物学特性。

2.3 生 物 行 为

2.3.1 生物行为定义

生物行为即生物对内外环境变化所作出的有规律的、成系统的、适应性的外显活动。例如，动物的捕食行为、防御行为、学习行为、领地行为、集群行为、互助利他行为、等级优势行为、通讯行为、生物节律、迁徙和洄游、繁殖行为等；动植物的生长和睡眠行为等。生物行为是生物用以适应环境变化的各种身体反应的组合，是受基因、生理、心理等因素控制的复杂的生物学过程。生物行为是生物的一种属性，是生物应付环境变化的一个主要手段，是其生存发展的需要。生物为了生存，就要取食、御敌、学习等；为了繁衍后代，就要生殖，这一切都是通过生物行为来完成的。

值得一提的是，虽然大多数生物行为都包含有身体的一部分或全部的运动(如捕食、防御行为过程中的奔跑、攻击等)，但是，生物某些个别动作并不构成完整行为，如内脏运动，从外界观察不到，不被视为生物行为。

2.3.2 生物行为物质基础

1. 生物行为机构

生物行为机构是产生生物行为的物质支撑和基础。生物行为需要有感受和应答的能力才能完成，任何生物行为的产生，都是生物的神经系统、感觉器官、运动器官和激素协调作用的结果。这些神经系统、感觉器官和运动器官等在生物行为产生过程中承担一定的工作，是生物行为产生的行为机构和生理学基础。单细胞的原生动物和无神经系统的海绵动物也有感受和应答的能力，它们也会表现出不同的生物行为。例如，原生动物的趋性行为，它们能感受到环境中的刺激以靠近或远离。

2. 生物行为条件

每个生物的行为都具有一定的适应意义，它们被内外环境刺激触发，在适当的条件下显现。生物行为条件是指引起生物行为发生的内外诱因，是生物行为得以展现的平台。生物生活的外部环境中有着各种物理、化学刺激；体内环境中不断进行的生理、生化过程也会产生一些刺激，这些刺激被生物感受到，便产生相应的生物行为。例如，动物进食行为需要两个方面的刺激：内刺激(胃部收缩产生饥饿感)和外刺激(通过视觉和嗅觉发现外界的食物)。但是，并非任何刺激都被生物所感受到，生物只是有选择地感受体内外的刺激，如吃饱的动物就对食物不感兴趣。此外，生物有时在面临两种可以引起互相冲突的生物行为条件刺激时，会显现出与两种刺激全无关联的生物行为。例如，一只坐在巢里孵卵的鸟，遇到猎者来袭时，它既想坐巢孵卵，又想逃避猎者，有时，它会出现一种与坐巢孵卵和逃走完全不相干的啄羽毛的行为。人类也常常表现出这类行为，如当一个人面临两种可以选择的决策而举棋不定时，会出现抓耳挠腮等与环境刺激不相符的行为。生物行为条件是生物行为产生的驱动力，它能激发、驱动和调控生物行为，从而使生物满足生存需要。

3. 生物行为外显

生物行为外显是生物行为机构与生物行为条件相互作用、协调控制的结果。生物受到内外环境刺激时，感受器会选择性地接受信息，将它转变为神经冲动，经感觉神经传入中枢神经系统，在此解码，并作出相应的行为决策；运动神经又将此决策送到肌肉或腺体等效应器，于是，相应的生物行为便显现出来。

2.3.3　生物行为特点

生物行为具有如下特点。

1. 生物行为是一个动态的过程

生物在环境中运动、变化和发展，无论哪一种生物行为，都是一个运动、变化的动态过程，且动物还包括身体内部的生理活动变化。例如，动物的取食行为包括寻找、获取、加工、摄入和贮藏食物等过程，这个行为一直处于运动、变化的动态过程中。又如，虎、豹、狮等在捕食时，经常潜伏隐蔽、一动不动，这种行为表面上是静止的，但实际其体内的新陈代谢正在加剧，积聚能量，等猎物临近时进行突然袭击。

2. 普遍性

凡是生物都有自身的行为机构，受到内外环境刺激时，都能产生相应的生物行为，特殊生境中的生物还可以展现出特殊的行为方式。生物的生命过程是各种不断变化、发展的生物行为的展现过程，生物行为贯穿生命的整个过程。

3. 适应性

生物的行为与生存环境有着密切的关系，对生物个体的生存和种族的延续有重要作用。生物行为方式是由生物行为机构与内外环境的相互作用与协调控制决定的，是在长期进化过程中通过自然选择形成的，对生存环境具有良好的适应性。当环境发生变化时，生物接受到新信息的刺激，亦会不断调整行为方式，以便更好地适应新环境。不适应环境的生物行为，最终会被自然选择淘汰，或是以进化出的新行为方式来替换。

4. 目的性

许多生物行为是为实现某一目的而展现的，是有动机、有目的性的，即是一种有意识的、有计划的、有目标的、可以加以组织的活动。越是高级的生物，其行为展现的目的性越强。例如，椋鸟为了注射"蚁酸针剂"防治关节炎，创造出"激将法"，它用振动翅膀的行为方式激起蚁群的愤怒攻击，当蚂蚁向它喷射蚁酸时，免费注射"预防针"的计划便实现了。又如，雉鸡的腿骨折断后，就会飞到河边或水沟边，用嘴啄湿泥涂在骨折处，然后将细草根与湿泥混合在一起，像外科医生用石膏固定一样，用细草及湿泥把受伤的腿固定起来，不久骨折就会愈合。

当然，生物有些行为是先天的、具有遗传特性的；有些则是后天习得的；有的是无意识的，有的是习惯性的。

5. 多样性

生物行为多种多样，不同的生物具有不同的生物行为，即使是同一生物的同一行为，在不同的环境中，行为方式也可能是不同的。

6. 复杂性

生物行为既有外显活动，同时又有内应激、生理行为，动物还具有心理行为，越是高级生物，其行为方式越复杂。例如，单细胞的原生动物的行为最简单，一般认为只有趋性；而高级生物——人类的行为最为复杂，分为外显行为和内隐行为，而内隐行为不在本书研究之列。行为还常常具有能动性、预见性、程序性、多样性和可度性等。

7. 终止性

行为具有终止性，开始后总有终止。使行为终止的因素有许多种，许多行为因为负反馈而自行终止。例如，动物在进食时，当胃部充满食物后，动物便主动停止进食。此外，新出现的强烈的外部刺激会停止正在进行的行为。例如，羚羊正在吃草，这是其维持生命的重要行为，但当猛兽来袭时，羚羊进食行为立即中止，并开始另一种行为——逃遁行为。

2.3.4　生物行为类别

1. 按生物功能分类

生物行为复杂多样，将其按照行为所具有的功能意义分类[32-34]如下。

1) 捕食行为

捕食行为是生物获得营养的诸种活动的组合，包括索食行为和贮食行为。

A. 索食行为

索食行为是指生物搜寻食物、捕捉食物和对食物进行加工处理，以满足自己或同种个体对食物需要的行为。索食行为是保证生物能够找到并捕捉食物，作为机体进行一切活动所必需的物质和能量来源，以保证生物不断生长、发育与繁殖，使种族得到延续的行为。例如，动物在捕捉食物时，有的种类是单独"作战"，如猛禽、猛兽、毒蛇等；有的种类是集体索食，如蝗虫、麻雀、乌鸦、狼、蜜蜂、蚂蚁等，它们常聚集成群，寻找食物，如图 2-11 所示。有的动物构成的集体是松散的，没有明确的分工；有的动物构成的集体有严密的分工。有极少数植物也有捕食行为，如猪笼草、眼镜蛇草、捕蝇草、茅膏菜、狸藻等。捕蝇草叶的顶端长有一个酷似"贝壳"的捕虫器，当昆虫钻进捕虫器后，捕蝇草能迅速闭合将其夹住[35]，并消化吸收，如图 2-12 所示。又如，茅膏菜属植物叶面密布分泌黏液的腺毛，其利用自身鲜亮的色彩和甜美的花蜜吸引昆虫，当昆虫停落在叶面上时，即被黏液粘住，而腺状触须又极为敏感，有物触及，便会向内和向下运动，将昆虫紧压于叶面。当昆虫逐渐被腺毛分泌的蛋白质分解酶所消化后，腺毛重新张开，再次分泌黏液，捕食昆虫[36]，如图 2-13 所示。

图 2-11　蚂蚁集体索食

(a)捕蝇草叶子捕食昆虫　　　　　　(b)捕蝇草叶子消化完猎物后打开

图 2-12　捕蝇草

B. 贮食行为

贮食行为是指许多动物在食物充足的时期或季节，将多余的食物收藏起来以便慢慢食用的行为。生物的贮食行为是与生存环境相适应的，利于其度过不良的环境条件，以维持生命活动。例如，蚂蚁在夏秋季节食物丰盛时，往巢内运送粮食，贮存起来，供日后食用，如图 2-14 所示。

(a) 茅膏菜

(b) 腺状触须

(c) 捕食昆虫

图 2-13 茅膏菜

图 2-14 蚂蚁搬运食物

2) 防御行为

防御行为是指生物为了对付外来敌害，保卫自身生存，或对种群中其他个体发出警戒而产生的行为。

A. 植物的防御行为

植物的防御行为是多种多样的。例如，马尾松一旦被砍去枝条，受伤处马上会流出一种油质黏液将伤口包住，不久就会凝结成疤，以防止细菌入侵，预防机体腐烂，过几天，伤口就会自然愈合。生长在南美洲热带森林里的马勃菌，如果人不小心碰到它，它就会像炸弹一样爆炸，冒出一股浓烟，使人和其他高等脊椎动物咳嗽、流泪、奇痒，从而保护自己，如图 2-15(a)所示。合欢树为防御长颈鹿吃叶子，最初的防御行为是在叶子之间长出 5cm 长的像钢针一样的硬刺，如图 2-15(b)所示。后来合欢树发展到产生毒素预防，只要长颈鹿开始吃叶子，10min之内，这棵树就会开始在叶子里面产生一种毒素(单宁酸的鞣酸)[37]，长颈鹿吃多了会有强烈的恶心感(量大的时候还可以致命)，从而使长颈鹿吃叶子的行为停下来。长颈鹿也学会应对，它们啃树叶不会超过 5~10min，一旦品尝到苦味，就到下一棵树。然而合欢树也随之产生另外的防御方法，它在释放毒素的同时，释放一种警告气味，向附近的合欢树发出信号，使它们在长颈鹿还没有来到的时候就开始制造毒素，借助风力，50m 内的合欢树都会收到警报。长颈鹿往往要逆风吃或者走出 50m 警报范围才能再吃。有些植物的防御行为更为巧妙，为了不被食草动物发现，会把自己"打扮"起来。例如，生石花长在河滩上，样子就像一块块鹅卵石，借以保护自己[38]，如图 2-15(c)所示。

(a) 马勃菌　　　　　　　　　(b) 合欢树　　　　　　　　(c) 生石花

图 2-15　具有防御行为的植物

B. 动物的防御行为

动物采取的保护自己、防御敌害的行为方式更为巧妙多样，主要有保护色、警戒色、拟态、假死、逃逸、威吓等行为[39]。

a. 保护色

保护色是指动物身体的颜色与其栖息环境相似，以此避敌求生，这种与环境相适应的体色叫保护色[40]。例如，斑马、老虎等身体上有竖立的黑色条纹，在草木环境中，身体的轮廓变化模糊不清，便于隐藏捕食。许多动物还能按照环境条件的变化来改变保护色的色调。例如，在雪的背景上不易察觉的雷鸟和银鼠等，如果不随着雪的融化而改变自己毛皮的颜色，那它们很容易被天敌发现，因此，在春天，雷鸟和银鼠会换上一身红褐色的新毛皮，使自己的颜色跟从雪里裸露出来的土壤颜色一致；随着冬季的来临，它们又穿上了雪白的冬衣，重新变成白色，如图 2-16 所示[41]。

(a) 冬天的雷鸟　　　　　　　　　　(b) 夏天的雷鸟

图 2-16　不同环境下的雷鸟(见图版)

b. 警戒色

警戒色是指某些有恶臭、毒刺或能释放毒液的动物，其体表多具醒目的色泽或斑纹，可以使敌害易于识别，避免自身遭到攻击，所以称这种体色为警戒色[39]。例如，海蛞蝓鲜艳亮丽的颜色与周边植物的色彩和纹理相似，因此，捕食者很难发现它们，这种保护色可以起到很好的伪装作用；同时，其通过这种艳丽的色彩向捕食者发出警告，它们可能具有很强的毒性，使捕食者不敢接近它们，如图 2-17 所示[42]。又如，毒蛾的幼虫多数都具有鲜艳的色彩和花纹，如果被鸟类吞食，其毒毛会刺伤鸟类的口腔黏膜，这种毒蛾幼虫的色彩就成为鸟类的警戒色。这些生物对捕食者构成了威胁或伤害，其艳丽夺目的体色成为捕食者终身难忘的预警信号。

图 2-17　海蛞蝓的警戒色(见图版)

c. 拟态

拟态是指生物在形态、行为等特征上模拟另一种生物，从而使一方或双方受益的生态适应现象，这是生物长期进化过程中形成的一种防御行为[39]。例如，竹节虫的体形酷似竹枝，枯叶蝶栖息在树叶上的模样像枯叶，尺蠖形似小树枝，避免被捕食，如图 2-18(a)、(b)和(c)所示[43]。又如，兰花螳螂的步肢类似兰花花瓣的构造和颜色，且不同种类的兰花会生长着不同的兰花螳螂，它们有最完美的伪装，能随着花色的深浅调整自己身体的颜色，以在兰花中拟态而不被猎物察觉，如图 2-19 所示[43]。

(a) 竹节虫　　　　　　　(b) 枯叶蝶　　　　　　　(c) 尺蠖

图 2-18　生物拟态(见图版)

图 2-19 不同栖息环境下的兰花螳螂(见图版)

d. 假死

假死是指以装死方式来逃生的保护性行为[39]。例如，鲨鱼最怕一种叫逆戟鲸的海洋哺乳动物，逆戟鲸从来不吃死的东西，鲨鱼一旦碰到了逆戟鲸，如果来不及逃跑，它就将腹部朝上装死。猪鼻蛇在受到威胁时，会忽然浑身痉挛，腹部朝天就地而卧，张开嘴巴装死，且在装死的时候，还会偷偷地注视着敌人的动静，伺机逃跑。象鼻虫感受到危险信号时，为了逃避攻击，便从树上突然掉入草丛，以假死的方法取得自我保护，如图 2-20(a)所示[44]。在假死时，它们的喙和触角纳入胸沟，把足紧紧收拢，使捕食者误认为是一粒土块，从而逃避捕食，躲避危险。又如，水熊虫可以在接近绝对零度和 300°F① 以上的极端温度下存活，一滴水不喝也能活上 10 年，承受辐射的能力是地球上其他生物的 1000 倍，甚至还能在真空状态下存活。在极端残酷的环境下，水熊虫可以停止一切活动处于假死状态，如果环境重新回归正常，只要一点水，它们就可以焕发生机[45]，如图 2-20(b)所示。

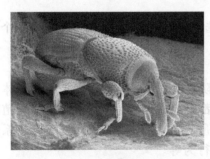

(a) 象鼻虫   (b) 水熊虫

图 2-20 象鼻虫和水熊虫(见图版)

e. 逃逸

逃逸是指某些动物在遇到敌害时，会采取一定方式迷惑捕食者，趁机逃走，这种保护性防御方式被称为逃逸[39]。例如，乌贼在遇到敌害时，会喷出形状与其形体类似的墨团，诱骗敌人去攻击墨团，自己则趁机逃逸。海参的逃逸方式

---

① °F=32+°C×1.8，后同。

更为奇特，当其遇到侵害时，海参会迅速地把自己体内的五脏六腑喷射出来，让对方美餐一顿，而自身则借助反冲力逃脱，然后经过几十天的自身修复，海参又会重新生长出新的内脏[46]。又如，太平洋海底奇特蠕虫(*Swima bombiviridis*)遇到危险时，会释放出充满液体的气球炸弹，这些气球会突然爆破形成绿光，照亮数秒，然后光线逐渐消退，如图 2-21 所示。在黑暗的深海中闪烁的这种绿光，会让天敌分心，从而使蠕虫有机会逃生[47]。

(a) 7 种蠕虫   (b) 蠕虫的"绿色炸弹"   (c) 蠕虫释放"炸弹"

图 2-21   太平洋海底奇特蠕虫(见图版)

f. 威吓

威吓是指逃跑或已被捉住的动物，往往采用威吓手段进行防御。例如，蟾蜍在受到攻击时利用肺部充气而使整个身体膨胀起来，造成一种身体极大的虚假印象。螳螂遇到危险时会把头转向捕食动物，翅和前足外展，把其上的鲜艳色彩暴露出来，同时还靠腹部的摩擦发出像蛇一样的嘶嘶响声，这种行为常常可把捕食者吓跑[39]。

生物的防御行为奇特多样，是自然选择和长期进化的结果，它是保护个体生存和种群延续的一种必要手段。

3) 繁殖行为

繁殖行为是指生物生长发育到一定阶段时，产出与自己相似的新个体，保证种族的延续[32,34]。每个现存生物个体都是上一代繁殖所得的结果，繁殖行为是生物生命的基本特征之一，如图 2-22 所示[44]。动物的繁殖行为包括一系列活动和行为，如求偶、交配、生产、育幼行为等。

(a) 绿丽蝇产卵   (b) 人头虱和卵   (c) 螳螂虾和卵

图 2-22   动物的繁殖行为(见图版)

4) 社群行为

社群行为是指同种或异种生物间的集体合作行为。没有一种生物能够单独存活下来，在它的生命过程中，总要与同种个体或异种个体发生这样或那样的联系，以求得个体的生存和种族的延续[32,34]。生物的社群行为增强了个体存活和种族延续的概率。例如，在蜜蜂和蚂蚁中存在着典型的社群行为，蜂群和蚁群内部有明确的分工和组织，其中，蜂后、蚁后专司生殖，工蜂、工蚁专门从事觅食、饲养、育幼、清扫、防御等活动。蚂蚁是一种有社会性生活习性的昆虫[48]，蚂蚁社群由蚁后、雄蚁、工蚁、兵蚁组成，其中，蚁后的主要职责是产卵、繁殖后代和统管整个社群，兵蚁专司攻击和防御职能，保卫整个社群，如图 2-23(a) 所示，工蚁的主要职责是建造和扩大巢穴、采集食物、饲喂幼蚁及蚁后、清理巢穴等。工蚁中也有明确的分工，有的专司清扫巢穴，如图 2-23(b)所示，有的外出觅食，在寻找食物的过程中如果遇到需要跨越一个较大的空隙间隔时，它们会彼此将身体连接在一起，齐心协力搭建一个蚂蚁桥，使其他的同伴顺利通过，如图 2-23(c)所示。有的工蚁专司饲养和种植等，如蚂蚁喜欢吸食蚜虫分泌的有甜味的蜜液，工蚁把成群的蚜虫豢养在蚁穴中，蚂蚁分泌的化学物质能抑制蚜虫翅膀的生长，防止蚜虫飞走，每天蚂蚁都把豢养的蚜虫驱赶到植物枝叶上，如图 2-23(d)所示，为了蚜虫安全，蚂蚁总是先爬到树枝上把蚜虫的天敌甲虫、草蛉之类的昆虫赶走。蚜虫吸食植物的汁液经过消化后可以产生蜜液，工蚁用触角轻轻敲打蚜虫的腹部，蚜虫就会分泌出蜜露，工蚁吸食后，回到巢穴中吐出，由专门储藏蜜露的工蚁储藏起来备用[48]。有的工蚁能够种植真菌，使蚁群获得更加稳定的食物来源，在种植过程中，体型较大的工蚁离巢去搜寻它们喜好的植物叶子，利用锋利的牙齿，把叶子切下新月形的一片，将其运回蚁穴。在蚁穴里，较小的工蚁把叶子切成小块，然后再切磨成浆状，而另一些工蚁则把液浆粘贴在一层干燥的叶子上，再把真菌一点点移过来，种植在液浆上，如图 2-23(e)所示。蚂蚁对种植真菌管理十分认真，不仅有专门的兵蚁担任守卫，防止外蚁偷窃，还有一些小工蚁日夜巡查，负责将有些菌丝除去(如果菌丝泛滥，会消耗大量的氧气，使幼虫窒息而死，造成整个群体的毁灭)，然后把产出的蘑菇分给巢穴中的其他成员[48]。此外，有的蚂蚁在植物上种植真菌，但它们并不食用，而是利用植物细束和其他材料，并使用真菌作为一种黏合剂，在树枝上建造包含着许多小洞的陷阱，蚂蚁躲藏在其中，如图 2-23(f)所示，当较大的昆虫落在陷阱上时，它们便一拥而上快速地将猎物肢解。可见，蚂蚁社群是一个非常有组织性的群体，它们齐心协力工作，保持整个社群生存和种族的延续。

5) 通讯行为

通讯行为是指一个个体发出刺激信号，引起接受个体产生行为反应。通讯行为的价值在于能更明确地传达特殊的信息给信号接收者。根据信息源，可将生物的通讯行为分为视觉通讯、听觉通讯、触觉通讯、化学通讯、行为通讯、电通讯和辐射通讯(包括光通讯和热通讯)等[32,34]。生物的通讯行为对种群的生存与繁衍是非常重要的，是使生物在社群中行动协调一致的保证。一个生物群体内要保持其正常的功能和稳定的结构，需要协调各成员之间的行为，通讯行为为其提供了这种协调的手段。例如，野猪在平时总是把尾巴转来转去，但是，一旦觉察到有危险时，就会立刻扬起尾巴，在尾尖上打个小卷给同伴报警；蜜蜂在发现蜜源以后，就会用特别的"舞蹈"方式(如快舞步或慢舞步的"∞"字形摆尾舞，或者是"圆圈舞")，向同伴通报蜜源的远近和方向[49]。又如，蚂蚁遇到危险后能分泌一种"警戒线"激素，一旦分泌立即形成几厘米的"警戒圈"，如果浓度较低，工蚁和兵蚁即作出反应，作防卫准备；如果浓度较高，蚂蚁则纷纷进蚁穴或疏散到他处[50]。

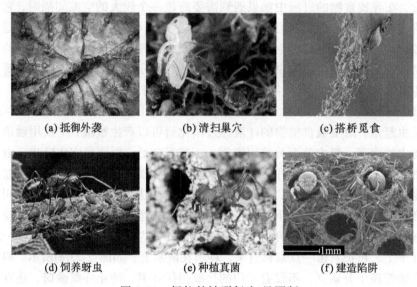

(a) 抵御外袭   (b) 清扫巢穴   (c) 搭桥觅食

(d) 饲养蚜虫   (e) 种植真菌   (f) 建造陷阱

图 2-23   蚂蚁的社群行为(见图版)

6) 生物节律

生物的活动和行为表现出的周期性现象，称为生物节律或节律行为，如昼夜节律、季节节律、潮汐节律、生物钟等[51]。生物节律行为是与其生存环境的周期性变化保持一致的，其能使生物更好地适应外界环境变化，从而使其对生存环境具有最佳适应性。

A. 昼夜节律

昼夜节律是指生物的活动和生理机能与地球的昼夜相联系，出现大约每隔24h 重复进行的现象，称为昼夜节律。例如，植物的光合作用、感夜运动等，动物的摄食、躯体活动、睡眠和觉醒等行为尽显昼夜节律；酢浆草、三叶草、菊科植物的花和一些豆科植物(如大豆、花生、合欢等)的叶子昼开夜闭；月亮花、甘薯、烟草等植物的花昼闭夜开。

B. 季节节律

季节节律是指生物随季节的改变而发生的周期性行为。例如，许多鸟类在冬季来临之前迁往南方温暖地区越冬，两栖类、爬行类等动物到了冬季都有冬眠的行为，热带动物出现夏眠行为，鱼类则有洄游行为等；又如，植物的萌芽、展叶、开花、结实、落叶等均有明显的季节节律行为。

C. 潮汐节律

很多海洋生物与潮水涨退相联系的活动行为，称之为潮汐节律或月运节律。例如，蛤蜊、藤壶等涨潮时在水下觅食；蟹类涨潮时躲藏在洞穴内，当潮水退落时爬出洞穴，在海滩上捕食。

D. 生物钟

生物钟是指生物生命活动的内在节律性。例如，牵牛花在清晨开放，葫芦和夜来香的花在晚上开放；另外，还有许多种花也在特定的时间开放，如在南美洲的阿根廷，有一种野花每到初夏晚上 8 点左右便纷纷开放，被称为“花钟”[52]；又如，在南美洲的危地马拉有一种第纳鸟，它每过 30min 就会“叽叽喳喳”地叫上一阵子，而且误差只有 15s，因此被称为“鸟钟”；在非洲的密林里有一种报时虫，它每过 1h 就变换一种颜色，因此被称为“虫钟”[52]。生物钟是一种比喻的说法，并不是在生物体内真正有这种具体的形态结构，而是指生物体内存在类似时钟的节律性。这种行为对于生物获得食物和适宜的生存环境，避开不良的生存条件有重要作用。

7) 定向行为

定向行为是指生物依靠某种感觉器官，在其活动区域中可以进行定向活动，定向的方法有化学定向、视觉定向、听觉定向等[32,34]。例如，鱼类的洄游是采用化学定向的；蚂蚁外出觅食也采用化学定向，利用其分泌物来标志路线，引导同巢的其他蚂蚁找到食物源地。鸟类则多采用视觉定向，在白天飞行时根据太阳的位置来定向，在夜间飞行时则依靠星辰的位置来定向。蝙蝠、海龟、鲸等则采用听觉定位，利用回声定位去避开障碍物和寻找食物。

2. 按遗传和发育分类

1) 先天性行为

先天性行为是由生物体内遗传基因控制的、不需要后天学习、生来就有的一种行为能力，是生物的一种遗传特性。这种能力在适当条件下，由神经调节或激素调节就能表现出来，如趋性行为、反射行为、本能行为等。例如，菜粉蝶幼虫受芥子油气味的吸引在十字花科植物中觅食的行为是一种趋性行为；臭虫总是向温度较高的地方集中，亦是一种趋性行为。又如，蜜蜂的工蜂发育到一定阶段就能采粉，鸟类的迁徙、鱼类洄游等，这些都是其本能行为。

2) 后天习得行为

后天习得行为是指生物通过生活经验和学习获得的新行为。这种行为与遗传无关，各生物个体的表现也不相同，越是高级的生物，后天习得行为所占的比例越大。后天习得行为包括习惯化、印随学习、观察学习、判断与推理等。

A. 习惯化

习惯化是指当一种刺激重复进行时，生物的自然反应逐渐减弱，最后完全消失，这是一种最简单的学习，即逐渐无视某些刺激，这种现象称为习惯化[53]。例如，蜘蛛第一次听到音叉发出的声音会迅速躲避，但久了就不再惧怕，也不再躲避。习惯化的意义是使动物放弃一些对其生活无意义的反应。

B. 印随学习

印随学习是指生物出生后早期的学习方式，具有特定的敏感期。例如，刚孵化出的雏鸟会紧紧追随着母鸟，如图 2-24 所示。印随学习是最简单的学习，只需要少量的经验信息就可以学成，并且一旦学成，就可以保持较长时间，很难改变，且过了敏感期就没有印随学习了[54]。

图 2-24　印随学习现象

C. 观察学习

观察学习是指生物观察模仿同类生物的行为，不具有特定的敏感期，这在许多生物中是十分普遍的行为。观察学习行为对于获得新知识和适应新环境是非常有利的。

D. 判断与推理

判断与推理是生物后天习得行为的最高级形式，是利用经验去解决问题，如乌鸦利用工具从细高的杯子中取食，如图 2-25 所示[55]。又如，对于悬挂在高处的香蕉，黑猩猩懂得将木箱堆叠起来，然后爬上去取香蕉，这也是一种判断与推理学习行为[56]。

在低等生物中，适应环境的本领是通过自然选择而保留下来的，并主要通过遗传的方式传给下代。环境是多变的，仅靠先天遗传行为无法应付种种"意外", 因而, 在绝大多数生物中都可以见到程度不等的学习能力。通过学习, 生物能更有效地适应它所处的具体环境, 而且通过学习, 亲代的经验可以传递给下一代。

图 2-25　乌鸦利用工具取食

2.4　生物功能、特性与行为异同

在耦合仿生学中, 通常将生物功能作为因变量(试验指标、目标函数等), 而生物特性常被作为自变量(因素、变量), 如生物柔性是作为减阻、脱附功能的因素来考虑的。生物功能与生物特性之间没有必然的因果关系, 如荷叶自洁功能与其润湿性有关, 但不全是因果关系, 而润湿性是自洁功能的一种度量(非全部度量), 因此, 不能将润湿性作为自洁功能的自变量去考虑。为了研究方便, 常将生物的某些机械特性(如耐磨性、延展性、强韧性、抗弯特性等)作为生物功能去考虑; 也将生物的一些物理、化学或物化特性作为生物功能的度量指标, 如将润湿性(接触角大小)作为生物自洁功能的度量指标之一。

生物行为具有功能性, 某一生物行为进行过程中会展现出一种或多种生物功能, 以适应环境变化, 使生物行为顺利地进行和发展下去。生物行为是生物适应环境变化过程中, 一种功能的持续展现或多个生物功能的组合实现。因此, 在耦合仿生学中, 研究某种生物行为时, 重点解析其所蕴含的生物功能, 然后再探索生物功能与生物耦合的关系。

生物行为必然会呈现出一些生物学特性, 如生境特性等。因此, 生物特性与生物行为之间有一定的关系。在耦合仿生学中, 为了便于生物行为的研究, 往往首先考虑生物行为实现的功能性, 然后再考虑生物行为中呈现的生物学特性。这样, 可能会进行二维或多维的生物耦合分析, 这时, 有的需要将在生物行为中呈现的生物特性作为生物功能考量。

参 考 文 献

[1]　Ren L Q, Liang Y H. Biological couplings: Classification and characteristic rules. Sci China

Ser E-Tech Sci, 2009, 52(10):2791-2800.

[2] Barthlott W, Neinhuis C. Purity of the sacred lotus, or escape from contamination in biological surfaces. Planta, 1997, 202: 1-8.

[3] Fang Y, Sun G, Cong Q, et al. Effects of methanol on wettability of the non-smooth surface on butterfly wing. J Bionic Eng, 2008, 5(2): 127-133.

[4] Fang Y, Sun G, Wang T Q, et al. Hydrophobicity mechanism of non-smooth pattern on surface of butterfly wing. Chinese Sci Bull, 2007, 52(3): 711-716.

[5] Ren L Q, Tong J, Li J Q, et al. Soil adhesion and biomimetics of soil-engaging components: A review. J Agr Eng Res, 2001, 79(3): 239-263.

[6] 任露泉, 陈德兴, 胡建国. 土壤动物减粘脱土规律初步分析. 农业工程学报, 1990, 6(1): 15-20.

[7] Ren L Q, Tong J, Li J Q, et al. Soil adhesion and biomimetics of soil-engaging components in anti-adhesion against soil: A review. *In*: Proc 13th Int Conf ISTVS. Munich: ISTVS, 1999.

[8] 陈秉聪, 任露泉, 徐晓波, 等. 典型土壤动物体表形态减粘脱土的初步研究. 农业工程学报, 1990, 6(2):1-6.

[9] 高峰, 黄河, 任露泉. 新疆岩蜥三元耦合耐冲蚀磨损特性及其仿生试验研究. 吉林大学学报, 2008, 38 (3): 86-90.

[10] 孙少明. 风机气动噪声控制耦合仿生研究. 吉林大学博士学位论文, 2008.

[11] 孙少明, 任露泉, 徐成宇. 长耳鸮皮肤和覆羽耦合吸声降噪特性研究. 噪声与振动控制, 2008, 3: 119-123.

[12] Miura Y. Hydrogen production by biophotolysis based on microalgal photosynthesis. Process Biochemistry, 1995, 30(1): 1-7.

[13] He D, Bultel Y, Magnin J P, et al. Hydrogen photosynthesis by rhodobacter capsulatus and its coupling to a PEM fuel cell. J Power Sourc, 2005, 141: 19-23.

[14] Rashid N, Song W, Park J, et al. Characteristics of hydrogen production by immobilized cyanobacterium microcystis aeruginosa through cycles of photosynthesis and anaerobic incubation. J Ind Eng Chem, 2009, 15: 498-503.

[15] 胥苗苗. 2008 年绿色科技十大事件. 中国船检, 2009, 1: 70-71.

[16] 仓立佳. 生态建筑的仿生研究. 华中科技大学硕士学位论文, 2006.

[17] Rothemund P W K. Folding DNA to create nanoscale shapes and patterns. Nature, 2006, 440: 297-302.

[18] Zhang Z H, Zhou H, Ren L Q, et al. Tensile property of H13 die steel with convex-shaped biomimetic surface. Appl Surf Sci, 2007, 253: 8939-8944.

[19] Buck L, Axel R. A novel multigene family may encode odorant receptors: a molecular basis for odor recognition. Cell, 1991, 65: 175-187.

[20] 江雷, 冯琳. 仿生智能纳米界面材料. 北京: 化学工业出版社, 2007.

[21] Hardie R C, Raghu P. Visual transduction in drosophila. Nature, 2001, 413: 186-193.

[22] 陈东辉. 典型生物摩擦学结构及仿生. 吉林大学博士学位论文, 2007.

[23] Federle W, Barnes W J P, Baumgartner W, et al. Wet but not slippery: boundary friction in tree frog adhesive toe pads. J. R. Soc. Interface, 2006, 3: 689-697.

[24] Goodwyn P, Peressadko A, Schwarz H, et al. Material structure, stiffness, and adhesion: why attachment pads of the grasshopper (*Tettigonia viridissima*) adhere more strongly than those

　　　　of the locust (*Locusta migratoria*) (Insecta: Orthoptera). J Comp Physiol A, 2006, 192: 1233-1243.

[25] Autumn K, Liang Y A, Hsieh S T, et al. Adhesive force of a single gecko foot-hair. Nature, 2000, 405: 681-684.

[26] Kesel A B, Martin A, Seidi T. Getting a grip on spider attachment: an AFM approach to microstructure adhesion in anthropods. Smart Mater Struct, 2004, 13: 512-518.

[27] 梁茹. 昆虫透明翅膀拥有绚丽色彩. 江苏科技报, 2011, 01:17.

[28] Ren L Q, Cong Q, Tong J, et al. Reducing adhesion of soil against loading shovel using bionic electro-osmosis method. J Terramechanics, 2001, 38: 211-219.

[29] Ren L Q, Yan B Z, Cong Q. Experimental study on bionic non-smooth surface soil electro-osmosis. Int Agr Eng J, 1999, 8(3): 185-196.

[30] 张秋磊, 林敏, 平淑珍. 生物固氮及在可持续农业中的应用. 生物技术通报, 2008,2:1-4.

[31] Ren L Q, Wang Y P, Li J Q, et al. Flexible unsmoothed cuticles of soil animals and their characteristics of reducing adhesion and resistance. Chinese Sci Bull, 1998, 43(2): 166-169.

[32] 周傲才. 生物行为的归类. 生物学杂志, 1998, 15(5): 23-24.

[33] 尚玉昌. 动物行为的研究方法. 生物学通报, 2006, 41(8): 18-20.

[34] 周晔, 周傲才. 动物行为的分类. 生物学通报, 1998, 33(2): 23.

[35] 郑丽英, 任秋萍. 珍奇有趣的食虫植物——捕蝇草. 中国种业, 2005, 9: 043.

[36] 张彦文, 王海洋. 食虫植物光萼茅膏菜的生物学研究. 武汉植物学研究, 1999, 17(4): 345-349.

[37] 杨世诚. 植物的奇妙行为. 科学世界, 1995, 5: 012.

[38] 晓杭. 有生命的石头——生石花. 浙江林业, 2007, 12: 014.

[39] 尚玉昌. 动物的防御行为. 生物学通报, 1999, 34(6): 4-7.

[40] 子牛. 保护色, 求生存的防御策略. 环境, 1995, 5: 036.

[41] 黄金. 鸟类羽色的奥妙. 野生动物, 2000, 2:8-9.

[42] 杨平. 自救与防御——海蛞蝓的化学防御. 海洋世界, 2006,02: 32-33.

[43] 张霄. 伪装的世界. 森林与人类, 2009, 2: 10-21.

[44] Jackson T. Micro monsters. Texas, Sandy Creek, 2010.

[45] 何屹. 走过真空的小生命. 科技日报, 2008, 9: 10.

[46] 孙修勤, 郑法新, 张进兴. 海参纲动物的吐脏再生. 中国海洋大学学报, 2005, 35(5): 719-724.

[47] 魏娟. 太平洋底发现奇特蠕虫释放炸弹避开天敌. 科技知识动漫, 2009, 10: 42.

[48] 尚玉昌. 蚂蚁的社会生活. 生物学通报, 2006, 41 (4): 5-6.

[49] 尚玉昌. 蜜蜂的通讯行为. 生物学通报, 2008, 43 (4): 8-10.

[50] 尚玉昌. 蚂蚁的化学通讯. 生物学通报, 2006, 41 (6): 14-15.

[51] 尚玉昌. 动物的行为节律. 生物学通报, 2006, 41 (10): 8-9.

[52] 门中华, 李生秀. 植物生物节律性研究进展.生物学杂志, 2009, 26(5): 53-55.

[53] 尚玉昌. 动物的习惯化学习行为. 生物学通报, 2005, 40 (10): 9-11.

[54] 尚玉昌. 动物的印记学习行为. 生物学通报, 2005, 40 (6): 13-15.

[55] 刘莉. "乌鸦制造工具"不足为奇. 科技日报, 2002, 8: 16.

[56] 尚玉昌. 动物的模仿和玩耍学习行为. 生物学通报, 2005, 40 (11): 14-15.

第3章 生物耦元及其耦联方式

3.1 生物耦元

3.1.1 生物耦元

　　生物耦元是指影响生物功能的各种因素，即对生物功能作出贡献的各种因素，其是构成生物耦合的基本单元[1-2]。例如，生活在非洲纳米布沙漠的一种甲虫背部翅膀具有集水功能，研究发现，这种甲虫背部翅膀上密密麻麻地分布着许多山峰状突起物，如图 3-1(a)所示，突起物顶部光滑，没有其他物质覆盖，具有亲水性，如图 3-1(b)所示；突起物侧斜面和周围底面覆盖着披有蜡质外衣的微米结构，由直径为 10μm 的平滑半球呈规则的六角形排列而成，如图 3-1(c)所示，具有超疏水性。上述山峰状突起物顶部光滑形态、突起物侧斜面和周围底面覆盖的半球形微米结构及其表面蜡质材料等因素均为沙漠甲虫集水功能耦合的耦元。大雾来临时，沙漠甲虫身体倒立，雾中微小水珠会凝聚在亲水的突起物上，然后在风力作用下顺着超疏水部位慢慢流入甲虫口中，从而实现集水功能[3]。

(a) 沙漠甲虫

(b) 翅膀上的突起物形貌

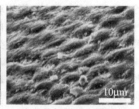
(c) 突起物侧斜面和周围底面覆盖的半球形微米结构

图 3-1　沙漠甲虫及其翅膀的微观结构

3.1.2 生物耦元特性

　　生物耦元具有如下特性。

1. 普遍性

　　生物耦元的存在与特定生物功能的存在紧密相关，只要存在生物功能及其生物耦合现象，就有生物耦元存在，且无论生物功能是否得到有效发挥，参与其功能的生物耦元必定存在，贯穿于生物生命发展过程的始终。

2. 多样性

生物耦元多种多样，可以为形态因素、材料因素，还可以为结构因素等。即使在同一生物耦合中，其耦元也是多样的，可以是不同种类、不同性质、不同组成、不同性态，还可以是不同模式的，等等。生物耦元的多样性，必然展现生物耦合的多样性，亦必然展现生物耦合功能特性的多样性。例如，蚂蚁、步甲、蝼蛄等土壤动物体表的非光滑形态耦元，如图 3-2(a)、(b)和(c)所示[4]，使其具有脱附减阻功能，能在黏湿的土壤环境中活动自如。

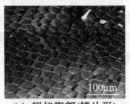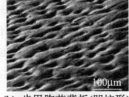

(a) 蚂蚁腹部(鳞片形)　　　(b) 步甲胸节背板(凹坑形)　　　(c) 蝼蛄前翅(网纹形)

图 3-2　土壤动物体表的非光滑形态

孔雀尾部羽毛具有绚丽的色彩，研究表明，小羽枝表皮下面的周期结构是羽毛颜色产生的起因[5]。试验和理论模拟显示，其羽枝表皮下的二维周期结构对某一波段的光有很强的反射，形成颜色，如图 3-3 所示。孔雀羽毛绚丽颜色产生策略非常精妙，其调控方式有两种，一种是调控周期长度，另一种是调控周期数目。不同颜色是由于表皮下的周期结构长度和周期数目不同，蓝色、绿色、黄色、棕

(a) 绿色小羽枝的横断面　　　　(b) 绿色小羽枝横断面放大

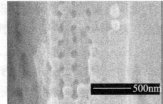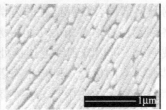

(c) 棕色小羽枝横断面放大　　　(d) 去掉表面角质蛋白后绿色
　　　　　　　　　　　　　　　　小羽枝纵截面

图 3-3　孔雀小羽枝的微观结构

色小羽枝对应的周期长度依次增大。因此，在孔雀羽枝变色耦合中，通过结构耦元巧妙地调控色彩，从而使其展现出绚丽多彩的颜色。

又如，在东方龙虱鞘翅耦合中，鞘翅之间的连接采用的是凹凸啮合结构，如图 3-4(a)所示，分别由上部凸起、下部凸起及中部内凹结构构成。鞘翅截面由鞘翅背壁、鞘翅腹壁、内部空腔及连接空腔的桥墩状纤维空心柱体构成，如图 3-4 (b)所示，鞘翅厚 50~400μm，随种类和鞘翅部位的不同而变化。鞘翅中部桥墩状纤维组织柱体结构类似于加强筋的作用，用来支撑和加固鞘翅，同时用来连接鞘翅背壁、腹壁的空心柱体结构本身都带通孔，如图 3-4(b)所示，这种特殊的结构除了能减小鞘翅相对密度外，也有利于鞘翅内部与外界的物质交换。鞘翅背壁和腹壁具有相同的组织，均由厚的角质蛋白层覆盖，下面紧连接着 5~10 层纤维组织层，每层厚约 2μm，如图 3-4(c)所示[6-7]。可见，组成东方龙虱鞘翅耦合中，结构耦元使其鞘翅不但轻质，而且具有良好的力学性能。

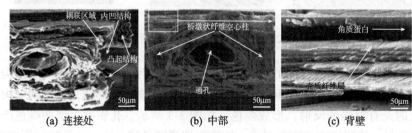

(a) 连接处   (b) 中部   (c) 背壁

图 3-4　东方龙虱鞘翅横断面扫描电镜(SEM)图

3. 复杂性

生物耦元复杂性体现在耦元可多态、多场、多尺度、多式样、多层(阶)结构，或耦合，或组成系统；可变化，既可为动态，又可在运动中变化其形或体或态。

4. 功能性

生物耦元自身具有相关功能，如自洁、脱附、减阻、耐磨、抗疲劳、隐身、降噪等。但是单一生物耦元的功能只有通过生物耦合作用，将其与其他的生物耦元耦合才能充分体现生物特定的功能。

例如，螃蟹螯部耦合具有良好的力学性能和机械性能，研究发现，组成螃蟹螯部耦合的各耦元自身均有相关功能。螃蟹螯表面呈非光滑形态，其上有成簇的绒毛，去除绒毛后，可以看到绒毛连接处是直径为 35~45μm 的小孔，如图 3-5(a)所示，且在其表面不同位置规则地密布着成簇的小刺，如图 3-5(b)所示，这种形态耦元对螃蟹螯起到保护作用[8]。螃蟹螯的上表皮层是一层很薄的蜡质层，这种材料耦元是主要的防水屏障，与环境隔离，保护和防止水分的蒸发。上表皮层下面是外骨骼层，外骨骼层由与表皮法向垂直的螺旋夹板层堆栈而成，如图 3-5(c)和(d)所示。外骨骼层断面，如图 3-5(d)所示，分布着狭长的孔道和小管道，这些管道由有机物质构成，具有一定的柔性和延展性，且这种多孔结构耦元还使其具有轻质性。此外，螃蟹外骨骼脱蛋白质后还可以看到孔状结构，如图 3-5(e)所示，纤维呈层状绕着孔道，纤维之间绕向不同且有分叉现象，如图 3-5(f)所示，当受到外界载荷冲击时，纤维分叉可以起到缓冲的作用，防止裂纹在表面传播，具有较好的力学性能[9]。可见，螃蟹螯部耦合各耦元通过耦合作用，充分地将自身的功能展现出来，从而使其螯部具有良好的力学性能和机械性能。

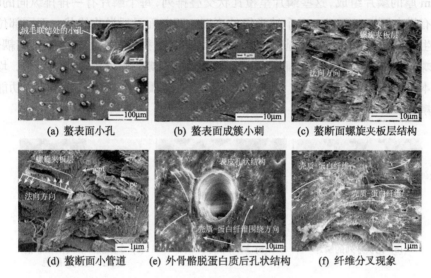

(a) 螯表面小孔　　　　(b) 螯表面成簇小刺　　　(c) 螯断面螺旋夹板层结构

(d) 螯断面小管道　　　(e) 外骨骼脱蛋白质后孔状结构　　　(f) 纤维分叉现象

图 3-5　螃蟹螯的微观结构

5. 特征量度的宽泛性

生物耦元分别由各自的表征量构成的特征指标集表达。生物耦元的特征量度是相当宽泛的，除有宏观、微观、纳观尺度外，还有定量、定性、模糊、灰色、欧氏几何或非欧氏几何等量度。例如，进行生物耦元特征尺寸量化时，既可以使用宏观的尺度描述，也可以使用微观、纳观尺度描述；而对于生物耦元的材质属性，则更多使用定性或定性与定量相结合的方法描述。

6. 突现自变量特性

如果将生物功能看做因变量或试验指标 y，将耦元看做是自变量或试验因素 $X = (X_1, X_2, X_3, \cdots, X_n)$，生物功能则须依赖于一定范围内某些生物耦元的变化来描述。生物耦元是引起生物功能发生变化的因素或条件，但其自身的形式、特征、属性、类别是独立的，不受其他任何耦元的影响或约束，突显出了其自变量的特性。

3.1.3　生物耦元分类

生物耦元类别多种多样。分析生物耦元类别，是解析生物耦合及其功能多样性与复杂性的关键。根据对生物耦元类别的初步研究，可将其按以下几个方面进行分类。

1. 按物质属性分

1) 物性耦元

物性耦元是指生物本体的形态、结构、材料等。例如，蝴蝶翅膀由数层仅有3~4μm厚的鳞片组成，这些鳞片呈覆瓦状交叠排列，每个鳞片有一排排纵向的嵴，嵴间有横向隔断，隔成一个个纳米级的小凹，凹断面呈反抛物线状，不同部位对光产生不同的反射和散射效应，如图 3-6 所示[10]。这种奇妙的形态和结构相耦合，使蝴蝶翅膀在阳光下发出绚丽的颜色。这些影响蝴蝶翅膀颜色效应的因素，均是蝴蝶本体的物质形态、结构、材料等，因此，其皆属于蝴蝶翅膀变色耦合功能的物性耦元。

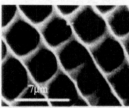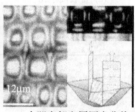

(a) 瓦状排列的鳞片   (b) 鳞片布满了小凹   (c) 小凹底部和周围在非偏
                                                                                       振光下的真实颜色

图 3-6　蝴蝶翅膀鳞片的结构及其产生结构色的示意图

2) 非物性耦元

非物性耦元是生物体的行为、特性等，如树枝、水草等植物及田鼠、蛴螬、蚯蚓、马陆等动物体表具有柔性(非柔层)，即生物体本身的不同部分进行非线性大变形的特性。当将柔性作为耦元与其他的耦元耦合实现某种功能时，这种柔性即是耦合中的非物性耦元。

2. 按重要程度分

1) 主耦元(主元)

主耦元是指对生物功能贡献最大、起决定作用的耦元。例如，荷叶自洁功能是由微米级乳突非光滑形态、乳突与其上更细小的微米级或纳米级绒突构成的微–微或微–纳复合结构及表面蜡质结晶物质共同引起的[11]，上述形态、结构和材料等因素均为荷叶自洁功能耦合的耦元，如图 3-7(a)和(b)所示。在这三种耦元中，荷叶表面微米级乳突非光滑形态耦元具有疏水性，水滴在这种表面上具有较大的接触角，可有效阻止荷叶被润湿，水在荷叶上能形成水珠，实现对沾染物的润湿和粘附。因此，荷叶这种非光滑形态耦元是其自洁功能的主耦元。

2) 次主耦元(次主元)

次主耦元是指对生物功能贡献仅次于主元的耦元。例如，荷叶乳突与其上更细小的微米级或纳米级绒突构成的微–微或微–纳复合结构耦元,如图 3-7(b)所示,其贡献在于能使水滴的滚动角大大降低[12],即能使水滴在其表面的黏附大大降低,当水滴从荷叶上滚动时便将沾染物带走,如图 3-7(c)所示,从而实现自洁功能。因此,荷叶这种微–微或微–纳复合结构是其自洁功能的次主元。

3) 一般耦元

一般耦元是指对生物功能贡献一般的耦元。例如,荷叶蜡质结晶材料具有疏水性,其是荷叶自洁功能的一般耦元。

 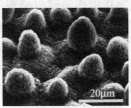 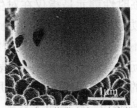

(a) 荷叶表面 　　(b) 乳突和微–纳复合结构 　　(c) 水滴滚落带走表面沾染物

图 3-7　荷叶效应

3. 按关系态势分

1) 永固性耦元

永固性耦元是指固化于生物体生命全过程中的耦元。在生命过程中,无论生物耦合所具有的功能是否发挥或展现,其永固性耦元始终存在,贯穿生物生命全过程。例如,蚯蚓、马陆、蜈蚣等动物身体细长分节,把身体分为许多小单元来适应环境,各体节之间可以相对活动,可以减少与土壤的接触面积,是其脱附减阻耦合功能的重要耦元,这些体节固化于生物体生命的全过程,因此称其为永固性耦元。又如,穿山甲[13]、沙漠蜥蜴[14]等动物的鳞片,如图 3-8 和图 3-9 所示,亦是其耐磨功能耦合的永固性耦元,在其生命过程中始终存在。

(a) 穿山甲 　　　　　　　　　(b) 穿山甲鳞片

图 3-8　穿山甲及其体表鳞片

 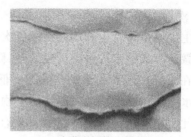

(a) 沙漠蜥蜴   (b) 沙漠蜥蜴体表鳞片

图 3-9   沙漠蜥蜴及其体表鳞片

2) 临时性耦元

临时性耦元是指仅在对生物功能作贡献时呈现的耦元。例如，蚯蚓防粘脱附耦合功能的实现主要是体表背孔分泌润滑 + 表面电渗 + 非光滑形态 + 柔性等耦元以不同的方式并行实现的[15]。其中，电渗现象就是其脱附减阻耦合功能的临时性耦元，当蚯蚓静止或是体表受到压力很小时，此耦元并不呈现；只有当蚯蚓运动着的体表部分受到土壤作用产生局部变形时，才引发体表动作电位，产生表面电渗效应[16]，此耦元才呈现。

4. 按运动态势分

1) 静态耦元

在生物功能实现过程中，若同一耦合中，耦元相对其他耦元无运动，则称之为静态耦元，如人与动物的牙齿、软体动物的贝壳等。贝壳的珍珠层由文石与有机质以"砖泥"结构形式层状堆积在一起，如图 3-10 所示[17]，在受到外力冲击和磨损时，各耦元间无相对运动，自身不产生活动，始终保持静态，因此，称这类耦元为静态耦元。

 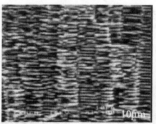 

(a) 大马蹄螺壳   (b) 文石与有机质层状堆积结构   (c) 壳表面原子力显微图片

图 3-10   大马蹄螺壳及其微观结构

2) 动态耦元

动态耦元是指在生物功能实现过程中，处于动态的耦元或是可以动态运动的耦元。例如，田鼠柔层在水平方向和垂直方向可以产生柔性变形，具有移动柔性、转动柔性、振动柔性及波动柔性等特征。在运动过程中，这种动态的柔层可以使松散土壤受到隔离、揉搓、撕剥、抖动、折转等作用,有效地减少了田鼠身体表面的任一接触单元与土壤之间的连续接触,使与其粘结的土壤被脱离,有效地实现了柔性动态脱附[18]。又如,海豚皮肤表层光滑,真皮层分布着许多乳突,乳突间充满着体液,如图 3-11 所示,这些乳突在运动中显现并能承受很大的压力。当海豚处于静态时,表皮下的乳突组织不显现,海豚皮肤表现为光滑表面;当海豚快速游动时,随着水的阻力增加,海豚皮肤感受到紊流压力变化,体液随着压力的变化流出或流入乳突中,皮肤作上下收缩或扩张,产生振动,此时,表皮下的乳突状组织显现出来,海豚的皮肤由光滑逐渐变为相应的动态非光滑形态。同时,乳突间的体液随着紊流压力的变化而流动,使皮肤随着紊流做波浪式动态运动,这样就把紊流变成层流,从而减少水的摩擦阻力[10,19-20]。

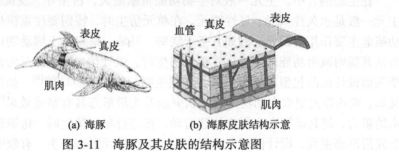

(a) 海豚　　　　(b) 海豚皮肤结构示意

图 3-11　海豚及其皮肤的结构示意图

5. 按可视度分

1) 显性耦元

显性耦元是指贯穿生物生命过程,并且在生物功能实现过程中始终显现的耦元。例如,土壤动物体表普遍存在几何非光滑形态,这一形态耦元在实现脱附减阻过程中始终显现[21]。无论生物功能是否展现,显性耦元都是始终显现的。

2) 隐性耦元

仅在生物功能实现过程中才显现出的耦元,其平时隐而不露,这类耦元称为隐性耦元。例如,蚯蚓体表分布着能自动调控开启和关闭的多个背孔,平时不显现,需要润滑时,背孔开启,分泌以高潴留性黏蛋白为主溶液的体表液,与体表、土壤一起构成三层界面系统,降低土壤对体表的粘附[4]。又如前述,海豚皮肤在静态时表现为光滑形态,表皮下的乳突状组织隐藏不露,仅当海豚快速游动时,表皮下的乳突状组织才突现出来[10],呈现出非光滑形态耦元。隐性耦元的存在,表明生物耦合具有高度的自适应协调控制能力,且在不同的生存环境中,其调控的程度也不同。

3.1.4　耦元分析

1. 耦元贡献度

耦元贡献度是指耦元对生物耦合功能贡献的程度。生物耦合功能是由每个耦元不同程度的贡献形成的。

根据已经明确的研究目标任务、内容和相关的专业知识，全面地分析影响生物功能的耦元，按耦元贡献度的大小将耦元进行排序，并找出主耦元、次主耦元，这是耦元分析的主要内容。对于工程仿生而言，人们既可以独立对生物某一方面或某一个因素进行单元仿生，也可以同时模拟生物多个方面或多个因素(耦元)进行多元耦合(协同)仿生。通过耦元分析，将耦元按照对生物耦合功能的贡献大小排序，重点突出，可以降低生物耦合的复杂性给多元耦合仿生带来的困难，有针对性地进行研究，从而提高工程仿生研究的效能。

2. 主元分析

在生物耦合中，主元一般对生物功能贡献最大，占主导、支配地位；同时，主元一般是永久性耦元、显性耦元。在单元仿生时，特别要注重模拟那些对生物功能起主要作用的耦元。例如，基于蜣螂、马陆、蚂蚁等土壤动物体表非光滑形态是其脱附减阻功能的主元，在单元仿生时，设计仿生犁壁，只考虑形态，将犁壁表面设计出凸包型非光滑形态，实现生物的脱附减阻功能[4]，如图 3-12 所示。又如，鲨鱼等大型水中动物体表鳞状突起非光滑形态具有整流效果[22]，可以减小水的阻力，使其能够在海洋中快速游动。在进行单元仿生时，仿照鲨鱼皮的这种非光滑形态主元，设计微观非光滑表面，进行单元形态仿生，有较明显的减阻效果，如图 3-13 所示。

　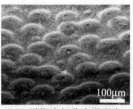　

(a) 蜣螂　　　　(b) 蜣螂头部非光滑形态　　　　(c) 仿生犁壁

图 3-12　蜣螂头部非光滑形态及仿生犁壁

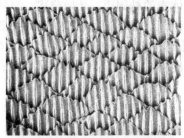　

(a) 鲨鱼体表鳞状突起非光滑形态　　　　(b) 飞机上进行仿生鲨鱼皮贴膜

图 3-13　鲨鱼体表鳞状突起非光滑形态与在飞机上进行仿生鲨鱼皮贴膜

　　在多元仿生时，也应着重考虑以主元作基，如多元仿生形态功能材料即是基于形态的多元功能仿生材料。例如，基于荷叶、苇叶等植物叶片表面微米级乳突非光滑形态是其自洁功能的主元，设计仿生自洁表面时，运用非光滑形态作基，并在其非光滑表面上再进行微-纳复合结构建造，同时进行表面低能化处理，从而实现生物的防粘自洁功能。

　　3. 次主元分析

　　在生物耦合中，次主元地位、贡献仅次于主元，次主元经常与主元相伴相随，如荷叶微-纳复合结构与乳突非光滑形态相伴随。次主元亦经常是永固性、显性耦元，有时也可利用次主元进行单元仿生，或作为多元耦合仿生的基。

　　尚须指出，对于不同类型的仿生，应根据具体的实际情况进行灵活设计。单元仿生设计时，应运用主元进行，但有时也可利用次主元进行。多元耦合仿生设计时，通常应以主元作基，但有时也不得不利用次主元作基，然后在此基础上再进行其他耦元的建造。在多元耦合仿生设计过程中，不仅要考虑静态因素、固化因素，还要考虑动态因素、隐性因素等，同时，更要选取有效、合适的耦联方式，从而使其功能实现过程静动态交叠、显隐性交错。但是，不论是单元仿生、多元耦合仿生，还是单功能、多功能仿生，在设计时，不仅要特别注重模拟对生物功能起主要作用的主元，而且还要从系统的观点综合考虑耦元之间和整个耦合的有效协调与合理控制，如此，才能更有效地完成生物功能仿生实现的种种要求，产生更好的仿生效能。

3.1.5　耦元分析方法

　　1. 常用耦元分析方法

　　目前，在工程仿生研究中，对于生物耦元的分析，即主元、次主元的分析，常采用以下方法。

　　1) 耦元分别测试法

　　同一个生物体或生物群可能同时具有多个具有工程意义的功能，因此，应该根据实际工程仿生需要，确定研究对象的一个或两个生物功能。全面分析可能影响生物功能的各种因素，如条件许可，可对各耦元的作用分别进行测试，然后按照对生物功能的贡献大小或重要程度，将耦元排序，并找出主元、次主元。耦元分别测试法可以明晰各耦元自身的功能特性，确定其对生物功能贡献的大小，从而为单元仿生或多元耦合仿生提供重要的设计依据。此方法多用于静态耦合或简单耦联关系的耦元分析；对于复杂的多元耦合仿生，耦元间的关系复杂，很难单独进行测试。

　　2) 个别耦元去除法

　　明确生物功能目标后，分析影响生物功能的各种耦元，然后将其中个别耦元去除，测试其他耦元对生物功能的影响与贡献。例如，将荷叶表面蜡质结晶，鸭、鹅等水中家禽表面磷质耦元去除后，单独测试其形态对自洁功能的影响，以分析其在自洁功能中所起的作用。又如，研究长耳鸮消声降噪功能特性时[23-24]，发现鸮翼前缘非光滑形态与鸮翼特殊构形之间具有耦合关系，都对消声降噪起到重要作用，如图 3-14 所示。为了分析这两个耦元在消声降噪功能中所起的作用，采用个别耦元去除法，通过塑膜蒙覆的方法消除长耳鸮翼前缘非光滑形态，按照噪声测量试验标准，对翼面有、无前缘非光滑形态的长耳鸮进行了扑翼噪声测试，如图 3-15 所示。试验结果表明，鸮翼前缘非光滑形态对降低长耳鸮飞行过程中产生的气流噪声具有重要作用，是影响其飞行过程中气动噪声的主耦元；构形次之，为次主耦元。采用个别耦元去除法，能有效减少多个耦元交叠影响，简化分析步骤。

(a) 长耳鸮   (b) 长耳鸮翼前缘非光滑形态

图 3-14   长耳鸮及其翼

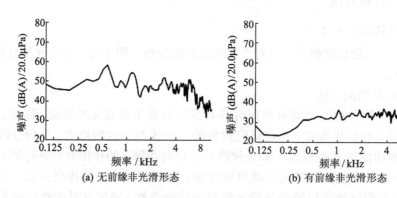

(a) 无前缘非光滑形态   (b) 有前缘非光滑形态

图 3-15   长耳鸮翼前缘非光滑形态对气流噪声的影响

3) 寻找显性、永固性耦元

寻找生物耦合中的显性、永固性耦元，其固化于生物体的生命全过程，并且在生物功能实现过程中始终显现，这种耦元在通常情况下多为主元或次主元，或对生物功能有特殊贡献的耦元。例如，蝼蛄等土壤动物体表普遍存在几何非光滑形态，这些耦元在实现脱附减阻过程中始终显现并固化于生物体的生命全过程，因此，这些耦元多为主耦元。又如，典型植物叶片的各种非光滑形态是其自洁功能耦合的主元，穿山甲、沙漠蜥蜴体表的鳞片是其耐磨功能耦合的主元。

上述三种耦元分析方法，主要以定性分析为主，尚不能完全定量地分析各耦元对生物耦合功能影响的权重，尤其是对复杂的生物耦合分析，更是难以量化耦元的贡献度。

2. 可拓层次分析法

层次分析法(AHP)广泛用于难以完全用定量方法来分析的复杂问题，是进行分析与判断的一种很重要的非线性的数学方法。可拓层次分析法(EAHP)是基于可拓集合理论与方法，研究在相对重要性程度不确定时构造判断矩阵并进行评价的方法。该方法由文献[25]提出，并将其成功应用于某地区电网扩展规划问题。该方法考虑了人的判断的模糊性，其详细理论推导与证明详见文献[25]。作者研究小组将可拓层次分析法用于耦元贡献度分析[26-27]，具体分析步骤如下。

1) 构造可拓判断矩阵

对于特定生物耦合功能系统，将其生物功能作为目标层(最高层)，该目标唯一，记为 A 层；而影响生物功能发挥的各耦元则作为准则层，记为 B 层，因考察目标为各耦元对多元耦合功能的贡献度，仅需求出准则层对目标层的层次单排序权重向量即可。应用 EAHP 方法，建立层次结构，如图 3-16 所示。针对 A 层目标，由专家将 B 层与之有关的全部 n 个耦元，通过两两比较给出判断值，利用可拓区间数定量表示它们的相对优劣程度(或重要程度)，从而构造一个可拓区间数判断矩阵 M'。

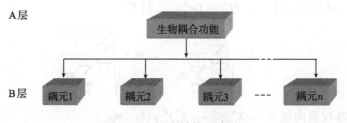

图 3-16　层次结构示意图

矩阵 $M' = [m_{ij}]_{n\times n}$ 中的元素 $m_{ij} = (m_{ij}^-, m_{ij}^+)$ 是一个可拓区间数，为了把可拓区间数判断矩阵中每个元素量化，可拓区间数的中值 $(m_{ij}^-, m_{ij}^+)/2$ 就是 AHP 方法中比较判断所采用的 1~9 标度(表 3-1)中的整数。

可拓判断矩阵 $M' = [m_{ij}]_{n\times n}$ 为正互反矩阵，即 $m_{ii} = 1$，$m_{ij}^{-1} = \left(\dfrac{1}{m_{ij}^+}, \dfrac{1}{m_{ij}^-}\right)$ $(i=1,$

2, ⋯, n; j = 1, 2, ⋯, n)

表 3-1 判断矩阵标度及其含义

标度	含义
1	表示两个因素相比，具有同样重要性
3	表示两个因素相比，一个比另一个稍微重要
5	表示两个因素相比，一个比另一个明显重要
7	表示两个因素相比，一个比另一个强烈重要
9	表示两个因素相比，一个比另一个极端重要
2，4，6，8	表示上述两相邻判断 1~3、3~5、5~7、7~9 的中值
倒数	若因素 b_i 与 b_j 比较得判断 b_{ij}，则因素 b_j 与 b_i 比较的判断为 $b_{ji} = 1/b_{ij}$

2) 计算综合可拓判断矩阵和权重向量

设 $m_{ij}^t = (m_{ij}^{-t}, m_{ij}^{+t})$ (i、j = 1，2，⋯，n； t = 1，2，⋯，T)为第 t 个专家给出的可拓区间数，结合公式

$$M_{ij}^b = \frac{1}{T} \otimes (m_{ij}^1 + m_{ij}^2 + \cdots + m_{ij}^T) \tag{3-1}$$

求得 B 层综合可拓区间数，并建立 B 层全体因素(耦元)对 A 层目标的综合可拓判断矩阵。

对 B 层综合可拓区间数判断矩阵，求其满足一致性的权重向量，即：

(1) 求解 M^-，M^+ 的最大特征值所对应的具有正分量的归一化特征向量 x^-, x^+；

(2) 由 $M^- = [m_{ij}^-]_{n \times n}$， $M^+ = [m_{ij}^+]_{n \times n}$ 计算

$$k = \sqrt{\sum_{j=1}^n \frac{1}{\sum_{i=1}^n m_{ij}^+}} \quad , \quad m = \sqrt{\sum_{j=1}^n \frac{1}{\sum_{i=1}^n m_{ij}^-}} \tag{3-2}$$

(3) 计算权重向量 $S^b = (S_1^b, S_2^b, \cdots, S_n^b)^{\mathrm{T}} = (kx^-, mx^+)$

3) 层次单排序

据文献[25]中的定理 2 计算

$V(S_i^b \geq S_j^b)$ ($i = 1, 2, \cdots, n$; $i \neq j$)，如果 $\forall$ $i = 1, 2, \cdots, n$; $i \neq j$, $V\left(S_i^b \geq S_j^b\right) \geq 0$，则 $P_j^b = 1$，$P_i^b = V(S_i^b \geq S_j^b)$ ($i = 1, 2, \cdots, n; i \neq j$)，表示 B 层上第 i 个元素对于 A 层目标的单排序，进行归一化得到 $P_i = \left(P_1, P_2, \cdots, P_n\right)^{\mathrm{T}}$，即为 B 层各元素对 A 层目标的排序权重向量。

4) 应用实例

以蜣螂减粘脱土多元耦合为例进行耦元分析，其耦元为头部/爪趾的表面形态、构形及其表面材料，该耦合进行可拓层次分析的具体步骤如下。

(1) 构造可拓区间数判断矩阵。

结合功能目标，将形态、构形、材料耦元分别记为 O_1、O_2、O_3，由专家对影响功能的形态、构形、材料耦元进行两两比较打分，得到耦元层对功能的可拓区间数判断矩阵，如表 3-2 所示。

表 3-2　专家给出的耦元层对目标层的可拓区间数判断数据

	O_1	O_2	O_3
O_1	$\langle 1,1 \rangle$	$\langle 0.43,0.60 \rangle$	$\langle 0.28,0.41 \rangle$
O_2	$\langle 1.67,2.33 \rangle$	$\langle 1,1 \rangle$	$\langle 0.38,0.74 \rangle$
O_3	$\langle 2.43,3.57 \rangle$	$\langle 1.35,2.65 \rangle$	$\langle 1,1 \rangle$
O_1	$\langle 1,1 \rangle$	$\langle 0.48,0.53 \rangle$	$\langle 0.18,0.23 \rangle$
O_2	$\langle 1.9,2.1 \rangle$	$\langle 1,1 \rangle$	$\langle 0.24,0.26 \rangle$
O_3	$\langle 4.3,5.7 \rangle$	$\langle 3.9,4.1 \rangle$	$\langle 1,1 \rangle$
O_1	$\langle 1,1 \rangle$	$\langle 0.23,0.28 \rangle$	$\langle 0.18,0.23 \rangle$
O_2	$\langle 3.6,4.4 \rangle$	$\langle 1,1 \rangle$	$\langle 0.43,0.59 \rangle$
O_3	$\langle 4.4,5.6 \rangle$	$\langle 1.7,2.3 \rangle$	$\langle 1,1 \rangle$

(2) 据表 3-2 构造综合可拓判断矩阵为

$$M = \begin{bmatrix} \langle 1,1 \rangle & \langle 2.37, 2.94 \rangle & \langle 3.71, 4.96 \rangle \\ \langle 0.38, 0.47 \rangle & \langle 1,1 \rangle & \langle 2.32, 3.02 \rangle \\ \langle 0.21, 0.29 \rangle & \langle 0.35, 0.53 \rangle & \langle 1,1 \rangle \end{bmatrix}$$

则有

$$M^- = \begin{bmatrix} 1 & 2.37 & 3.71 \\ 0.38 & 1 & 2.32 \\ 0.21 & 0.35 & 1 \end{bmatrix} \quad M^+ = \begin{bmatrix} 1 & 2.94 & 4.96 \\ 0.47 & 1 & 3.02 \\ 0.29 & 0.53 & 1 \end{bmatrix}$$

计算得

$$x^- = (0.6, 0.28, 0.12)^T, x^+ = (0.59, 0.28, 0.13)^T \quad k = 0.95, m = 1.02$$

从而有

$$S_1^b = \langle 0.57,\ 0.602 \rangle, \quad S_2^b = \langle 0.266, 0.2856 \rangle, \quad S_3^b = \langle 0.114, 0.1326 \rangle$$

$$P_1^b = V(S_1 \geqslant S_3) = 19.288, \quad P_2^b = V(S_2 \geqslant S_3) = 8.9375, \quad P_3^b = 1$$

归一化得到各耦元对功能目标影响的权重向量为

$$P = (0.66 \ , \ 0.306, \ 0.034)^{\mathrm{T}}$$

由此可知，对于蝼蛄减粘脱土功能耦合，形态、构形、材料耦元的贡献度分别为：0.66、0.306、0.034，因此，形态耦元为主耦元，构形耦元为次主元，材料耦元为一般耦元，从而可量化分析工程仿生的研究重点，为进一步的仿生设计试验与测试提供参考。

应用 EAHP 方法进行生物耦元贡献度分析时，应结合具体问题选择合适的样本量，同时，最好结合前述现有的方法，在单因素对功能影响测试数据的基础上进行可拓评判矩阵的构建，以得到量化的权重向量，明晰后续仿生研究重点。

3. 试验优化层次分析法

1) 基于试验优化的层次分析法

层次分析法有较严格的数学依据，广泛应用于多层次、多指标复杂系统的分析与决策，比较适合生物耦元的重要度分析[25,28]。但是，由于此法在计算各指标权重时需要专家打分，具有一定主观性，将试验研究(观察、测试、试验)与层次分析法相结合，可以有效解决这个问题。基于试验优化的层次分析法的基本思路是：选取多元耦合生物原型后，对其进行分析并构建多元耦合耦元模型，利用基于优化试验产生的数据为层次分析判断矩阵赋值，从而计算各指标权重；在多元耦合耦元模型中，耦元及其特征构成了目标层和方案层的指标因素。由此，可计算出各指标因素的权重，即为耦元及其特征对于生物耦合功能的重要度，从而定量地分析出生物耦元的重要度，以确定主耦元、次主耦元。同时，还可以更进一步地计算各耦元特性的重要程度，这使得工程仿生的目标更加明确，更加有的放矢。

具体方法如下：

(1) 选取多元耦合生物模本，确定耦元；

(2) 确定决策的目标层、准则层、方案层，构造递阶层次结构模型；

(3) 试验优化获得试验数据，作为构造判断矩阵的依据；

(4) 构造各层级指标判断矩阵；

(5) 计算多元耦合耦元贡献度，对其进行排序，确定主耦元、次主耦元；

(6) 重复步骤(3)、(4)，可以对耦元特征进行分析，并计算其对耦元和多元耦合功能的贡献度。

2) 应用实例

仍以荷叶自洁多元耦合仿生为例。

(1) 选取多元耦合生物模本，确定耦元。

以荷叶为生物模本进行自洁功能原理分析，发现荷叶自洁功能是由其表面上的乳突非光滑形态、微–微或微–纳复合结构及表面蜡质材料等因素共同引起的[29]。

因此，确定其生物耦合的耦元为乳突非光滑形态、微–微或微–纳复合结构和蜡质材料，进一步分析各耦元特征，建立耦元可拓模型如下。

$$M_1 = \begin{bmatrix} 形态, & 形状, & 乳突 \\ & 尺寸, & \begin{bmatrix} 底部半径, & 10\sim15\mu m \\ 冠高, & 3\sim4\mu m \end{bmatrix} \\ 密度, & 2000\sim2500个/mm^2 \\ 分布, & 均匀 \end{bmatrix}$$

$$M_2 = \begin{bmatrix} 结构, & 尺度, & 微–微\wedge微–纳 \\ 类型, & 复合 \end{bmatrix}$$

$$M_3 = \begin{bmatrix} 材料, & 组分, & 蜡质 \\ 组织, & 晶体 \end{bmatrix}$$

其中，M_1、M_2、M_3 分别为形态耦元、结构耦元、材料耦元可拓模型。

(2) 构造层次结构模型。

由荷叶多元耦合耦元的可拓模型，将其多元耦合功能作为多元耦合递阶层次结构模型的目标层，耦元作为准则层，各耦元的特征作为方案层，构建其多元耦合递阶层次结构模型，如表 3-3 所示。

表 3-3 多元耦合递阶层次结构模型

目标层	准则层(A_i)	方案层(B_i)
多元耦合功能	形态耦元 A_1	形状 B_1
		尺寸 B_2
		密度 B_3
		分布 B_4
	结构耦元 A_2	形状 B_5
		尺寸 B_6
		密度 B_7
	材料耦元 A_3	组分 B_8
		组织 B_9

(3) 依据试验优化获得试验数据构造判断矩阵。

针对已确定的耦元(形态、结构、材料等)设计试验方案，对耦元两两比较进行测试和分析，作为构造判断矩阵的依据。

对文献[30-35]的优化试验数据和结论进行分析，引入 1~9 的标度(表 3-1)，由专家构造准则层一级指标判断矩阵如表 3-4 所示。

表 3-4   一级指标判断矩阵

	A_1	A_2	A_3	W
A_1	1	1/2	3	0.3326
A_2	2	1	3	0.5287
A_3	1/3	1/3	1	0.1396

(4) 计算生物耦合耦元贡献度。

由公式 $M_i = \prod a_{gh}$ 得

$$\bar{W} = \sqrt[n]{M_i}$$

对向量 $\bar{W}_T = (\bar{W}_1, \bar{W}_2, \cdots, \bar{W}_n)$ 归一化，$W_i = \bar{W} / \sum W_i$，计算求得：$W^T = (0.5278,$ 0.3326，0.1396)。

依据公式 $\lambda_{max} = \sum_{i=1}^{n} \dfrac{W_i'}{W_i} / n$ 得

$$CI = (\lambda_{max} - n)/(n-1)$$

$CR = \dfrac{CI}{RI}$ (RI 查表获得)。得 $\lambda_{max} = 3.05$，CI=0.025，CR=0.0462<0.1 通过一致性检验。

因此，形态耦元、结构耦元、材料耦元对荷叶自清洁的贡献度分别为 0.5278、0.3326、0.1396。计算结果表明，在荷叶生物耦合中，形态耦元为主耦元，结构耦元为次主耦元[27]。

同样方法重复步骤(3)、(4)，可获得每个耦元的特征对所属耦元的贡献度，将其与所属耦元贡献度相乘，所得数值为该特征对多元耦合功能的贡献度，进而实现对耦元特征的分析。

3.2   生物耦元耦联方式

3.2.1   生物耦元耦联方式定义

生物耦合中各耦元之间只有通过特定的方式相互联系起来才能完成生物的特定功能，这种耦元之间的相互关系或联系称为耦联方式，简称耦联[1-2]。耦联既包含耦合中任意两个耦元间的关系，又包括所有耦元间关系的总和。耦联类似于可拓论中的关系元，但同时也包含一部分事元内容，如动耦元与静耦元之间的动作关系。如果将生物功能看做因变量或试验指标 y，将耦元看做是自变量或试验因素 $X=(X_1, X_2, X_3, \cdots, X_n)$，则耦联即可看做是 $y \sim f(x)$ 中的函数关系 f，其作用是将耦元与耦元联系起来。尚须指出，耦联不同于自变量间的交互作用，它强调的是耦元间的组成关系，重点在构成，主要服务于耦合机制；而交互作用强调的是自变量间组合对因变量的影响，重点是作用，主要服务于因变量交互效能。

例如，昆虫的复眼是昆虫最重要的光感受器，复眼是由许多独立的小眼构成，小眼的构造非常精巧，每个小眼都是一个耦合。每个小眼耦合主要由角膜、晶锥、感杆束、色素细胞、基膜等[36]耦元构成，如图 3-17(a)所示。角膜是小眼的最外层结构，通常是向外凸起的；晶锥是圆锥形的透明晶体，位于角膜下方。角膜与晶锥两耦元之间通过组合的方式连接，构成了小眼的屈光器，主要起到透光、保护感受器和屈光的作用。在角膜和晶锥组合下面连接感杆束，其由紧密排列的柱状微绒毛构成，具有很高的折射指数。色素细胞位于晶锥和感杆束周围，能够吸光和转化光能；基膜呈栅栏状位于小眼底部，起到增加视神经感受性和机械支撑小眼的作用[36]。在昆虫小眼耦合中，各耦元间通过相互组合连接成一个从整体上有特定方位连接关系的耦合，当光波进入小眼后，通过各方位耦元的折射，形成点的影像，许多点的影像相互作用就形成了完整的影像，如图 3-17(b)和(c)所示。

(a) 昆虫复眼结构示意图　　　　　　　　　(b), (c) 光束通过复眼成像

图 3-17　昆虫复眼结构

3.2.2　生物耦元耦联方式分类

生物耦元的耦联方式是多种多样的，可按以下几个关系分类。

1. 静态耦联与动态耦联

1) 静态耦联

耦元间关系是静止的，不能活动，即为静态耦联。例如，在老鼠门牙的牙釉质耦合中，磷酸钙棒状晶体沿长轴平行排列成晶体束，如图 3-18 所示，晶体束再平行排列成釉柱，釉柱平行排列成牙釉质，且釉柱长轴延伸方向与牙的表面基本垂直。釉柱与釉柱间及晶体与晶体间充满有机质[37]。耦元之间通过这种紧密堆积的耦联方式耦合在一起，从而显示出了优良的力学性能。在承受外力时，老鼠门牙牙釉质耦合中，各耦元间关系始终是静止的，自身不产生活动，这种耦联方式即为静态耦联。

图 3-18　老鼠门牙牙釉质中磷酸钙晶体延长轴的平行排列

2) 动态耦联

耦元间关系不是静止的，可以活动，即为动态耦联。例如，转动(自由度可为 1、2、3)，像动物的爪趾、鳞片、翅膀等，如在蝼蛄前爪趾(挖掘足)耦合中，由爪趾、附爪、股节上的羽状刺及爪趾间密生的纤毛等耦元组成，如图 3-19 所示，挖掘足耦合在挖土时，各耦元间关系不是静止的，可以活动，这种动态耦联方式有效地将各耦元紧密联合，将其功能充分展现出来，以实现脱附减阻耐磨功能[38-39]；滑动(自由度为 1、2、3)，如蚯蚓、马陆、蜈蚣等动物体节纵向移动等[40]。

(a) 蝼蛄　　　　　　　　　　　　(b) 蝼蛄挖掘足

图 3-19　蝼蛄及其挖掘足

2. 方位耦联

各耦元具有一定的空间相对方位，称为方位耦联。耦元间所处的方位关系可以是上下、左右、前后、叠加、阶梯、中间等。例如，在不同种类的蛾类和蝴蝶翅膀鳞片耦合中[41-43]，鳞片表面均由亚微米级纵肋及横向连接等耦元组成，这些耦元不在一个平面上，具有独特的空间相对方位，如图 3-20 所示。各耦元间通过井然有序的方位耦联方式耦合，具有良好的变色和自洁功能。

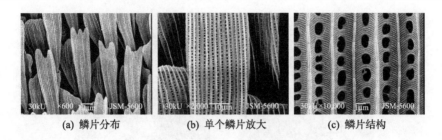

(a) 鳞片分布　　　　　　　(b) 单个鳞片放大　　　　　　(c) 鳞片结构

图 3-20　粉蝶灯蛾翅膀表面耦元空间位置

3. 固定耦联与非固定耦联

1) 固定耦联

耦元间关系固定，不发生变化，则为固定耦联。例如，在人体步态周期的每一步，足部都发挥着减震、吸收地面反作用力储能并推动足部及身体向前的功能性作用。在人体足部足弓系统储能功能耦合中，足弓结构和足底腱膜两物性耦元间通过固定关系进行连接[44-45]。当足弓结构被动受力致使高度下降时，就会拉伸足底腱膜与之保持协同；足底腱膜比较发达、强韧，相当于足弓结构系统中的"弓弦"，在足部运动中起着维持足纵弓的作用。虽然足弓结构与足底腱膜两耦元均是动态的，但两耦元关系不发生变化，始终协调一致，共同吸收外力做功，在步态周期运动中实现足弓系统的储能功能，如图 3-21、图 3-22 所示。在足部足弓系统耦合储能功能的展现过程中，足弓结构弧度的减小与高度的下降、足底腱膜的被动伸展所需能量均由外力做功提供，从而起到了一定的储能作用。这部分能量在步态周期蹬离期及趾离期逐渐被释放。

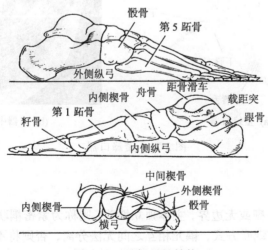

图 3-21　足部足弓结构

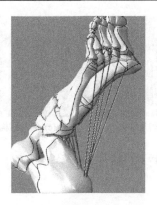

图 3-22　基于 truss 单元的足底腱膜模型

2) 非固定耦联

耦元间关系为临时、暂时而非固定的，则为非固定耦联。例如，蜜蜂口器中各耦元通过非固定耦联关系耦合，使蜜蜂口器能够咀嚼和吮吸，还能夹紧物体。研究发现，在蜜蜂口器耦合中，如图 3-23(a)所示，上颚左右对称呈刀斧状，具有咀嚼固体花粉和建筑蜂巢的功能；下唇延长，与下颚、舌合并组成细长的小管(喙)，中间有一条长槽，具有吸吮的功能，如图 3-23(b)所示。蜜蜂的喙仅在吸食时才由下颚、下唇和舌合并而成，不用时则分开并折叠在头下，这时，上颚即可发挥咀嚼功能[46]。可见，蜜蜂口器通过非固定耦联方式耦合，使其既能咀嚼固体食物，又能吮吸液体食物。

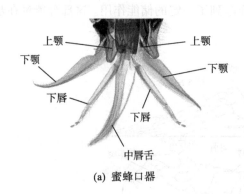

(a) 蜜蜂口器　　　　　　　　　　　　　　　(b) 口器中的喙

图 3-23　蜜蜂口器

4. 程度耦联

1) 紧密耦联

耦元间边界模糊或无边界，主体独立性差，则称为紧密耦联，如化合、融合、复合等。对于紧密耦联方式，耦元相互之间无法分离，否则将不能成为具有一定功能、特性的有机系统。例如，骨肉耦联、皮毛耦联、羽翅耦联等，均是不同性质的生物耦元通过化合、融合、复合等紧密耦联方式成为一个具有一定功能特性的生物耦合或耦合系统。长耳鸮体表覆羽、绒毛、皮肤等耦元通过紧密耦联方式，构成多层次特殊结构耦合，使其具有吸声降噪功能[47]。

2) 较紧密耦联

耦元间边界可辨，但不完全明晰，主体独立性较差，则称为较紧密耦联，如嵌合、结合、组合等。例如，甲虫在非飞行状态下，鞘翅闭合，完整地覆盖在飞行翅上；在飞行时，鞘翅从闭合态张开，鞘翅的张合运动均围绕一个轴转动，如图 3-24 所示[48-50]。左右鞘翅通过楔形结构榫嵌入相互耦联，从头部向尾部呈现出逐步变化，如图 3-25(a)和(b) 所示。头部结构受到较大的力，实体尺寸较大，转动情况下鞘翅间相对运动距离较小，因而楔形凸出和槽部尺寸较小；尾部相对位移较大，楔形凸出和槽部尺寸也较大，如图 3-25(c) 所示。甲虫通过控制鞘翅展开时的角度，则能够用较小的力将鞘翅耦联顺利打开，如图 3-26 所示。甲虫鞘翅间这种榫连接耦联方式具有较好的几何和力学相关性，类似于拉链的自锁结构，易于打开，有利于鞘翅的锁合。

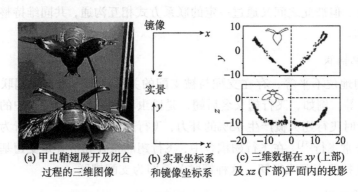

(a) 甲虫鞘翅展开及闭合过程的三维图像　　(b) 实景坐标系和镜像坐标系　　(c) 三维数据在 xy (上部)及 xz (下部)平面内的投影

图 3-24　鞘翅张合轨迹及其运动机构

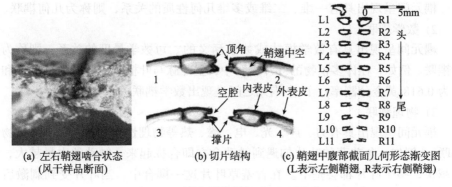

(a) 左右鞘翅啮合状态(风干样品断面)　　(b) 切片结构　　(c) 鞘翅中腹部截面几何形态渐变图(L表示左侧鞘翅，R表示右侧鞘翅)

图 3-25　神农蜣螂鞘翅截面及切片

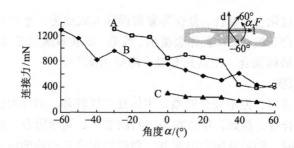

图 3-26 神农蜣螂鞘翅间连接力与拉力方向的关系

A 和 B 为雄性，C 为雌性；右上图中 1 为侧向；d 为背向；α 为拉力与侧向的夹角；F 为连接力；箭头表示角度 α 的方向

3) 松散耦联

耦元间边界明晰，主体独立或相对独立，则称为松散耦联，如联合、混合、集合等。对于松散耦联方式，较多出现在大生态系统中，耦元之间相对独立，可分离存在。例如，在蚁群、蜂群等生物耦合系统中，各个成员之间有明显分工，可相对独立，但彼此之间又通过一定的联系方式相互沟通，共同维持整个耦合系统正常运作。

5. 支配耦联

耦元间地位不平等，存在支配与被支配的关系，则称为支配耦联，如耦元 X_1 支配 X_2 等。例如，飞行翅又名后翅，是昆虫和鸟类在飞行过程中的主要承力部件。飞行时飞行翅大概产生 75%的升力，飞行翅通过弯曲和变形行为产生飞行力以维持正常飞行[51]。在飞行翅耦合中，飞行翅的张开和折叠是受翅基的连接肌控制的，连接肌支配飞行翅，这种耦联关系即为支配耦联。

6. 性质耦联

1) 几何耦联

耦元间呈现出具有一维、二维或多维几何性质的关系，则称为几何耦联。

2) 数学耦联

耦元间呈现出具有数学模式或数学涵义的、可数学量度的关系，则称为数学耦联。例如，在许多植物的叶片耦合中，主叶脉与叶柄和主叶脉的长度之和比约为 0.618(黄金分割率)，两个耦元之间呈现出数学耦联关系。

3) 物理耦联

耦元间呈现出具有力、声、光、电、磁、热等物理性质的关系，则称为物理耦联。 例如，含羞草的叶片如遇到触动会立即合拢起来，触动的力量越大，合得越快，整个叶片都会垂下。在含羞草叶片这一耦合中，当叶片受到刺激后，立即产生电流，电流沿着叶柄以约 14mm/s 的速度传到叶片底座上的小球状器官，引起球状器官的活动，而它的活动又带动叶片活动，使得叶片闭合。不久，电流消失，叶片又恢复原状。因此，含羞草叶片耦合，通过生物电耦联方式实现叶片合拢[52]。

4) 化学耦联

耦元间呈现出化合、融合、复合等化学性质的关系，则称为化学耦联。例如，萤火虫腹部末端能够发出黄绿色的光，研究表明，萤火虫发光细胞内含有荧光素与荧光酶，其中，荧光素是一种含磷的化学物质，很容易氧化；荧光酶是一种不耐热的、分子质量不大的结晶蛋白，它是催化剂，又是辐射体。当荧光素与氧气接触的时候，荧光素在荧光酶的催化作用和细胞内水分参与的情况下与氧化合，伴随产生的能量便以光的形式释放出来。因此，在萤火虫发光耦合中，各耦元以化学耦联的方式化合，产生能量，从而使萤火虫发出黄绿色的光[53]，如图 3-27 所示。此外，氧化了的荧光素还有一个特点，其可以与水化合，又还原成荧光素，因此可反复使用。值得一提的是，在萤火虫发光耦合中，氧气的供应是由气管输送来的，氧气充足，光就亮；氧气少，光就暗，这也是萤火虫的光有时忽明忽暗的原因。

图 3-27　萤火虫下腹部释放绿色荧光物质(见图版)

5) 机械耦联

耦元间呈现出嵌合、组合、联合等机械性质的关系，则称为机械耦联。对于机械耦联方式，耦元间有确定的机械运动。例如，蜜蜂振翅的频率很高，每秒振翅次数可达 200~400 次，而且在不同的环境下振翅的幅度也不一样。研究发现，在蜜蜂两对膜质翅中，前翅大、后翅小，前后翅以翅钩列连锁方式耦联，使前后两翅紧密配合，如图 3-28 所示[54]，具有超强的振翅功能，使其能在承载重物的情况下飞行[55]。蜜蜂休息时，翅钩会"脱钩"，前后两翅分开，分别在蜜蜂背部折叠起来。

6) 综合耦联

耦元间的关系不是单一的，而是呈现出几何、数学、物理、化学或机械等多种性质的关系，则称为综合耦联。

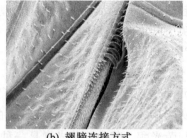

(a) 蜜蜂翅膀   (b) 翅膀连接方式

图 3-28   蜜蜂翅膀及其连接方式

　　尚需指出，生物耦元的耦联方式是复杂的、多样的，上述只提及了几种常见的类型，还有许多耦联方式有待于进一步探索和揭示。此外，耦元间的耦联方式往往不是单一的，即使在同一个生物耦合中，不同耦元间也可能具有不同的耦联方式；耦元间的耦联方式不是一成不变的，即使是同一生物耦合在不同的环境介质中完成同一生物功能，其耦元间的耦联方式也可能不同，甚至是在实现同一生物功能的不同阶段，其耦元间的耦联方式也可能发生变化，这是生物耦合结构调控智能化、系统化和功能实现最优化的特征表现。

　　生物特定功能的实现是生物耦元通过一定的耦联方式发挥功能的过程，有效、合适的耦联方式可以使生物耦元的功能得到有效发挥。在生物耦合中，耦元数、耦元性质、耦联方式不同，构成的生物耦合的类别也不同，相应地，其所具有的生物功能也是不同的。耦元和耦联方式的多样性，必然展现出生物耦合的多样性与复杂性，亦必然展现出生物耦合功能特性的多样性与复杂性。因此，在工程仿生设计时，应注重选取对生物功能起主要作用的耦元进行；同时，要选取合适、有效的耦联方式将耦元联合起来，形成一个结构智能化、功能系统化、材料多元化的耦合或耦合系统，从而更好地发挥生物效能，达到更好的仿生效果。

参 考 文 献

[1] 任露泉, 梁云虹. 生物耦元及其耦联方式. 吉林大学学报(工学版), 2009, 39(6): 1504-1511.

[2] Ren L Q, Liang Y H. Biological couplings: Classification and characteristic rules. Sci China Ser E-Tech Sci, 2009, 52(10): 2791-2800.

[3] Andrew R P, Chris R L. Water capture by a desert beetle. Nature, 2001, 414: 33-34.

[4] Ren L Q. Progress in the bionic study on anti-adhesion and resistance reduction of terrain machines. Sci China Ser E-Tech Sci, 2009, 52(2): 273-284.

[5] Zi J, Yu X, Li Y, et al. Coloration strategies in peacock feathers. PNAS, 2003, 100: 12576-12578.

[6] 杨志贤, 戴振东, 郭策. 东方龙虱鞘翅:形态学及力学性能研究. 科学通报, 2009, 54(12): 1767-1772.

[7] 杨志贤, 戴振东. 甲虫生物材料的仿生研究进展. 复合材料学报,2008, 25(2): 1-9.

[8] 周飞, 吴志威, 王美玲, 等. 淡水螃蟹螯的结构及力学性能研究. 中国科技论文在线五星级精品论文(力学). http://wenku.baidu.com/view/8dod658084868762caaed572.html.2008.

[9] Chen P Y, Lin A Y M, McKittrick J. Structure and mechanical properties of crab exoskeletons. Acta Biomaterialia, 2008, 4: 587-596.

[10] 孙久荣, 戴振东. 非光滑表面仿生学(Ⅱ). 自然科学进展, 2008, 18(7): 727-733.

[11] Barthlott W, Neinhuis C. Purity of the sacred lotus, or escape from contamination in biological surfaces. Planta, 1997, 202: 1-8.

[12] Feng L, Li S H, Li Y S, et al. Super-hydrophobic surfaces: from nature to artificial. Adv Mater, 2002, 14: 1857-1860.

[13] 马云海, 佟金, 周江, 等. 穿山甲鳞片表面的几何形态特征及其性能. 电子显微学报, 2008, 27(4): 336-340.

[14] 高峰, 黄河, 任露泉. 新疆岩蜥三元耦合耐冲蚀磨损特性及其仿生试验研究. 吉林大学学报(工学版), 2008, 38 (3): 86-90.

[15] Ren L Q, Liang Y H. Biological couplings: Function, characteristics and implementation mode. Sci China Ser E-Tech Sci, 2009, 53(1): 1-9.

[16] 孙久荣, 任露泉, 丛茜, 等. 蚯蚓体表电位的测定及其与运动的关系. 吉林工业大学学报, 1991, 4: 18-24.

[17] Mayer G. Rigid biological systems as models for synthetic composites. Sciences, 2005, 310: 1144-1147.

[18] Ren L Q, Wang Y P, Li J Q, et al. Flexible unsmoothed cuticles of soil animals and their characteristics of reducing adhesion and resistance. Chinese Sci Bull, 1998, 43(2): 166-169.

[19] Lucey A D, Carpenter P W. Boundary layer instability over compliant walls: Comparison between theory and experiment. Phys Fluid, 1995, 7: 2355-2363.

[20] Gad-el-Hak M. Compliant coatings: A decade of progress. Appl Mech Rev, 1996, 49 (10): 147-157.

[21] 任露泉, 丛茜, 陈秉聪, 等. 几何非光滑典型生物体表防粘特性的研究. 农业机械学报, 1992, 23(2): 29-34.

[22] Ball P. Shark skin and other solutions. Nature, 1999, 400: 507-508.

[23] 孙少明. 风机气动噪声控制耦合仿生研究. 吉林大学博士学位论文, 2008.

[24] 任露泉, 孙少明, 徐成宇. 鸮翼前缘非光滑形态消声降噪机理研究. 吉林大学学报(工学版), 2008, 38(2): 126-131.

[25] 高洁, 盛昭瀚. 可拓层次分析法研究. 系统工程, 2002, 20(5): 6-11.

[26] 洪筠. 多元耦合仿生可拓研究及其效能评价. 吉林大学博士学位论文, 2009.

[27] 洪筠, 钱志辉, 任露泉. 多元耦合仿生可拓模型及其耦元分析. 吉林大学学报(工学版), 2009, 39(3): 726-731.

[28] Tanion T. Fuzzy preference ordering in group decision making. Fuzzy Sets and Systems, 1984, 4:45-49.

[29] Barthlott W, Neinhuis C, Boil D. The lotus-effect: Non-adhesive biological and biomimetic technical surfaces. Proceeding of the 1st International Industrial Conference, 2004: 211-214.

[30] 王淑杰, 任露泉, 韩志武, 等. 植物叶表面非光滑形态及其疏水特性的研究.科技通报, 2005, 21 (5): 553-556.

[31] 王淑杰, 任露泉, 韩志武, 等. 典型生物非光滑理论及其仿生应用. 农机化研究, 2005, 1: 209-213.

[32] Hong Y, Ren L Q, Han Z W. The multi-element coupling analysis of typical plant leaves based on analysis hierarchy process (AHP). Proceedings of the 2nd International Conference of Bionic Engineering, 2008: 47-53.

[33] 韩志武, 邱兆美, 王淑杰, 等. 植物表面非光滑形态与润湿关系. 吉林大学学报(工学版), 2008, 38(1): 110-115.

[34] 杨晓东, 尚广瑞, 李雨田, 等. 植物叶表的润湿性能与其表面微观形貌的关系. 东北师大学报(自然科学版), 2006, 38(3): 91-95.

[35] 王淑杰, 任露泉, 韩志武, 等. 植物叶表面防粘特性的研究. 农机化研究, 2005, 4: 176-181.

[36] Lee L P, Szema R. Inspirations from biological optics for advanced photonic systems. Science, 2005, 310: 1148-1150.

[37] Dorozhkin S V, Epple M. Biological and medical significance of calcium phosphates. Angew Chem Int Ed, 2002, 41: 3130-3146.

[38] 张琰. 蝼蛄触土部位生物耦合特性研究. 吉林大学硕士学位论文, 2008.

[39] Zhang Y, Zhou C H, Ren L Q. Biology coupling characteristics of mole crickets' soil-engineering components. J Bionic Eng, 2008, 5 (S1): 164-171.

[40] 施卫平, 任露泉, Yan Y Y. 蚯蚓蠕动过程中非光滑波纹形体表的力学分析. 力学与实践, 2005, 27 (3) : 73-74.

[41] 张建军. 蛾翅膀表面润湿性及其机理研究. 吉林大学硕士学位论文, 2006.

[42] Ren L Q, Qiu Z M, Han Z W, et al. Experimental investigation on color variation mechanisms of structural light in Papilio maackii ménétriès butterfly wings. Sci China Ser E-Tech Sci, 2007, 50(4): 430-436.

[43] Wu L Y, Han Z W, Qiu Z M, et al. The microstructures of butterfly wing scales in northeast of China. J Bionic Eng, 2007, 4(1): 47-52.

[44] 钱志辉. 人体足部运动的有限元建模及其生物力学功能耦合分析. 吉林大学博士学位论文, 2010.

[45] Qian Z H, Hong Y, Xu C Y, et al. A biological coupling extension model and coupling element identification. J Bionic Eng, 2009, 6: 186-195.

[46] 颜忠诚. 昆虫的口器. 生物学通报, 2005, 40(9): 6-9.

[47] 孙少明, 任露泉, 徐成宇. 长耳鸮皮肤和覆羽耦合吸声降噪特性研究. 噪声与振动控制, 2008, 3: 119-123.

[48] Dai Z D, Gorb S. Contact mechanics of pad of grasshopper (Insecta: ORTHOPTERA) by finite element methods. Chinese Science Bulletin, 2009, 54(4): 549-555.

[49] 杨志贤, 虞庆庆, 戴振东, 等. 四种甲虫鞘翅的力学参数测定及微结构观测. 复合材料学报, 2007, 24(2): 92-98.

[50] Dai Z D, Zhang Y F, Liang X G, et al. Coupling between elytra of some beetles: Mechanism, forces and effect of surface texture. Sci China Ser C-Life Sci, 2008, 51(10): 894-901.

[51] Wootton R J, Evans K E, Herbert R, et al. The hind wing of the desert locust (*Schistocerca gregaria* Forskål).I. Functional morphology and mode of operation. J Exp Biol, 2000, 203: 2921-2931.

[52]　秦自民. 含羞草——植物运动·环境适应. 环境, 2003, 09: 34.

[53]　刘铭. 昆虫的"闪光语言". 环境, 2002, 11: 35.

[54]　秋凌. 显微镜下的蜜蜂：数千触角细胞清晰可见. 环球科学, 2010, 05: 25.

[55]　张金. 三种昆虫翅膀结构仿生模型与纳米力学. 吉林大学硕士学位论文, 2008.

第4章　生 物 耦 合

4.1　生物耦合定义

　　生物耦合是指两个或两个以上耦元通过合适的耦联方式联合起来成为一个具有一种或一种以上生物功能的物性实体或系统[1]。生物耦合是生物固有属性，是生物经过亿万年进化、优化形成的多因素高度协调的系统，对生存环境具有最佳适应性。例如，光敏海星(*Ophiocoma wendtii*)的颜色可以随着白天和黑夜发生变化，如图 4-1(a)所示[2]，研究表明，海星骨骼由单晶方解石碳酸钙构成，其材料本身是专门的感光材料，是海星变色耦合中的重要材料耦元；海星方解石骨架外围延展成为规则排列的球状非光滑形态，如图 4-1(b)和(c)所示，具有明显的复眼功能，是其耦合变色功能的形态耦元；同时，构成周围层的方解石具有特征双透镜结构，由立体结构(S)和放大镜结构(L)复合而成，如图 4-1(d)所示，此外，对单个放大镜结构横断面研究发现，方解石透镜的有效部分与补偿透镜的轮廓匹配得较好，如图 4-1(e)所示，具有良好的构形，这种特征的双透镜结构和构形是海星耦合变色功能的结构和构形耦元。因此，海星由形态、构形、结构、材料等耦元通过几何耦联方式构成一个在空间上具有几何物理性质的光感耦合体，展现出了良好的光学功能。

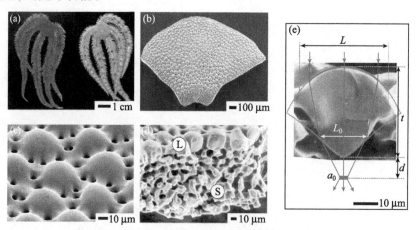

图 4-1　海星(*O.wendtii*)形貌及其骨骼构造

(a) 海星昼夜颜色变化；(b) 背腕板；(c) 背腕板周围层；(d) 背腕板断口方解石形貌；
(e) 单个放大镜横断面结构

又如，荷叶、棕叶等植物叶片，由非光滑形态 X_1、微–微或微–纳复合结构 X_2 和蜡质材料 X_3 三种耦元，经过 X_2 在 X_1 上的复合及 X_3 与 X_1、X_2 的结合这种耦联方式，形成具有自洁功能的物性实体。

由不同耦元构成的耦合，可以是一个集合、一个系统或一个生物个体的某部分(或器官)，也可以是一个生物群等；生物耦合是有一定物性的且具有生物特征的实体或生物体。生物耦合类似于 $y \sim f(x)$ 中的 $f(x)$。

4.2 生物耦合条件

4.2.1 构成生物耦合的耦元数应是两个或两个以上

耦合只能是两个或两个以上相合，生物耦合亦然。生物耦元自身亦有相关功能，如自洁、脱附、减阻、耐磨、降噪等，凡生物功能有之，耦元皆可能有之，但强弱相异可能很大。单一生物耦元的功能只有通过生物耦合作用，即将其与其他的生物耦元耦合才能完全实现生物的特定功能。单一耦元自身虽有相关功能，但没有与其他耦元的耦合或相互协同作用，既不能称之为耦合，也无法与生物耦合所实现的生物功能相比拟。显然，构成生物耦合中的耦元数应是两个或两个以上。

4.2.2 耦元是异质的，即异相、异场、异类等

构成生物耦合中的耦元是不同性质的，既可以是不同组成、不同性态、不同种类、不同结构、不同空间层次，还可以是不同模式的，等等。生物基于外部环境和内部结构的特点，通过异质耦元的耦合，可以实现诸如形态、结构、成分、组织、行为、过程等多因素耦合，从而展现出最佳的生物功能。

4.2.3 耦元间应具有有效的、合适的(相对生物功能)耦联方式

生物特定功能的实现是生物耦元通过一定的耦联方式发挥功能的过程，是多个耦元在一定的时间、空间内其功能与环境相互作用实现的结果，因此，有效、合适的耦联方式可以使生物耦元的功能得到有效发挥。例如，栖息在沙漠地区的蜥蜴为适应风沙环境[3-4]，其体表进化出了多层结构的皮肤，紧密嵌合呈覆瓦状排列的菱形鳞片，鳞片中部呈突起状，如图 4-2(a)、(b) 所示，能有效减少体表与地表的接触；鳞片紧密地附着于皮肤表层，如图 4-2(c)所示，鳞片相互之间通过鳞片下的皮肤柔性连接，形成了刚性鳞片通过生物柔性连接的体表结构，这种刚性强化和柔性吸收的系统耦合具有极高的抵抗磨粒磨损和冲蚀磨损的生物功能。

然而，生物对于自然环境的最佳适应性要通过生物耦合而达到，但这种最佳适应性亦不是一成不变的，是处在稳定—变化—稳定的不断变化之中。因此，生物耦元间有效、合适的耦联方式亦不是一成不变的，是复杂的，是相对于某一特定功能的充分展现与特定的生存环境而言的。

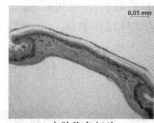

(a) 沙漠蜥蜴 　　(b) 体表鳞片 　　(c) 皮肤染色切片

图 4-2　沙漠蜥蜴及其体表鳞片和皮肤染色切片

4.2.4　耦合绩效(功能)应大于或等于所有耦元绩效(功能)之和

当两个或两个以上的耦元通过合适的耦联方式形成生物耦合时，该耦合所发挥的生物功能应大于或等于组成生物耦合中耦元自身功能绩效之和。此外，当两个或两个以上的耦合通过适当耦联方式形成一个新的、更高层次的耦合系统时，它不是原有几个耦合量的增大，而是一个新功能体的产生，此时所展现的生物功能应大于或等于所有耦合(元)自身所具有生物功能绩效之和。

4.2.5　生物耦合应充分满足最小能量物质消耗达到最大生命效应的生物学原理

生物耦合应满足生物本身物质能量消耗最低化并能达到生物功能最佳化，以达到最大的生命效应，即生长健康、行为正常、活动自由、生境和谐等。

4.3　生物耦合分类

在生物耦合中，耦元数、耦联方式、耦合性质等不同，构成的生物耦合的类别也不同，相应地，其所具有的生物功能也是多种多样的。根据对生物耦合的初步研究，可将其按以下几个方面进行分类。

4.3.1　按生物耦合中的耦元数分

1. 二元耦合

二元耦合是指由两个生物耦元通过适当的耦联方式联合成为具有一定生物功能的生物耦合，其中耦元数为两个，但是，生物耦合为满足对环境的最佳适应性和协调性，两个耦元间的耦联方式可能是变化的。

2. 多元耦合

多元耦合是指由两个以上耦元通过适当的耦联方式构成的生物耦合，但是，在不同条件下为实现特定的生物功能，生物耦合中耦元数或耦联方式可能相异较大。

4.3.2　按耦元间线性关系与否分

1. 线性耦合

线性耦合即构成生物耦合中的各耦元发生变化时，生物耦合所展现的生物功能也成比例或直线关系变化。线性耦合具有叠加性，即生物耦合所具有的生物功能是各耦元所具有生物功能的累加和；线性耦合具有均匀性，即各耦元生物功能与所构成的生物耦合具有的生物功能之间保持一定的比例关系。

2. 非线性耦合

非线性耦合即生物耦合中耦元发生变化时，生物耦合所展现的生物功能不按比例、不成直线关系变化。线性耦合中各耦元间是互不相干的独立关系，而非线性耦合各耦元则有交互作用；正是这种交互作用，使得生物耦合所具有的生物功能不再是简单地等于各耦元生物功能之和，而是可能出现不同于"线性叠加"的增益。

4.3.3　按耦联性质分

1. 几何耦合

几何耦合是指耦元间通过一维、二维或多维的几何耦联方式组成在平面或空间、宏观或微观上具有几何结构的生物耦合。例如，蝴蝶翅膀由数层仅 3~4μm 厚的鳞片组成，这些鳞片呈覆瓦状交叠排列，每个鳞片的表面均由亚微米级纵肋及横向连接组成，鳞片的纵肋横截面均为规则的三角形，如图 4-3 所示，这种井然有序的几何耦合能捕捉光线，仅让某种波长的光线透过，从而使其翅膀显现出特殊颜色[5-8]。

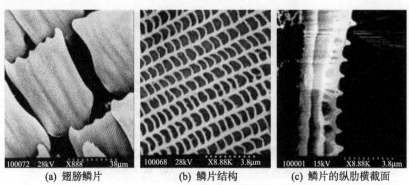

(a) 翅膀鳞片　　　　　　(b) 鳞片结构　　　　　(c) 鳞片的纵肋横截面

图 4-3　蝴蝶翅膀鳞片微观形态

2. 数学耦合

数学耦合是指耦元间通过具有数学模式或数学涵义的耦联方式组成具有可数学量度属性的生物耦合，其可量度属性的存在与耦元性质无关，但耦合结果却取决于耦元的性质、类别、功能等。

3. 物理耦合

物理耦合是指耦元间通过运动、力、电、磁、光等物理耦联方式相互作用、联系起来，从而构成具有一定功能的生物耦合。通过物理耦合组成的生物耦合没有化学反应，没有新物质产生。例如，在第 3 章提及的含羞草叶片闭合功能耦合，即为物理耦合，其耦元间通过生物电相联，实现闭合与展开功能。又如，在第 2 章提及的捕虫草，其捕虫夹耦合中，捕虫夹由一左一右对称的叶片构成，在受到刺激之前，捕虫夹呈 60° 角张开着；当受到昆虫刺激时，捕虫夹以其叶脉为轴而闭合[9]。捕虫夹叶片上的外缘排列着刺状的毛，当捕虫夹夹到昆虫时，这些夹子两端的毛正好交错，而成为一个牢笼，防止被捕的昆虫逃脱，如图 4-4 所示。捕虫夹叶片内侧呈现红色，上面覆满许多微小的消化腺体，同时，捕虫夹内侧还有三对感觉毛，在感觉毛的基部有一个膨大的部分，里面含有一群感觉细胞，用来侦测昆虫是否走到适合捕捉的位置。捕虫夹的闭合是一个精确的耦合控制过程，当昆虫触动感觉毛后，感觉毛受力会压迫感觉细胞。因此，感觉毛和感觉细胞之间通过力的方式连接，使感觉细胞工作，受到压迫的感觉细胞便会发出一股微弱的电流，电流会迅速散向整个捕虫夹，通过生物电方式连接捕虫夹上的所有细胞，当捕虫夹上的细胞得到感觉细胞所发出的电流后，其外侧的细胞便快速膨胀，又产生力，通过这种力的作用，使得捕虫器向内弯，从而使捕虫夹闭合。因此，在捕蝇草捕虫夹耦合中，捕虫夹叶片、叶片边缘刺状毛、感觉毛，感觉毛基部感觉细胞、捕虫夹叶片细胞等耦元间通过力和生物电的方式，使各个功能耦元连接，实现捕虫功能。

(a) 捕虫夹张开   (b) 捕虫夹闭合

图 4-4　捕蝇草捕虫夹结构

4. 化学耦合

化学耦合是指耦元间通过化合、融合、复合等化学耦联方式构成一个具有完全一体化的生物耦合。例如，人体内负责载氧和放氧的血红蛋白的形成，当血红素中的 Fe^{2+} 从垂直于卟啉大环平面两侧与蛋白质的肽链相连时，就形成了血红蛋白，其进行载氧和放氧，维持血液酸碱平衡[10]。

5. 机械耦合

机械耦合是指耦元间通过嵌合、组合、联合等机械式耦联方法构成的生物耦合，在实现生物功能时，该耦合的各耦元间有确定的机械运动。例如，前面章节提及的甲虫左右鞘翅通过楔形结构榫嵌入相互耦联，使其鞘翅耦合具有较好的力学性能[11-13]，如图 4-5 所示。

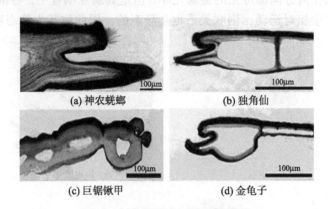

(a) 神农蜣螂   (b) 独角仙

(c) 巨锯锹甲   (d) 金龟子

图 4-5 甲虫鞘翅间的连接结构

6. 综合耦合

综合耦合是指耦元间通过多种耦联方式共同作用完成一种或一种以上生物功能的生物耦合。在自然界中，生物耦合是多种的、复杂的，耦元间的耦联方式往往不是单一的，即使在同一个生物耦合中，不同耦元间也可能具有不同的耦联方式，从而使各耦元的生物功能充分发挥，以实现对环境的最佳适应性。

4.3.4 按耦联的具体方式分

1. 永固性耦合

永固性耦合是指构成生物耦合中的耦元关系是固定的，不发生变化。

2. 临时性耦合

若生物耦合中耦元间关系为临时、暂时而非固定的，则称为临时性耦合。

3. 静态耦合

在生物功能实现过程中，构成生物耦合中的各耦元自身不产生活动，始终保持静态，且耦元间的关系也是静态的，即为静态耦合。例如，在澳洲昆士兰的东北部森林有一种甲虫(*Pachyrhynchus argus*)，它具有从任何方向都可见的金属光泽，如图 4-6(a)所示，即使它周围环境里的光线具有很强的方向性[14]。研究表明，这种甲虫半圆形身体的上面和侧面的小片区域中，平行地分布着直径大约 0.1mm 的鳞片，如图 4-6(b)所示，鳞片由两部分组成，即外壳和内部结构。鳞片的内部结构是排列着一些固体的透明小球，每个小球的直径是 250nm，其以非常准确而有序的六角密堆结构方式排列，如图 4-6(c)所示。通过紫外-可见光谱仪分析可知，甲虫鳞片耦合中，形态与结构耦元间通过特殊的几何方式排列，使得单个鳞片就像一个三维的衍射光栅，形成一个光学反射区域，能够提供一个相对全向光学作用，如图 4-6(d)所示，从而使甲虫从每个方向上看起来都有很强的金属色泽。虽然甲虫具有从任何方向都可见的金属光泽，但是其鳞片耦合中，各耦元始终是静态的，没有产生相对运动，耦联关系也是静态的，因此称其为静态耦合。

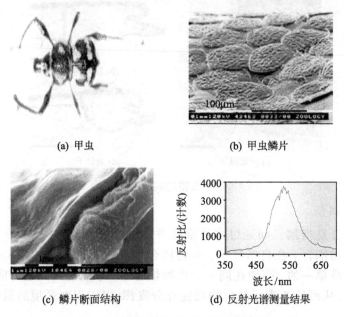

(a) 甲虫   (b) 甲虫鳞片

(c) 鳞片断面结构   (d) 反射光谱测量结果

图 4-6   甲虫鳞片结构及其反射光谱测量结果

4. 动态耦合

在生物功能实现过程中，耦元处于动态或是可以动态运动，且耦联关系在一定的时间、空间内不断发生变化，这种变化，可能是运动形式，或运动顺序，或空间位置等，称这种生物耦合为动态耦合[15]。动态耦合具有显著的动力学作用特征，使生物体本身或其局部组成随之展现或产生功能性运动或动作以适应外界环境。在生物功能实现过程中，动态耦合中的耦元处于动态，其或主动或被动，因此，动态耦合中的耦元有主动耦元和被动耦元之分，以标识耦元在动态耦合中的不同作用与角色，其耦联方式也常常具有支配性质。此外，动态耦合的基本单元也可能是耦合，其耦合单元可为静态，亦可为动态，此时的动态耦合则为一个动态耦合系统。在动态耦合或动态耦合系统中，其基本单元间的耦联方式以某种动态关系为主，亦兼顾其他关系。

例如，在步态周期运动中，人体足部之所以能够在时序和幅度上精确、协调、顺利地完成高效前进动作，与其自身的肌、腱、骨骼系统作用密不可分。肌、腱、骨骼系统在这一过程中起着启动运动、控制运动的幅度和方向的作用。研究表明，人体足部骨骼肌由肌原纤维组成，具有自主收缩性，通过特定收缩运动或方式产生收缩力，成为足部运动的动力源。在步态周期中，随着足的运动姿势、位置的变化，各足部外在肌顺序活动、交替进行，或向心收缩或离心收缩，从而保证了身体的顺利前行[15-17]。肌腱是一种高密度的结缔组织，含有大量平行排列的纤维胶原组织[18]，它通过连接肌肉与骨骼，将肌肉的收缩力传递至骨骼上，使骨骼系统产生运动或保持姿势。足部骨骼系统是足部最硬的部分，包括骨骼、关节和韧带，可提供运动系统的刚性支架及肌肉附着点，是肌肉力作用的终端承受体，并由于肌力的作用而产生运动，在整体上则表现出足部的某一特定功能性运动。因此，在人体足部肌、腱、骨骼系统动态耦合中，肌肉和肌腱间通过相互重叠的紧密结合方式进行连接；步态周期运动中，各肌肉群及相应肌腱顺序、交替发挥作用，实现各肌肉力的产生与传递功能，足部骨骼系统接受肌肉力作用，产生相应运动，实现步态周期中足部功能性运动[15-17]。

5. 方位耦合

方位耦合是指各耦元在生物耦合中具有一定的空间相对方位关系，其所处的方位关系可以是上下、左右、前后、叠加、阶梯、中间等。例如，在步态周期内，人体足部整体减震、储能功能的实现是足垫、足弓系统耦合的结果。足垫和足弓系统分别为两个耦合，如图4-7所示，是人体足部减震、储能功能耦合系统的基本单元。两个耦合间通过上下方位关系进行连接，在步态周期运动中，实现足部整体的减震、储能功能[15]。

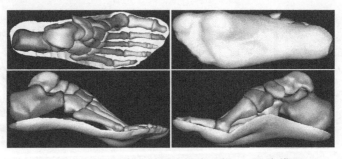

图 4-7 Mimics 处理得到的最终足部 3D 渲染模型

4.3.5 按耦元间的紧密程度分

1. 紧密耦合

生物耦合中耦元间边界模糊或无边界，主体独立性差，则称为紧密耦合，如化合、融合、复合等。

2. 较紧密耦合

生物耦合中耦元间边界可辨，但不完全明晰，主体独立性较差，则称为较紧密耦合，如嵌合、结合、组合等。例如，人体足底脂肪组织被纤维束分成许多海绵状的皮下脂肪垫，这种脂肪垫在足跟部、第 1 跖骨头下和第 5 跖骨头下特别增厚，被称为足垫，是人站立时的主要着力点。人体足垫的组织结构高度特化，具备了一定的减震、储能作用以保护人体[15]。研究表明，足垫(以足跟垫为主)减震、储能功能的展现是其内部纤维网状结构和非线性脂肪单元材料耦合的结果。足跟垫主要由逗点形或 U 形脂肪单元排列构成，如图 4-8 所示，脂肪单元间被横向和斜向的弹性纤维分隔成网状，如图 4-9 所示。因此，纤维网状结构和脂肪单元材料均为足垫减震、储能功能耦合的物性耦元，其通过交叉结合这种较紧密的程度关系进行连接。在功能展现过程中，网状结构加固了整个足垫系统，并主要承重，各细小的脂肪单元分布于结构隔层之中，借助自身易产生形变的特性，对通过纤

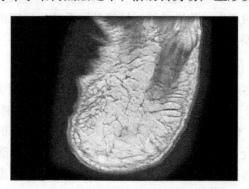

图 4-8　正常人体足部足跟垫 MR 图像

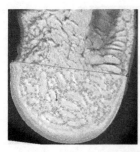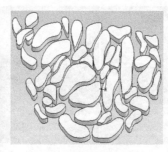

图 4-9　基于 MR 图像的人体足跟垫模型

维网状结构传递进来的作用力进一步进行有效吸收、隔断或分散，在步态周期运动中实现足垫的减震、储能功能。

3. 松散耦合

耦元间边界明晰，主体独立或相对独立，则称为松散耦合，如联合、混合、集合等。例如，在生物群(落)耦合系统中，在特定空间和时间范围内，相互之间具有直接或间接关系的各种生物个体自然联合起来。生物功能的实现是多个生物个体联合作用的结果，但是，生物个体还具有相对独立性，可以具有不同活动方式或具体行为。

4.4　生物耦合基本特征规律

生物界中，许多与生存环境相协调的问题都是通过合理的生物耦合实现的，且已达到了相当高的优化水平，这是生物生存的需要，是生物亿万年进化的结果。在生物长期进化中，在生命活力不断呈现中，特别是在生物功能的种种超强展现中，生物耦合的特征规律始终在起着重要作用。

4.4.1　生物耦合中的耦元是异质的

同一生物耦合中的耦元是异质的，即异相、异场、异类等；同质耦元可以复合、融合，但不能耦合，这是生物耦合最本质的特征之一。通过不同组成、不同形态、不同种类、不同结构、不同空间层次等耦元的耦联，可将形态、结构、材料等多因素耦合，形成具有最佳适应性的生物功能系统，以达到生物本身物质能量消耗最低化、对环境适应最佳化和生物功能最优化。

4.4.2　生物耦合可作为相对独立的具有一定生命特征的单元

生物耦合可作为相对独立的具有一定生命特征的单元(单体、个体)对周围环境产生作用，并具有高度自适应协调控制能力，在不同的生存环境中，该生物耦合调控的程度、方式和侧重点皆可能不同；生物耦合也可以作为一个完全独立的生命系统与其他体系的生命系统或非生命系统相互作用。

4.4.3　生物耦合具有功能性

生物耦合具有功能性，或单功能，或多功能，甚至有多于该耦合中耦元数的新功能。例如，蝴蝶翅膀上的鳞片呈覆瓦状交叠排列，如图 4-10 所示，这种周期性排列的耦合结构会产生特殊的结构色，具有自洁、拟态、隐身等功能[7]，同时，这种井然有序的耦合还具有调节体温的作用，每当气温上升、阳光直射时，鳞片自动张开，以减少阳光的辐射角度，从而减少对阳光热能的吸收；当外界气温下降时，鳞片自动闭合，紧贴体表，让阳光直射鳞片，从而把体温控制在正常范围之内。又如，蜜蜂的膝状触角生有许多感觉细胞，如图 4-11 所示[19]，感觉细胞与感觉窝内的许多神经末梢相连，它们又直接与中枢神经联网，这种复杂的耦合作用，使得蜜蜂触角具有嗅觉、味觉和听觉等多种功能；同时，其还可以感知温度、风力和湿度变化等。借助于触角上各耦元的耦合作用，蜜蜂可以在野外和蜂房自由活动，寻找蜜源。

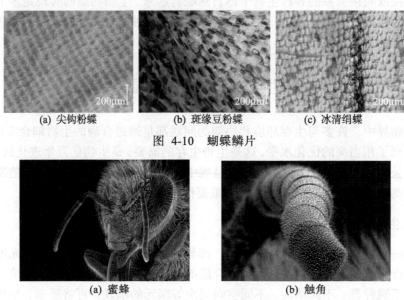

(a) 尖钩粉蝶　　　　　　(b) 斑缘豆粉蝶　　　　　　(c) 冰清绢蝶

图 4-10　蝴蝶鳞片

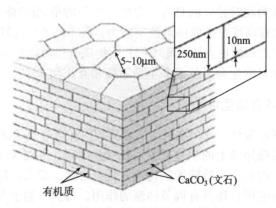

(a) 蜜蜂　　　　　　　　　　　(b) 触角

图 4-11　蜜蜂及其触角

事实上，生物耦合可增强或减弱耦合中某个(些)耦元的功能特性。例如，贝壳珍珠层，如图 4-12 所示，断裂韧性是其组成材料之一的单向陶瓷碳酸钙的 3000 倍[20]。

5~10μm

250nm　10nm

有机质　　　　　CaCO₃(文石)

图 4-12　贝壳珍珠层结构

4.4.4 生物耦合可再现耦元的功能

生物耦元自身亦有相关功能，生物耦合可再现耦元的功能，但并非简单的重现(演)，是新系统(耦合)的特性，功能的质与量都会有异。

4.4.5 耦元对生物耦合功能的贡献不同

同一耦合中，各耦元对生物耦合功能的贡献是不同的，且其贡献的机制与规律也可能不同。在蝗虫飞行翅耦合中[21]，飞行翅主要是由翅脉和翅膜构成，翅脉分为主脉[图 4-13(a)]和附脉，主脉相对于其他的翅脉要粗，在飞行翅的外边缘，其功能是配合翅基的连接肌来控制飞行翅的张开与折叠。附脉包括飞行翅中发射状的纵向翅脉、横向翅脉和边缘翅脉，如图 4-13(b)~(g) 所示[22]。纵向翅脉的功能是承担飞行过程中的弯曲和扭曲变形，从而产生飞行中所需要的飞行力；横向翅脉和边缘翅脉的功能是类似于加强肋的作用，增强翅膜的强度，辅助翅膜完成扑翼行为。翅脉之间的扇域部分由翅膜构成，既能满足收翅状态下的折叠功能，又能在扑翼过程中抵御空气的阻力以产生飞行中的升力，从而维持蝗虫等昆虫稳定持久的飞行过程[23, 24]。可见，在蝗虫飞行翅耦合中，各耦元都具有一定的功能，对耦合功能的贡献是不同的。

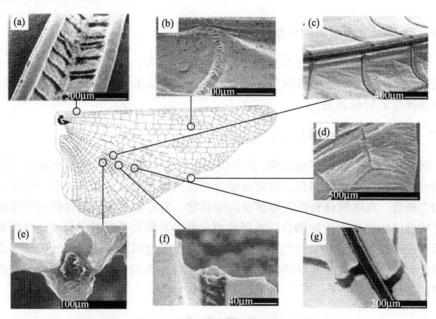

图 4-13　蝗虫飞行翅不同部位的形态结构 SEM 图

又如，蜜蜂后足(授粉足)耦合具有收集和存储花粉的功能，研究发现，各个耦元对收集和存储花粉的耦合功能贡献是不同的。蜜蜂后足第一肢节膨大呈长方形，内侧上下并列生长 10~12 横列刚毛，呈刷状(花粉刷)，具有把粘附在身上的花粉刷落集中的功能；蜜蜂后足胫节末端部宽大的地方，有许多尖长的齿形成的梳状构造(花粉栉)，具有把粘附在足和腹部的花粉剔取出来的功能；蜜蜂后肢胫节外侧凹陷，向内弯曲的一排长刚毛围绕其四周，形成一空间(花粉篮)，具有装载和存储花粉的功能；后足基跗节基部外端的花粉夹钳，如图 4-14(a)所示，能够将花粉挤压成小球，并将其推进花粉篮中存储，而花粉篮上的刚毛，能够将花粉球固定在适当位置，如图 4-14(b)所示[19]。

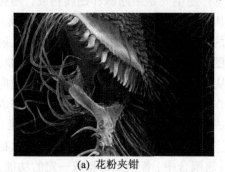   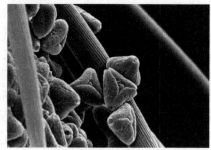

(a) 花粉夹钳   (b) 刚毛固定花粉

图 4-14   蜜蜂后足花粉夹钳及刚毛

4.4.6   耦元间的作用机制与规律可能不同

生物在不同生境，进行不同活动，发生不同行为，处于不同生长期，同一生物耦合中，耦元间的作用机制与规律可能不同，这是生物耦合结构智能化和功能调控系统化的特征表现。

4.4.7   生物耦合具有层级结构

有些生物耦合具有层级结构，某层级耦合可能是另一层级耦合的耦元。例如，非洲燕尾蝶翅膀底色为黑色，上面点缀着明亮的绿色和蓝色斑纹，是一个天然发光的二极管。燕尾蝶翅膀覆盖着细微的鳞状物，通过鳞状物周期性排列和鳞状物自身的微结构组成的生物耦合能够吸收紫外线，又将其重新发射回去，从而使人们看到蝴蝶翅膀的特殊结构色。当这一生物耦合作为耦元与翅膀上的荧光色素相互耦合时，那些被重新发射的光线与荧光色素相互作用，就在相应的位置产生了明亮的蓝绿色[22]。

参 考 文 献

[1] Ren L Q, Liang Y H. Biological couplings: classification and characteristic rules. Sci China Ser E-Tech Sci, 2009, 52(10): 2791-2800.

[2] Aizenberg J, Tkachenko A, Weiner S, et al. Calcitic microlenses as part of the photoreceptor

system in brittlestars. Nature, 2001, 412: 819-822.

[3] 高峰, 任露泉, 黄河. 沙漠蜥蜴体表抗冲蚀磨损的生物耦合特性. 农业机械学报, 2009, 40(1):180-183.

[4] 高峰. 沙漠蜥蜴耐冲蚀磨损耦合特性的研究. 吉林大学博士学位论文, 2008.

[5] Ren L Q, Qiu Z M, Han Z W, et al. Experimental investigation on color variation mechanisms of structural light in *papilio maackii* Ménétriès butterfly wings. Sci China Ser E-Tech Sci, 2007, 50(4): 430-436.

[6] Vukusic P, Sambles J R. Photonic structures in biology. Nature, 2003, 424: 852-855.

[7] Fang Y, Sun G, Wang T Q, et al. Hydrophobicity mechanism of non-smooth pattern on surface of butterfly wing. Chinese Sci Bull, 2007, 52(3): 711-716.

[8] 韩志武, 邹立岩, 邱兆美, 等. 紫斑环蝶鳞片的微结构及其结构色. 科学通报, 2008, 53(22):1-5.

[9] 郑丽英, 任秋萍. 珍奇有趣的食虫植物——捕蝇草. 中国种业, 2005, 9: 043.

[10] Voet D, Voet J G. Biochemistry. 3rd ed. New Yord: John Wiley Sons Inc, 2004.

[11] 杨志贤, 王卫英, 虞庆庆, 等. 四种甲虫鞘翅的力学参数测定及微结构观测. 复合材料学报, 2007, 24(2) : 92-98.

[12] 戴振东, 张亚锋, 梁醒财, 等. 甲虫鞘翅间的锁合机构、联接力及其表面织构效应. 中国科学 C 辑:生命科学, 2008, 38(6): 542-549.

[13] Vincent J F V, Wegst U G K. Design and Mechanical Properties of Insect Cuticle. Arthropod Structure Development, 2004, 33:187-199.

[14] Parker A R, Welch V L, Driver D, et al. Structural colour: opal analogue discovered in a weevil. Nature, 2003, 426: 786-787.

[15] 钱志辉. 人体足部运动的有限元建模及其生物力学功能耦合分析. 吉林大学博士学位论文, 2010.

[16] Qian Z H, Ren L, Ren L Q. A 3-dimensional numerical musculoskeletal model of the human foot complex. The 6th World Congress on Biomechanics, Singapore, 2010, 31: 297-300.

[17] Qian Z H, Ren L, Ren L Q. A coupling analysis of the biomechanical functions of human foot complex during locomotion. J Bionic Eng, 2010, 7(S1): 150-157.

[18] 邝适存, 郭霞. 肌肉骨骼系统基础生物力学. 北京: 人民卫生出版社, 2008.

[19] 秋凌. 显微镜下的蜜蜂: 数千触角细胞清晰可见. 环球科学, 2010, 05: 25.

[20] Mayer G. Rigid biological systems as models for synthetic composites: materials and biology. Science, 2005, 310: 1144-1147.

[21] 杨志贤, 戴振东. 甲虫生物材料的仿生研究进展. 复合材料学报, 2008, 25(2): 1-9.

[22] Wootton R J, Evans K E, Herbert R, et al. The hind wing of the desert locust (*Schistocerca gregaria Forskål*).I. Functional morphology and mode of operation. J Exp Biol, 2000, 203: 2921-2931.

[23] Combes S A, Daniel T L. Flexural stiffness in insect wings Ⅰ: Scaling and the influence of wing venation. J Exp Biol, 2003, 206 (12): 2979-2987.

[24] Combes S A, Daniel T L. Flexural stiffness in insect wings Ⅱ: Spatial dist ribution and dynamic wing bending. J Exp Biol, 2003, 206 (12): 2989-2997.

[25] Vukusic P, Hooper I. Directionally controlled fluorescence emission in butterflies. Science, 2005, 310:1151.

第 5 章　生物耦合功能原理与实现模式

5.1　生物耦合功能原理

5.1.1　生物耦合功能原理分析

1. 生物学原理

生物与其环境介质和生存条件长期相互作用，逐渐具有各种与生存环境高度适应的功能特性。任何生物功能的存在与发展，都有其物质支撑与生物学基础；任何生物功能的实现，都有其生物学原理。生物学原理是生物功能产生的基本原理，其揭示了生物在展现生物功能时，本体的形态、结构、材料、生理、行为等与生存环境相适应的机制与规律。生物耦合功能产生的生物学原理，亦即自组织、自适应、自愈合、自修复等原理，是生物本体与内外环境表现相适合的现象。因此，分析生物耦合功能原理，应首先明析其生物学原理。

2. 运动学原理

生物的生命过程，是生物在其环境中变化、运动和发展的过程。运动是生物的固有属性和存在方式，亦是生物最为突出的显性行为特性。生物功能发挥的运动学原理，是运用几何学和机械学等方法，揭示生物在一维、二维或多维空间内整体或部分进行运动时，本体的形态、结构、材料等因素与运动行为之间的关系和规律。

3. 动力学原理

生物体在外界力或内部力作用下产生变形或运动，同样，由于这种力的作用使生物的形态、结构、材料等进行了最合理、最优化的耦合。生物耦合功能发挥的动力学原理，是运用力学和机械学等方法，揭示生物体在受外界力和内部力作用时，本体的形态、结构、材料等因素与力效应和变形、运动之间的关系及规律。

4. 综合性原理

生物耦合功能原理是复杂的，即使是同一生物功能也可能具有多种功能原理，如生物学原理、运动学原理、动力学原理、数学原理、物理学原理、化学原理、几何学原理等，即多原理于一功能或一原理于多功能，从而使生物达到自身能量消耗最低化、展现的生物功能最优化、对环境适应最佳化。生物体在与其生境相互作用中,会有效利用生境中的一切资源,调动自身一切有利的作用或机制,以最大限度地适应环境要求。例如,亦如之前章节所述,蚯蚓身体由百余个环状体节组成,形成波纹型非光滑形态[1-2],其中,体表背孔可分泌润滑液[3],体表还具有电渗特性[4]、柔性等,这些影响因素均是蚯蚓脱附减阻功能产生的重要物质支撑和生物学基础,是其功能实现的重要生物学原理。蚯蚓头部呈圆锥形,这种构形有利于减阻,便于钻土;当蚯蚓在土壤中打洞穿行时,肌肉协调地收缩,使其体节动态变化,产生柔性变形向前推进,在运动过程的每一瞬间,体表均呈波浪形几何非光滑形态,从而减小体表的粘附力和摩擦力,这些影响因素亦是其脱附减阻功能的运动学与动力学原理显示。可见,为了不粘土而自如行动,蚯蚓将有利于脱附减阻的多个因素调动起来,协调一致地完成脱附减阻功能[5]。

值得一提的是,生物功能多种多样,理论上都可以进行仿生,但由于目前受生物学研究水平及研究手段所限,不少生物耦合功能原理尚不明晰,在一定程度上限制了生物功能的仿生应用。因此,分析与揭示生物耦合功能原理,是多元耦合功能仿生实现的重要基础。

5.1.2 生物耦合自洁功能原理

经过长期进化和自然选择,自然界中许多生物表面呈现出优异的自洁功能,如荷叶、水莲叶、莘叶、竹叶、芋叶等植物叶片及一些有翅昆虫(如蝴蝶、蜻蜓、蝉、蛾等)翅膀。当雨、雪、灰尘等污染物落在其表面上时,它们能进行自我清洁,而人工清洗同等面积的表面却要花费几倍的努力。这种生物体表的防水、防污染等自清洁功能,在工业、农业、军事、生物医学等工程领域和人们的日常生活中具有非常广阔的应用前景。研究发现,生物的这种自洁功能是其形态、结构、材料等多因素相耦合的结果。本节以植物叶片和昆虫翅膀为例,介绍其耦合自洁功能原理。

1. 植物叶片耦合自洁功能原理

1) 植物叶片耦合自洁功能原理

A. 非光滑形态

植物叶片表面普遍存在着宏观或微观非光滑形态,它们由许多单元体组成,不同植物叶片,单元体的结构、大小和形态都存在差异。单元体的形状大致可分为:凸包形、凹坑形、条纹形、波纹形、锥形等,如图 5-1(a)~(f)所示。单元体分布大致可分为均匀分布、运算关系分布、随机分布、分形分布等。例如,海棠属植物叶表面凸包单元体大小、形状、间距都近似相同,属于均匀分布,如图 5-1(a)所示;又如,金丝桃属植物叶片凸包形单元体[图 5-1(b)]和苹果属植物叶片非光滑单元体[图 5-1(d)]形状不定,按照互补、平行、叠加等数学运算关系分布,且分布密度很大,属于运算关系分布[6-9]。又如,水稻叶表面具有乳突非光滑形态,如图

5-2 所示，其微米乳突上还具有纳米突起，乳突沿平行于叶边缘的方向排列有序，而沿垂直方向则呈无序任意排列[10]，属于规律分布。

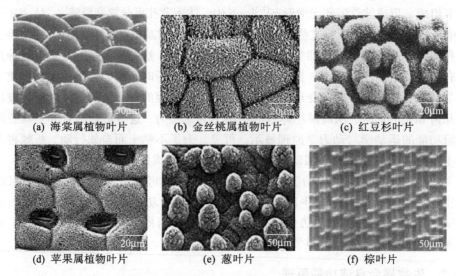

(a) 海棠属植物叶片   (b) 金丝桃属植物叶片   (c) 红豆杉叶片

(d) 苹果属植物叶片   (e) 葱叶片   (f) 棕叶片

图 5-1   不同植物叶片表面非光滑形态

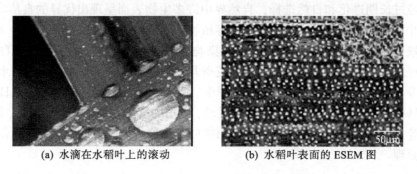

(a) 水滴在水稻叶上的滚动   (b) 水稻叶表面的 ESEM 图

图 5-2   水稻叶及其表面的 ESEM 图

还有许多植物叶片表面在一定范围内生有一定量的毛状物，形成毛被非光滑形态；不同生境中的植物，其叶片表面的毛状物形态、长短、粗细、软硬、分布等皆不同，如图 5-3(a)~(f)所示。植物毛被非光滑形态按形状大致可分为星形[图5-3(a)]、泡形[图 5-3(b)]、纤毛[图 5-3(c)]、圆锥形[图 5-3(d)]、盾形[图 5-3(e)]、羊角状[图 5-3(f)]、羽状等[11]。水滴在这种覆盖绒毛的非光滑植物叶片上具有较好的疏水性。例如，斗篷草叶表面具有绒毛非光滑形态，将一个水滴放置在斗篷草叶片上时，水滴保持着本来的球形[12]，如图 5-4(a)所示，接触角接近 180°。但是，这种毛被非光滑形态与上述提及的凸包形、凹坑形、条纹形、波纹形、锥形等非光滑形态实现超疏水性的方式有很大的不同。当水滴落在长满绒毛的植物叶片上时，由于表面张力的作用，使绒毛会趋向于聚集成簇而导致绒毛弯曲，从而聚集了弹性势能，如图 5-4(b)所示，此时，水和空气的界面就会被绒毛卡住，依靠弹性阻止水滴向下润湿叶片表面，实现超疏水性。然而，植物毛被非光滑形态形成的超疏水性并不稳定，仅仅是一种动力学的稳定态。因为许多绒毛本身是亲水的，而且具有柔性，当水的压力较大时，水滴就会接触到表皮基底，从而将整个表面湿润。

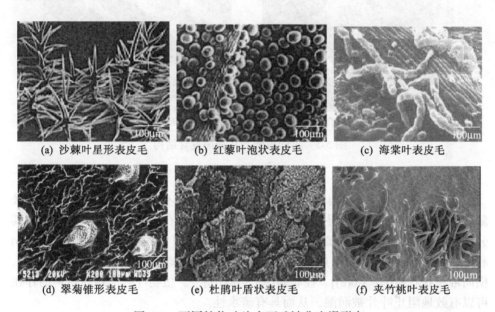

(a) 沙棘叶星形表皮毛　　　(b) 红藜叶泡状表皮毛　　　(c) 海棠叶表皮毛

(d) 翠菊锥形表皮毛　　　(e) 杜鹃叶盾状表皮毛　　　(f) 夹竹桃叶表皮毛

图 5-3　不同植物叶片表面毛被非光滑形态

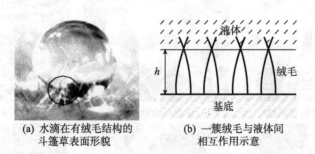

(a) 水滴在有绒毛结构的　　　(b) 一簇绒毛与液体间
斗篷草表面形貌　　　　　　相互作用示意

图 5-4　绒毛结构弹性效应

B. 复合结构

植物叶片表面不仅具有非光滑形态，而且在其非光滑形态上还具有分级复合结构。例如，莲叶、芋叶等植物叶片表面不仅具有凸包形非光滑形态，而且在其微米级凸包上还具有纳米级凸包，形成微–纳复合结构，如图 5-5(a)所示；又如，松叶内角质层呈条纹形非光滑形态，每个条纹单元又由类似"钉柱"状结构复合构成[9]，如图 5-5(b)所示。这种分级复合结构能大大降低水滴与叶面的接触，从而影响固-液-气三相接触线的轮廓、周长和连续性等，导致滚动角大大降低，使水滴易于滚动，污染物等可以被滚落的水滴带走，从而实现自洁功能。

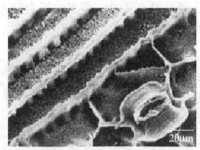

(a) 芋叶微–纳复合结构　　　　(b) 松叶内角质层"钉柱"状复合结构

图 5-5　不同植物叶片表面复合结构

C. 蜡质材料

研究发现，很多具有自洁功能的植物叶片表面，不但具有非光滑形态和分级复合结构，同时还附着一层蜡质晶体。根据蜡质晶体在表面的分布情况可以将其分成薄膜形蜡、带状蜡(如豌豆叶带状蜡)、管状蜡[图 5-6(a)]、盘状蜡[图 5-6(b)和(c)]、粒形蜡、结皮状蜡(如伞形花科叶表皮结皮层蜡)、螺旋杆状蜡[图 5-6(d)]、横向堆积杆状蜡[图 5-6(e)]、柱状蜡[图 5-6(f)]等[9]。植物叶表面蜡质材料的存在可以有效地阻止叶片被润湿，从而具有疏水性。

(a) 天南星斜管状蜡　　　(b) 玉蕊科盘状蜡晶体　　　(c) 银桦属不完全盘状蜡晶体

(d) 黄梅科螺旋杆状蜡　　(e) 猕猴桃科横向堆积杆状蜡　　(f) 杏科柱状结晶蜡

图 5-6　植物叶片表面蜡质晶体

综上所述，植物叶片的表面非光滑形态、分级复合结构、蜡质材料等耦元通过一定耦联方式相互耦合，呈现出了自清洁功能。

2) 荷叶耦合自洁功能原理

荷叶在中国自古就有"出淤泥而不染"的美誉，是自洁功能的典型代表植物。本节以荷叶为例，具体介绍其耦合自洁功能原理。水滴落在荷叶上，会变成自由滚动的水珠，水珠在滚动中能带走荷叶表面的尘土或污泥，使叶面始终保持干净。研究发现，荷叶自洁功能是由微米级乳突非光滑形态、乳突与其上更细小的微米级或纳米级绒突构成的微–微或微–纳复合结构及表面蜡质结晶物质等耦元通过耦合作用实现的[13]。

A. 乳突非光滑形态

荷叶表面由许多乳突构成，呈现出非光滑形态，如图 5-7(a)所示。这种微米级乳突非光滑形态耦元具有明显的疏水性，水滴在这种表面上具有较大的接触角，可有效阻止荷叶被润湿；水在荷叶上能形成水珠，实现对沾染物的润湿和粘附[14]，如图 5-7(b)所示。事实上，荷叶表面与水的接触角大于 150°，具有超疏水性，如图 5-8 所示。

(a) 荷叶的非光滑表面　　　　(b) 表面突起和在其上滚动的水滴

图 5-7　荷叶非光滑表面及去污机制示意图

B. 微–微、微–纳复合结构

荷叶表面微米级乳突上具有更细小的微米级或纳米级绒突结构，这种微米级乳突与其上更细小的微米级或纳米级绒突构成的微–微或微–纳复合结构耦元，不但对增大接触角有一定的作用，更大的作用在于能使水滴的滚动角变小，即能使水滴在其表面的粘附大大降低。单纯的微米或纳米级非光滑形态耦元虽然具有明显的疏水性，但是，水滴在其表面却不易滚动，只有微–微或微–纳复合结构耦元才能够同时具有较大接触角和较小滚动角[15]。在荷叶表面，水滴与叶面的接触面积大约只占总面积的 2%~3%，水滴与液面间截留大量的空气。而污染颗粒的尺寸一般都要大于荷叶表面的微结构尺寸，污染物只能与荷叶乳突上的微米级或纳米级绒突结构接触，实际的接触面积很小[14]。由于它们与叶面间的粘附力要远小于与水滴之间的粘附力，因此，当叶面倾斜时，叶面上的污染颗粒会被滚动的水滴粘附，随着水滴一起滚出叶面，如图 5-9(a)所示，从而实现自洁功能[14]。而对于具有疏水性的光滑表面，污染颗粒与荷叶表面间的接触面足够大，而且水滴只会以滑动的方式向前变形移动，并不会带走表面的污染颗粒，粒子仅在液体作用下重新分布，因此不具有自清洁能力，如图 5-9(b)所示[14]。

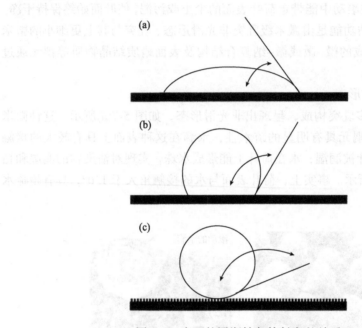

图 5-8   表面的浸润性与接触角的关系

(a) 亲水性表面，水接触角小于 90°； (b) 疏水性表面，水接触角大于 90°；
(c) 荷叶表面的水接触角大于 150°

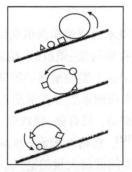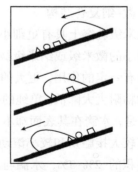

(a) 水滴在非光滑表面上滚落   (b) 水滴在光滑表面上滚落

图 5-9   液滴在非光滑与光滑表面上与污染颗粒的作用方式

C. 蜡质材料

荷叶表面具有蜡质结晶物质，为高分子质量热塑性固体材料，这种蜡质材料耦元的存在，使荷叶表面具有疏水性，可以有效地阻止荷叶被润湿[16]。

可见，在荷叶耦合中，表面乳突非光滑形态、微–微或微–纳复合结构和蜡质材料三种耦元，通过复合及结合的耦联方式，将其各自的功能充分展现出来，呈现出优异的自洁功能。

2. 昆虫翅膀耦合自洁功能原理

1) 昆虫翅膀耦合自洁功能原理

一些有翅昆虫，如鳞翅目蝴蝶、蜻蜓目蜻蜓、膜翅目蜜蜂、同翅目蝉、毛翅目蛾、鞘翅目甲虫、双翅目蚊和蝇等昆虫翅膀皆具有自清洁功能。研究发现，其自洁功能的展现是由翅膀表面非光滑形态、特殊结构及其几丁质材料相互耦合作用的结果。

A. 非光滑形态

研究发现，具有自洁功能的昆虫翅膀表面普遍存在宏观或微观非光滑形态。例如，蛾类翅膀表面鳞片交叠排列，呈现出覆瓦状宏观非光滑形态[17]，如图 5-10所示；又如，蝉翅和蜻蜓翅表面纳米柱状微观非光滑形态等[18-20]，如图 5-11 和图 5-12 所示。昆虫翅膀这种非光滑形态对润湿性起着决定性作用，当水滴落在

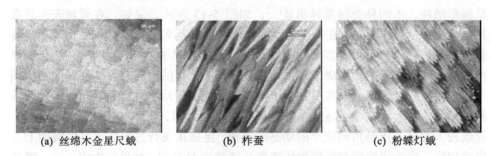

(a) 丝绵木金星尺蛾   (b) 柞蚕   (c) 粉蝶灯蛾

图 5-10   蛾类翅膀表面宏观非光滑形态

(a) 蝉   (b)、(c) 蝉翅表面柱状微观非光滑形态

图 5-11   蝉翅表面纳米柱状非光滑形态

(a) 背面   (b) 腹面   (c) 液滴在翅面上的平衡状态

图 5-12   黄蜻蜓翅表面柱状非光滑形态

昆虫翅膀表面时，由于其表面宏观或微观非光滑形态的存在，翅面上稳定吸附一层空气膜，有效地阻碍了表面上水滴的浸润，从而使其表面具有超疏水性，这不仅确保了其表面的自清洁功能，还能有效地减少飞行过程中与空气的摩擦阻力，从而保证了昆虫翅膀受力平衡，使其能保持良好的飞行能力。

B. 特殊结构

昆虫翅膀表面不仅具有非光滑形态耦元，而且还具有特殊的结构耦元，在展现自洁功能过程中起到了非常重要的作用。例如，毛翅目蛾类鳞片表面沿长度方向规则分布有近似平行的纵肋和沟槽，纵肋和沟槽贯穿整个鳞片，且纵肋宽度普遍小于沟槽宽度。在鳞片沟槽的底部存在不同形状的贯穿孔，孔与纵肋不在同一平面上，孔的位置比纵肋要低许多，贯穿孔结构呈窝眼、窗格等形状。纵肋大致呈梯形结构，不同种类间差异明显[17]，如图 5-13 所示；又如，在蝉翅表面具有柱状非光滑形态，同时，在每个柱状突起的表面还均匀分布着微细绒毛，形成复合结构[18]；鞘翅目甲虫背部翅膀表面具有凸包形非光滑形态，同时，在凸包侧斜面和周围底面覆盖的微米级半球冠形成复合结构[21]。昆虫翅膀这些特殊的结构耦元，将大量的空气围困于其中，在翅膀表面形成了一层空气薄膜，导致了复合接触面的形成，大大减少了液体与翅膀表面的接触面积，形成了三相接触线结构，导致较大的静态接触角和较小的动态滚动角。昆虫在飞行过程中就可以借助上下扇动翅膀，使水滴携带着污染物快速离开翅膀表面[19-20]；此外，由雨、雾、露形成的水滴同样也会很快流走，不但能减轻体重、减小阻力，还能达到提高飞行速度的目的。

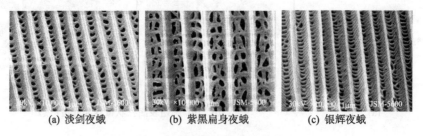

(a) 淡剑夜蛾   (b) 紫黑扁身夜蛾   (c) 银辉夜蛾

图 5-13   蛾类翅膀鳞片结构

C. 几丁质材料

具有自洁功能的昆虫翅膀表面普遍覆盖着几丁质材料。例如，蛾类鳞片成分主要由几丁质、蛋白质和脂类构成；蜻蜓翅膀的成分由几丁质和蛋白质构成；蝉翅膀的主要成分由几丁质、结构蛋白和类脂构成等[16-20,22]，如图 5-14 所示(根据鳞片红外光谱图中的特征峰值，可推断鳞片的成分)。由于昆虫翅膀表面覆盖的这些几丁质材料耦元的存在，使其翅膀的表面能较低，从而具有疏水性能。

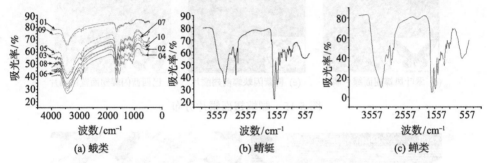

图 5-14　昆虫翅膀红外光谱分析

综上所述，昆虫翅膀通过宏观或微观非光滑形态、特殊的分级结构或复合结构、低表面能材料等耦元的相互耦合作用，充分展现其自洁功能。

2) 蝴蝶翅膀耦合自洁功能原理

蝴蝶长期生活在树林、花丛和草地等湿润环境中，其翅膀表面为抵御雨、雾、露及尘埃等不利因素的侵袭，经过长期的进化，形成了抗粘附、非润湿的超疏水自清洁功能。作者研究小组通过对 6 科 24 属 29 种 2000 多只蝴蝶表面形态进行测试发现，蝴蝶翅膀鳞片呈覆瓦状交叠排列，每个鳞片的表面均由亚微米级纵肋及横向连接组成，翅膀表面主要物质成分为几丁质，这种形态、结构和材料耦元相互耦合，呈现出自洁功能[23-24]。

A. 覆瓦状非光滑形态

蝴蝶翅膀由数层仅有 3~4μm 厚的鳞片组成，这些鳞片呈覆瓦状交叠排列，排列方向与翅脉方向一致，鳞片间距为 48~91μm、长为 65~150μm、宽为 35~70μm，使其翅膀表面呈现出覆瓦状非光滑形态[25-26]，如图 5-15 所示。单个鳞片的形态各异，有窄叶形、阔叶形、圆叶形和纺锤形等[27]，如图 5-16 所示。蝴蝶翅面这种覆瓦状非光滑形态具有疏水性，水滴在蝴蝶翅膀表面具有较大的接触角，在一定范围内，微米级鳞片宽度越小、间距越大(水滴与翅膀表面接触时，鳞片间隙承担了较多的接触面积，有利于提高疏水性)，其表面的疏水性越强。

B. "峰凹" 结构

蝴蝶翅膀鳞片不仅排列成非光滑形态，而且单个鳞片的表面均由亚微米级纵

(a) 绿带翠凤蝶前翅鳞片   (b) 绿带翠凤蝶后翅鳞片   (c) 紫斑环蝶翅面蓝色鳞片

(d) 翠叶凤蝶翅面绿色鳞片   (e) 柳紫闪蛱蝶前翅鳞片   (f) 巴西蓝闪蝶翅面蓝色鳞片

图 5-15   蝴蝶翅面鳞片分布

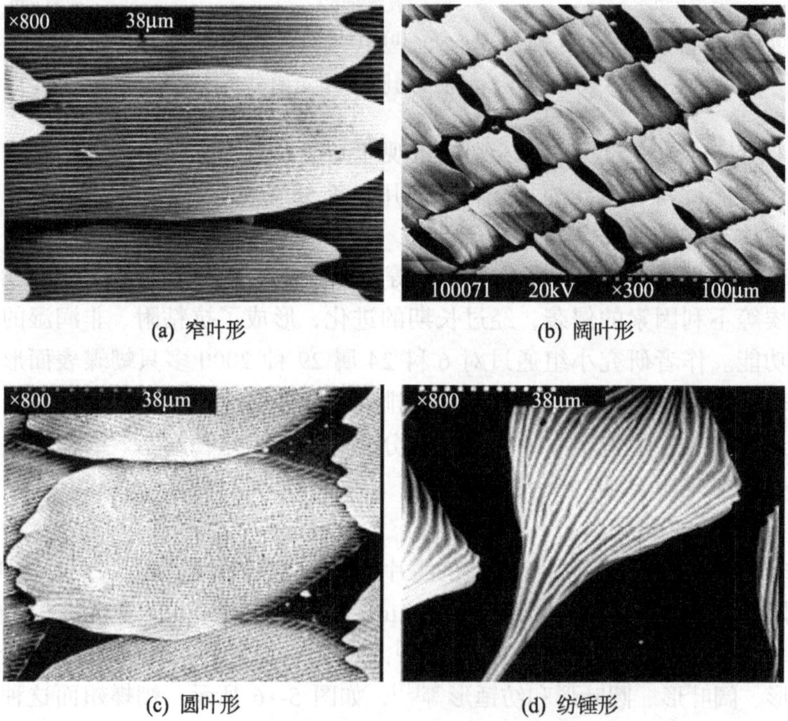

(a) 窄叶形   (b) 阔叶形

(c) 圆叶形   (d) 纺锤形

图 5-16   蝴蝶翅面鳞片形态

肋及横向连接组成, 如图 5-17 所示, 亚微米级纵肋间距为 1.06~2.74μm、高为 200~900nm、宽为 200~840nm。鳞片这种结构像一排排纵向的"嵴", "嵴"间有横向隔断, 隔成一个个纳米级的小"凹"[28-29]。这种覆瓦状非光滑形态与"嵴凹"结构相耦合协同作用，具有较大接触角和较小滚动角，水滴易于滚离，具有自洁功能[29]，如图 5-18 所示。但是，这种形态和结构相耦合在展现自洁功能时具有各向异性[30]，当沿着以蝴蝶身体为中心轴向外发散方向倾斜时，水滴易于滚离表面，具有较小的滚动角；而向相反方向倾斜时，水滴不易滚离，黏滞在表面上，即使在直立的翅膀表面也不易滚离[14]。

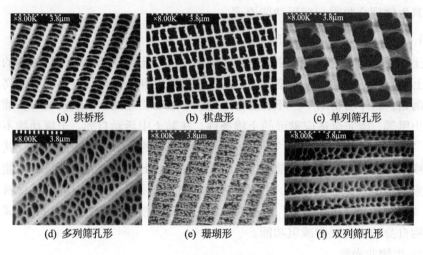

(a) 拱桥形　　　　　　(b) 棋盘形　　　　　　(c) 单列筛孔形

(d) 多列筛孔形　　　　(e) 珊瑚形　　　　　　(f) 双列筛孔形

图 5-17　蝴蝶鳞片微观结构

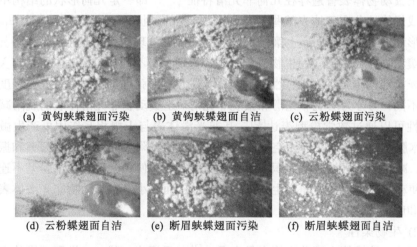

(a) 黄钩蛱蝶翅面污染　　(b) 黄钩蛱蝶翅面自洁　　(c) 云粉蝶翅面污染

(d) 云粉蝶翅面自洁　　(e) 断眉蛱蝶翅面污染　　(f) 断眉蛱蝶翅面自洁

图 5-18　水滴对蝴蝶翅膀表面上的碳酸钙污粉的自清洁作用

C. 几丁质材料

蝴蝶翅膀表面主要物质为几丁质，是疏水性材料，接触角在 100°左右。这种材料耦元使得蝴蝶翅膀具有疏水性，防止其被润湿。

5.1.3　生物耦合脱附减阻功能原理

自然界中许多动物和植物，无论是生活在土壤中、陆地上，还是生活在水中、空中，虽然其生存条件差异很大，但其中绝大多数都会遇到粘附和阻力问题。它们经过亿万年在各自生存环境中的进化、优化，逐渐具有各种特殊的脱附与减阻功能。本节以土壤动物(如田鼠、蝼蛄等)和空中飞行鸟类(如信鸽)为例，分别介绍其生物耦合脱附与减阻功能原理。

1. 土壤动物耦合脱附减阻功能原理

土壤环境中，生物的防粘减阻特性集中体现于土壤动物。在自然选择的影响下，土壤动物是最能适应土壤环境的种类，表现出有机体与其生存环境的高度统一。例如，软体动物蜗牛，环节动物蚯蚓，节肢动物蝼蛄、蚂蚁及蜣螂，哺乳动物穿山甲等，能完全适应黏湿的土壤条件，在黏土中活动自如。土壤动物不仅行走和"工作"(如掘土、挖土等)两部分都具有明显的脱附减阻功能，而且其整个体表或全身都有脱附减阻的能力[31]。研究表明，土壤动物的这一特殊功能是多个因素耦合协同作用的结果，包括生物的形体、形态、结构、构成(或材料、组成)、柔性、电渗、润滑等[5]。上述因素及它们间的相互耦合协同作用，形成了土壤动物自身的主动脱附减阻功能。

1) 生物非光滑

土壤动物体表普遍存在几何非光滑特征[32-34]，即一定几何形状的结构单元随机地或规律地分布于体表某些部位，结构单元的形状有鳞片形、凸包形、凹坑形、刚毛形和波纹形等。同一土壤动物体表不同部位呈现的几何非光滑形态各异，这与土壤动物对环境适应的生物进化过程，特别是与不同部位的触土方式有关。几何非光滑结构单元在力学特性上可表现为刚性的、弹性的或柔性的；在尺度上也有所不同，可分为宏观非光滑和微观非光滑。土壤动物非光滑体表的脱附减阻功能特性可以通过数学模型表达[35]，其非光滑体表与土壤相互作用可产生微振效应、水膜不连续效应和界面空气膜效应，不仅使粘附界面产生一定频率和振幅的微动，减少与土壤的接触面积和静接触时间，还能使粘附界面的水膜呈不连续分布，使动物体表与土壤间产生局部空气膜，从而减小土壤与动物非光滑体表的粘附力和摩擦力。

2) 生物柔性

田鼠、蝼蛄等土壤动物体表具有柔性[36]，呈现出一维、二维和三维的多种柔形，使生物体本身的不同部位可进行非线性大变形，并能在外力作用下恢复原形，如图 5-19(a)所示。生物柔层还会储流、通流，造成土壤对柔性表面无法压实，降低负压，有效减少柔性表面的任一接触单元与土壤之间的连续接触时间，使粘附界面的粘附力减小，并通过柔性单元的相互揉动、移动、转动、振动和波动等，使与其粘结的土壤脱离。生物柔性变形还会吸收一部分能量，使系统中用于粘附与摩擦的能量减少，从而减小柔性体表的滑动阻力，如图 5-19(b)所示。

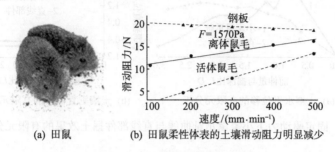

(a) 田鼠　　　　　(b) 田鼠柔性体表的土壤滑动阻力明显减少

图 5-19　土壤动物体表的柔性特征

3) 生物电渗

通过对土壤动物的生物电测试，发现与传统分离式电渗完全不同的生物表面整体电渗现象[37]。蚯蚓等土壤动物运动着的体表部分受到土壤作用产生局部变形，引发出体表动作电位，相对于未运动体表部位呈负电位，正极与负极在同一表面。当体表多个部位受到刺激，就产生多处分布的负电位区。由于正负电位区距离短，电位差使靠近体表的水化阳离子向接触区流动，产生电渗现象，改善界面水润滑，从而降低界面水膜张力和黏滞力，使土壤粘附力和摩擦力减小。

4) 生物构形

生物与其环境介质和生存条件长期相互作用，促使其进化出高度适应生存环境的构形[38]。土壤动物构形适应土壤环境的主要进化趋势为：躯体变小，体形细长，上下扁平，挖掘附肢强大。研究表明，蝼蛄、穿山甲、黄鼠等掘土能力强、松土效率高的挖掘动物，其爪趾具有特殊的几何曲线构形和楔形结构，如图 5-20 所示，能够有效分散沿掘进方向的应力，减少挖掘阻力，弱化下部土壤扰动，强化上部松土效果；尤其当爪趾前伸量与掘土深度比值达 0.6~0.9 时，松土效果最好，如图 5-21 所示。

5) 生物润滑

蚯蚓、泥鳅等土壤动物还会分泌具有润滑功能的体表液[39]。蚯蚓体表分布着

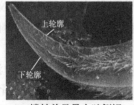

(a) 蝼蛄前足最大趾侧视　(b) 小家鼠前爪中趾侧视　(c) 达乌尔黄鼠前爪中趾侧视

图 5-20　典型土壤动物爪趾构形

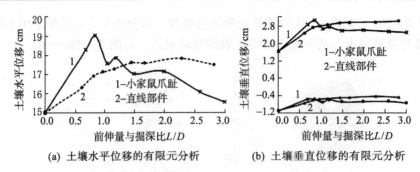

(a) 土壤水平位移的有限元分析　　　　(b) 土壤垂直位移的有限元分析

图 5-21　固定驱动力下小家鼠爪趾曲线与直线部件掘土效果的有限元分析结果

能自动调控开启和关闭的多个背孔，需要润滑时，就会分泌体表液。体表液是一种以具有高潴留性的黏蛋白为主溶液的稀溶液，它与体表、土壤一起构成三层界面系统，即体表层、体液层和渗有体液的土壤层。体表液提供了一个弱剪切层，在土壤动物体表与土壤层之间形成润滑界面，可降低土壤对动物体表的粘附。

综上所述，土壤动物通过体表非光滑形态、特殊结构、独特构形、柔性、电渗、润滑等耦元相互耦合或协同作用，呈现出了脱附减阻功能[5]。尚需指出，土壤动物脱附减阻功能原理，绝不限于我们已认识到的上述几个方面，还有许多奥秘有待进一步探索和揭示。

2. 信鸽体表耦合减阻功能原理

鸟类的羽翅在长期的自然选择与生物进化中，成功地解决了在飞行中产生动力又要减少空气阻力、降低空气摩擦的难题。鸟类体表耦合具有减阻功能，主要与其体表具有特殊的形态和构形，以及特殊的结构和柔性材质密切相关。鸟类(如信鸽)通过其体表形态、构形、结构、柔性和材料等多个耦元的耦合作用，具有减阻功能。

1) 非光滑形态

信鸽羽毛层层交叠，互相搭接覆盖，呈覆瓦状规则排列。在从头部到尾部方向上，即飞行时前进的方向上，形成了具有一定规则的层状结构，层与层之间相互搭接覆盖，呈现出鱼鳞状非光滑形态；在纵向上，信鸽体表羽毛呈现出宏观连续波纹状非光滑形态[40-41]，如图 5-22(a)和(b)所示。信鸽体表羽毛宏观波纹状非光滑形态，有利于飞翔中空气的流动，减少振翅飞翔中产生的空气漩涡的阻力。

2) "沟槽"结构

信鸽的飞羽和尾羽的羽枝、羽轴构成凸起的脊，羽小枝交叠构成凹陷的沟槽，脊与沟槽相间平行，均匀沿主羽轴放射状分布，如图 5-22(c)所示。飞羽和尾羽的"沟槽"结构，能够抵消一部分来流旋涡的强度，有利于减少飞翔中产生的空气漩涡阻力[41]，从而具有减阻作用。

(a) 信鸽　　　　　　　　(b) 体表羽毛　　　　　　(c) 信鸽尾羽羽枝

图 5-22　信鸽及其体表羽毛

3) 动态柔性

信鸽羽毛中包含质量分数为 91%的蛋白质,其羽毛的特殊结构和材料,使羽毛具有动态柔性,且体表分布的体羽尖端的羽枝缺乏羽小钩,从而使羽缘变得更为柔韧。飞行中信鸽体表的体羽会因空气动力的作用变弯曲,这种动态柔性有利于减小飞行时空气产生的阻力[40]。

5.1.4　生物耦合降噪功能原理

噪声、空气污染和水污染被列为当今世界的三大主要污染源,是工业文明危害环境的主要因素之一。为了控制环境噪声污染,改善人们的生活和工作环境,世界各国都投入了大量的人力、物力,开展减振降噪方面的研究。仿生降噪就是把具有低噪声性能的典型生物的降噪原理与规律应用到工程技术上,使其具有与生物体类似的低噪声特性。

鸮类降噪性能明显,是飞行动物的典型代表,尤其在捕食时,鸮飞行过程中几乎不发出声音。通过对长耳鸮生物学特征、飞行时的运动学和动力学原理等方面的研究,发现长耳鸮通过翼羽、皮肤、覆羽等特殊的表面形态、特有的轮廓构形、独特的内部结构、高柔性材质等因素相互耦合,形成了其降噪功能特性。长耳鸮作为一个耦合系统在飞行时,其翼羽是一个耦合,皮肤和覆羽是一个耦合,两个耦合以不同的实现方式相组合并行地实现其降噪功能。

1. 长耳鸮翼羽耦合消声降噪功能原理

1) 非光滑形态

长耳鸮翼前缘羽片相互扣覆,宏观表现为像梳子一样的锯齿状,如图 5-23(a)和(b)所示。这种锯齿状非光滑形态,会将空气流分成非常小的小股气流——"微气流",降低空气划过翅膀表面所产生的声音,能实现飞行时消声降噪的功能[42-43]。

2) "沟槽"结构

长耳鸮飞羽和尾羽的羽枝、羽轴构成凸起的脊,羽小枝交叠构成凹陷的沟槽,脊与沟槽相间平行均匀沿主羽轴放射状分布,如图 5-23(c)和(d)所示。这样的微"沟槽"结构,使羽毛表面连续性被分割可对其绕流场产生梳理平整作用,有利于减少气流噪声。此外，长耳鸮飞羽的基部显微结构不存在有钩羽小枝和无钩羽小枝，只有节状羽小枝，因此，飞羽基部不形成翈羽。这种结构减轻了飞行过程中飞羽基部产生的空气动力，缓解了翅膀飞行中与身体部位的摩擦产生的声音，具有消声降噪的作用[43]。

(a) 长耳鸮   (b) 长耳鸮翼

(c) 长耳鸮飞羽基部羽   (d) 长耳鸮尾羽基部羽
　　枝节状羽小枝   枝端部节状羽小枝

图 5-23 长耳鸮及其翼羽

3) 独特构形

长耳鸮翼前缘呈圆滑过渡的近似正弦线状连续凸起形态，翼前缘凸起高度与凸起中线间距之比为 0.12~0.19；翼型中部至尾缘有剧烈的曲率变化，翼型呈急剧收缩变薄趋势。这种独特的几何构形对气流噪声产生具有明显的抑制作用，可有效减少气流噪声源的产生[43]。

2. 长耳鸮皮肤和覆羽耦合吸声降噪功能原理

1) 多孔形态

长耳鸮皮肤可分为三层，即表皮层、真皮层、皮下组织层，其中，真皮层组织疏松，交错分布有许多微管状小孔，呈多孔状形态[44]。长耳鸮飞行时，体表与空气摩擦产生的高频声波，可使真皮层内部微孔间空气质点的振动速度加快，空气与真皮层内小孔孔壁的热交换加快，使其皮肤组织具备吸声能力；此外，小孔中的空气与一定频率的声波作用下发生共振，消耗声能，从而起到吸声降噪的作用。

2) 特殊结构

长耳鸮体表覆羽层柔软蓬松，单根羽毛上羽枝沿羽轴相互松散扣覆，如图

5-24(a)所示，羽毛间存在较均匀的空气间隙，且覆羽和皮肤表面之间分布有很密实的绒毛；真皮层呈多孔状形态；真皮层与皮下组织间存在薄空腔，如图 5-24(b)所示，且与真皮层微孔相连通。长耳鸮体表覆羽、绒毛、真皮层、空腔及皮下组织共同作用，构成多层次特殊结构[43-44]。长耳鸮飞行时，声波产生的振动引起覆羽、绒毛及真皮层的小孔或间隙内的空气运动而造成空气和孔壁的摩擦，靠近孔壁和纤维表面的空气受孔壁的影响不易流动，因摩擦和黏滞力的作用，使相当一部分声能转化为热能，从而使声波衰减，反射声减弱，起到降噪功能[43-44]。

 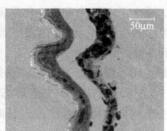

(a) 长耳鸮覆羽　　　　(b) 长耳鸮皮肤真皮层与皮下
组织之间的空腔

图 5-24　长耳鸮覆羽及皮肤

3) 高柔性材质

长耳鸮覆羽和绒毛由高柔性材质构成，具有良好的柔性，在气流或声波作用下可弯曲变形并产生微振，将气流动能或声能转化为羽毛的变形能，从而降低了产生噪声的能量，达到整流降噪的效果[44]。

综上所述，长耳鸮作为一个耦合系统，在飞行时翼羽耦合进行消声，皮肤和覆羽耦合采用吸声方式，二者组合并行实现了降噪功能。鸮类体表耦合降噪功能的仿生学信息，对风机叶片降噪的仿生设计及风扇、飞行器等的降噪都具有参考价值。

5.1.5　生物耦合耐磨功能原理

自然界中多种动植物在有磨损发生的环境中生存，其体表形态、结构、材料等因素相耦合，对磨损具有与生俱来的耐受能力，如土壤动物蝼蛄、蜣螂、穿山甲，潮间带贝类及生活在沙漠地区的蜥蜴等。工程中随处可见的磨损问题造成极大的经济损失，亦是世界各国急需解决的技术难题。而这方面的问题，生物界早已给出了解决的答案，人类可以通过学习和模拟生物耦合耐磨现象，找出解决目前人类面临的诸多磨损问题的答案和方法。通过大量研究表明，生物具有耐磨功能，是其表面形态、结构、材料、柔性等多个耦元耦合作用的结果。

1. 非光滑形态

传统观念认为，物体表面越光滑，其与外物的粘附力越小，因此，相对运动时产生的摩擦阻力愈小，其耐磨性亦越好。通过对耐磨生物体表观察、分析、测试发现，耐磨生物体表受摩擦较严重的部位普遍存在几何非光滑特征。这些非光滑形态的结构单元特征尺寸非常宽泛，有宏观的、微观的和纳观的等；在力学特性上可表现为刚性的、弹性的或柔性的，等等。这些非光滑结构单元通过化合、融合、复合、嵌合等耦联方式，随机地或规律地分布于生物体表某些部位[45]。耐磨生物体表非光滑形态，一方面能有效地减少磨损物(如沙石、土壤等)与其体表的接触面积，减少了正压力和发生化学吸附的吸附点数量；另一方面破坏了磨损物与生物体表接触的连续性，使其体表与磨损物接触表面间存在空气膜，降低摩擦系数，从而起到减磨效果。

例如，龙虾和螃蟹的螯表面呈现非光滑形态，有的位置规则地分布着成簇的绒毛，如图 5-25 所示，这种非光滑形态在凿石、钻沙时，利于其减小摩擦力[46]；又如，生活于潮间带的贝类即使经过长时间的海砂冲蚀，贝壳仍能保持得非常完好，表现出良好的抗冲蚀磨损性能。毛蚶等[47]常见的典型贝类，表现出较强的耐磨料磨损和冲蚀磨损特性。研究发现，毛蚶壳坚厚而宽，表面整体呈现出纵向棱纹，棱纹上具有边长约 1mm 的方形小结节(凸包形态)，棱纹和小结节分布间距较均匀，如图 5-26(a)和(b)所示；此外，毛蚶壳表面还覆生一层褐色绒毛壳状表皮，如图 5-26(c)所示，具有进一步保护贝壳的作用。毛蚶壳表面纵向棱纹及其上小结节和覆生的绒毛壳状表皮复合构成一种多级复杂的非光滑表面形态，使其具有良好的抗磨粒磨损和冲蚀磨损性能。

又如，土壤动物蝼蛄、蜣螂，以及穿山甲、步甲、马陆、蛇等长期在土壤和沙石中穿行，体表却不受损伤，研究发现，其体表受挤压和摩擦较严重的部位，普遍存在非光滑形态。例如，蜣螂头部像挖掘机一样挖土，前足进化成开掘足，用力向后扒土，其头部和爪表面受磨损严重的部位呈现出典型的凸包形非光滑形态。运动时，这种非光滑形态不仅能改变磨损硬物的运动模式，从滑动变为滚动，而且还有利于减小正压力对体表的作用，降低摩擦分量，从而达到减磨、保护体表的作用[45]。

(a) 淡水龙虾   (b) 淡水龙虾螯表面形态   (c) 螯表面微观形态

图 5-25   淡水龙虾及其螯表面非光滑形态

  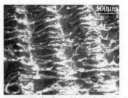

(a) 毛蚶　　(b) 毛蚶壳表面棱纹及其上小结节　(c) 毛蚶壳表面绒毛壳状表皮

图 5-26　毛蚶及其壳表面非光滑形态

2. 特殊结构

研究发现，耐磨生物体表不但具有非光滑形态，而且具有多层特殊的结构。例如，螃蟹螯的表皮主要分成三层：上表皮层、外表皮层和内表皮层。上表皮层是一层很薄的蜡质层，是主要的防水屏障，与环境隔离起到保护和防止水分蒸发的作用；上表皮层下面是外骨骼层，外骨骼层又分为外表皮层和内表皮层，它们有着相同的组成和类似的结构，其由螺旋夹板层堆栈而成，并与表皮法向垂直，且螺旋夹板层由壳质-蛋白纤维面绕着法线方向旋转 180° 叠积而成[48]，如图 5-27 所示。对螃蟹螯外骨骼层进行力学测试，发现这种特殊的螺旋夹板层结构使螃蟹螯具有较高的断裂韧性和抗应变能力，如图 5-28 所示，其硬度和模量存在明显的力学梯度，如图 5-29 所示。又如，贝壳珍珠层的文石与有机质以"砖泥"形式层状堆积，这种特殊的结构使其具有极高的强度、良好的断裂韧性和耐磨性。

3. 复合材料

耐磨生物体表材料通常是由不同化学成分、不同组织结构的材料通过一定的耦联方式分层或梯度复合而成，从而呈现出良好的耐磨性能，如贝壳[49]、蜥蜴等。

(a) 螃蟹螯上表皮层、外表皮层和内表皮层断面结构

(b) 外骨骼层断面结构　　(c) 外骨骼层断面结构

图 5-27　螃蟹螯断面微观结构

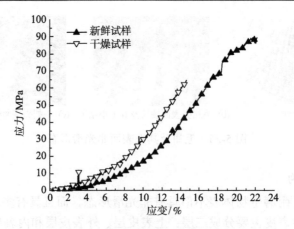

图 5-28　螃蟹螯拉伸实验应力应变曲线

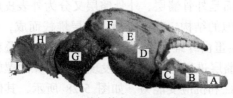

(a) 螃蟹螯力学测试取样位置

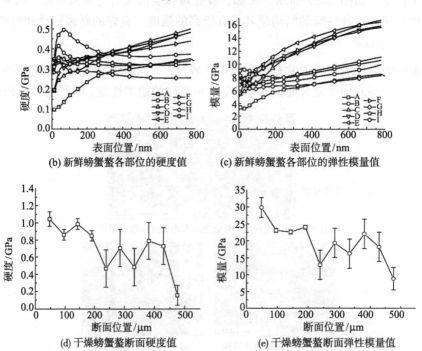

(b) 新鲜螃蟹螯各部位的硬度值　　(c) 新鲜螃蟹螯各部位的弹性模量值

(d) 干燥螃蟹螯断面硬度值　　　　(e) 干燥螃蟹螯断面弹性模量值

图 5-29　螃蟹螯各部位硬度、弹性模量值

新疆岩蜥为适应砂石环境，体表材料是由多层成分和结构不同的材料梯度复合而成[50-51]。其鳞片紧密嵌合附着于皮肤表层，是由不同成分和结构的角皮层与角质层构成的硬质壳体，如图 5-30(a)、(b)和(c)所示，鳞片相互之间通过鳞片下的较软结缔组织柔性联结，如图 5-30 (d)所示，从而使其体表材料刚、柔及软、硬相结合。在受到硬物磨损或挤压时，这种复合材料具有刚性强化和柔性吸收特点，柔性材料可多方向承载受压，不仅使刚性材料展现出较高的承载能力，还能减小正压力对刚性材料的作用，从而降低硬物对体表的摩擦分量，提高耐磨性能。同时，柔性材料在刚性材料的约束下，提高了使用阶段的弹性工作性能，能承受很大的塑性变形，从而使其体表材料整体表现出极高的强韧性。

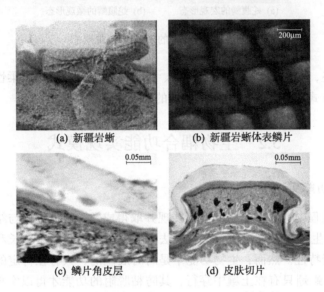

(a) 新疆岩蜥　　　　　　(b) 新疆岩蜥体表鳞片

(c) 鳞片角皮层　　　　　　(d) 皮肤切片

图 5-30　新疆岩蜥及其体表鳞片和皮肤切片

4. 生物柔性

研究发现，许多耐磨生物体表具有柔性，如穿山甲、沙漠蜥蜴、蛇、步甲、马陆等，通过柔性单元的相互揉动、移动、振动和波动等，有效减少磨损物与柔性表面连续接触，改变磨损物的运动方式，造成磨损物对柔性表面无法压实，降低摩擦分量；且体表柔性变形还会吸收一部分能量，使系统中用于摩擦的能量减少，从而提高磨损抗力。例如，沙漠蜥蜴背部主要受冲蚀磨损的影响，其体表的柔性有利于减小这种影响。背部硬质鳞片通过其下具有生物柔性的结缔组织相连，从而使其体表呈现出柔性。当鳞片受到砂石冲蚀时，其切向分量上的力被鳞片间的生物柔性连接分散和吸收，而法向分量上的力则被鳞片表面具有变形能力的角皮层和表皮下层结缔组织进一步吸收，从而大幅度降低冲蚀造成的磨损，加强了其背部鳞片抵抗沙粒冲蚀磨损的能力[50]。又如，蛇体表具有柔性，其鳞片能够在皮下肌肉组织作用下做有规则的运动，如图 5-31 所示，当鳞片竖起时，其尖端与磨损物体间更易于形成机械锁合，实现在粗糙表面的驱动；当鳞片倒斜时，有利于降低鳞片与磨损物间的接触面积和摩擦力[52]。

 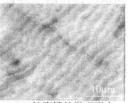

(a) 蛇腹鳞的宏观形态   (b) 蛇腹鳞的微观形态

图 5-31   蛇腹鳞的宏观和微观形态

综上所述，生物由体表非光滑形态、特殊结构、复合材料、柔性等耦元通过一定的耦联方式相互耦合，呈现出良好的减摩、耐磨功能。

5.2   生物耦合功能实现模式

5.2.1   生物功能实现

在生命过程中，生物功能的实际展现并取得成效，这种过程与结果即为生物功能实现[1]。生物在大自然优胜劣汰的法则下，进化出与自身生长和生存环境高度适应的功能特性。然而，生物功能不是时时展现的，只有在特定的环境中才能展现。例如，蚯蚓只有在土壤中穿行，其防粘脱附的功能才得以实现；沙漠蜥蜴在沙石环境中爬行，耐磨功能才能实现，如图 5-32(a)所示；蝼蛄只有在土壤中挖土前行，如图 5-32(b)所示，其脱附减阻耐磨的功能才能展现。

(a) 蜥蜴在沙石中穿行   (b) 蝼蛄在土壤中穿行

图 5-32   蜥蜴和蝼蛄

生物功能实现的内涵如下。

　　1) 生命过程是生物耦合的必然展现

　　生物的生命过程，是生物在其环境中变化、运动和发展的过程。生物通过耦合作用有效地实现生物的各种功能，充分展现其对环境的最佳适应性，从而使生物达到最大的生命效应。整个生命过程中，生物耦合始终在调控并发挥着作用，显然，耦合是生命过程的必然展现。

　　2) 生物耦合功能实现类似于函数式 $y = f(x)$ 中的"="号

　　如果将生物功能看做因变量或试验指标 y；将耦元看做是自变量或试验因素 $x=(x_1, x_2, x_3, \cdots, x_n)$；将耦联看做是 $y = f(x)$ 中的函数关系 f，其作用是将耦元与耦元联系起来；将生物耦合看做 $f(x)$，则生物耦合功能实现，就类似于函数式 $y = f(x)$ 中的"="号，其作用是将生物耦合所具有的生物功能实际展现出来，重在强调生物功能被有效实现。

　　3) 生物耦合功能实现是一种鲜明的生命现象

　　生物一切功能特性被生物体、生物群(落)所承载，在其生命过程中展现，贯穿生命的全过程。生物功能的实际展现，并取得成效，是生命过程得以延续的基础环节，否则，生命过程就会遭到伤害，甚至终结。生物耦合功能实现是一种鲜明的生命现象，是生物在生命过程中必须(主动或被动)实现的重要目标之一。

5.2.2　生物功能实现机制

　　1) 通过多元耦合

　　在生命的进程中，生物功能的实现很少是靠生物体单一部分或单一因素完成的，事实上，它是生物体多个不同部分协同作用或不同因素耦合作用的结果[53]。单一耦元自身虽有相关功能，但若没有与其他耦元的耦合或相互协同的作用，也就难以有效实现生物功能的最佳展现[54]。生物通过多元耦合，有效地、充分地实现生物各种功能，以达到其对环境适应的最佳化和自身生长的最佳化。因此，生物功能实现亦是生物多元耦合发挥功效的过程，故又可称之为生物耦合功能实现。

　　2) 有耦合体与其生存环境的相互作用

　　生物与其生存环境息息相关，任何生物都无法脱离环境而生存。生物与其环境介质和生存条件长期相互作用，促使其进化出与生存环境高度适应的功能特性。生物功能实现必须有耦合体[生物体、生物群(落)]与其环境的相互作用，这是耦合体在一定的时间、空间历程内与环境相互作用并发挥功效的过程和结果，即耦合的运动学和动力学显示。在生命过程中，生物如果失去了对环境变化的感知，脱离环境而展示的生物功能便是毫无意义的，也是不存在的。生物与环境不断地进行相互作用，生物亦不断地调整耦合，以利于生物与环境协调发展。

　　3) 有一定的时间历程

　　生物在环境中变化、运动和发展的过程，始终都是在时间和空间之内发生的，没有时间历程的生物是不存在的，更无生物功能可言。生物功能实现必须有一定的时间历程，与其所处环境变化保持同步性存在，如此，生物在环境中方能存在。

4) 并行实现

为实现对环境的最佳适应性，同一时空域内的生物功能必须并行实现，且在并行实现的过程中不断优化以适应环境变化。生物功能并行实现，但功能实现的程度、方式和侧重点皆可能不同，且允许时间历程有异，同时但有先后，从而使其实现过程静动态交叠、显隐性交错，这也是生物耦合或耦合系统功能实现智能化和系统化的特征表现。

5.2.3 生物功能实现模式

不同生物功能的实现模式也是不同的，根据对其初步研究，可按以下两个方面进行分类。

1. 完全均衡并行式

完全均衡并行式即耦合体整个工作面上均衡地同时以同种方式实现生物耦合功能。例如，荷叶、苇叶等植物叶片正面通过形态、结构和材料等因素的耦合具有自洁功能。展现自洁功能时，其整个工作面上的任何点或区域与介质的作用方式都是相同的，皆均衡地同时以同种方式实现自洁功能[1]，如图 5-33 所示。又如，沙漠蜥蜴体背由硬质鳞片(鳞片中部呈突起状)与多层组织柔性耦合构成，具有优异的抗冲蚀功能[55]，受到风沙冲蚀时，其功能实现承载面上的各点皆同时以同种方式实现抗冲蚀功能。

图 5-33　荷叶及其表面形态

2. 非完全均衡并行式

非完全均衡并行式即耦合体(生物体、生物群)工作表面同时进行耦合功能实现，但不同部位、区域，不同器官，不同个体与介质作用方式不同，局部耦合功能实现模式也不同。耦合体功能的实现是通过上述不同方式复合、组合或联合而实现的。因此，其又可分为复合式非完全均衡并行实现、组合式非完全均衡并行实现和联合式非完全均衡并行实现等。

1) 复合式非完全均衡并行实现

复合式非完全均衡并行实现是指耦合体工作表面同时进行耦合功能实现，但不同部位或工作区段采取不同的实现方式，即耦合体整个工作表面的耦合功能实现是由上述不同部位(区段)采取不同实现方式并行复合而完成。例如，正如之前章节所述，蚯蚓防粘脱附功能的实现主要是由体表背孔分泌润滑 + 表面电渗 + 非光滑形态 + 柔性等不同实现方式并行组成。

蚯蚓(如赤子爱胜蚓、湖北环毛蚓等)身体由百余个环状体节组成，形成波纹形非光滑形态。蚯蚓靠体节纵肌、环肌收缩舒张，使其体节动态变化，产生柔性变形向前推进，在运动过程的每一瞬间，体表均呈波浪形几何非光滑形态[2,56]，如图 5-34(a)所示。这种体表非光滑形态与柔性，有利于减少其与土壤的接触面积，粘结的土壤易于脱离，从而减小体表的粘附力和摩擦力。蚯蚓体表会产生电渗现象[1,45]易于减小土壤对其体表的粘附与摩擦，如图 5-34(b)和(c)所示。此外，蚯蚓体表背孔分泌体表液，体表液，提供了一个弱剪切层，从而降低土壤对体表的粘附[5]，如图 5-34(d)所示。由此可见，蚯蚓不同部位通过润滑、电渗、体表形态和柔性等不同实现方式复合并行实现了防粘脱附功能。

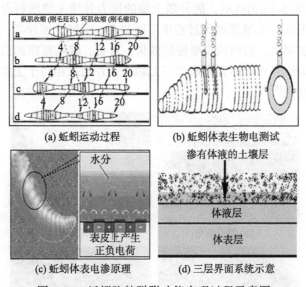

(a) 蚯蚓运动过程

(b) 蚯蚓体表生物电测试

(c) 蚯蚓体表电渗原理

(d) 三层界面系统示意

图 5-34 蚯蚓防粘脱附功能实现过程示意图

2) 组合式非完全均衡并行实现

耦合系统是指两个或两个以上耦合，通过一定的联系方式组成的系统。系统中的基本单元是耦合，耦合与耦合间的联系类似于生物耦合中耦元与耦元间的联系方式。此外，同一生物个体相对于一定的生物功能，可能不止一个耦合。

　　组合式非完全均衡并行实现是指耦合系统中的所有工作表面，同时进行生物耦合功能的实现，但系统中不同耦合会采取不同的功能实现模式，即系统中所有工作表面耦合功能的实现，是系统中不同耦合以不同实现方式相组合且并行地实现了耦合系统的功能。例如，蝼蛄作为一个耦合系统在土壤中前行时，其前爪趾(挖掘足)是一个耦合，覆翅和前胸背板是一个耦合，系统中两个耦合的有机组合，有效实现其脱附减阻耐磨功能[57-58]。

　　蝼蛄挖掘足形状似铲，由爪趾、附爪和股节上的羽状刺组成，爪趾间密生纤毛，如图 5-35(a)所示。爪趾前部呈楔形，楔尖圆钝，楔角两相皆 30°，如图 5-35(b)所示。挖掘足耦合在挖土时，爪趾前部楔形有助于分散土壤压力、减小摩擦，且楔角为 30° 楔入深土层阻力最小；附爪和羽状刺从上下两个方向有效清除爪趾上的泥土，使土壤不易粘附其上；爪趾间密生纤毛，亦可防止土壤颗粒粘附在爪趾的表面。显然，蝼蛄挖掘足是由爪趾的特殊构形、结构和局部非光滑形态形成的三元耦合，并通过对土壤的挖掘，实现减阻脱附耐磨功能。在蝼蛄覆翅和前胸背板组成的耦合中，前翅呈椭圆形外凸状，翅上有纵横交错的翅脉作为骨架支撑着整个翅面，可以抵抗土壤的压力，翅面覆盖着浓密簇生的微毛，如图 5-35(c)所示，形成一定厚度的柔形，具有柔性减阻脱附作用；蝼蛄的前胸背板坚硬膨大，呈马鞍形，如图 5-35(d)所示，能分散土壤的压力并使土壤顺利滑落，且背板上分布的长短刚毛在与土壤接触的过程中不断抖动，缓解土壤压力，使空气和水分易于逸出，增加润滑，起到减小摩擦的效果。可见，蝼蛄覆翅和前胸背板也是其构形、结构和柔性非光滑形态组成的三元耦合，并通过相对于土壤的滑动，实现减阻脱附耐磨功能[57-58]。

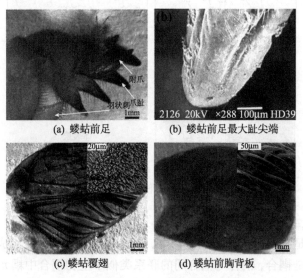

(a) 蝼蛄前足　　　　　　　　　(b) 蝼蛄前足最大趾尖端

(c) 蝼蛄覆翅　　　　　　　　　(d) 蝼蛄前胸背板

图 5-35　蝼蛄前足、覆翅和前胸背板

尚须注意，耦合系统中各耦合的功能不尽相同，同时实现的生物功能有时也可能相异，主要是不同耦合实现的功能的侧重点不一样，时间历程有异，同时但有先后。例如，蝼蛄通常生活在沙壤土中，该土黏性不大，其耦合的主要功能是减阻耐磨。一般情况下，主要在挖掘足处有绒毛，这是由于挖掘力较大，对沙壤土压实较大，引起沙壤粘附于足趾上，故在挖掘足凹处生有绒毛、纤毛，形成局部柔性，以减阻防粘。

3) 联合式非完全均衡并行实现

联合式非完全均衡并行实现是指在生命过程中，若干个生物个体紧密联合的生物集体或大量生物个体有机组成的生物群(落)中的相关生物个体，亦即耦合系统中的相关耦合，通过不同形式的联合，非完全均衡地并行实现生物的特定功能。其特点是：① 生物功能的这种实现，或是多个生物个体或多个耦合的集体行为，或是大量生物个体或耦合的社会行为；② 生物个体或耦合体具有相对独立性，它们在生物功能实现过程中可以具有不同活动方式或具体行为。例如，三只虎或五只狼等联合捕食；蚁群、蜂群的社会性活动，如筑巢、觅食、防御、运输等[59]。狼群索食时，各个个体既相对独立，同时又紧密联合，具有巧妙的分工：首先，选定目标，实施跟踪观察；然后，一部分潜伏，另一部分追逐，轮流追捕，拖垮猎物；最后，蜂拥而上，杀死猎物。

尚需指出，生物功能的实现模式是复杂的、多样的，绝不限于我们已经认识到的上述几种并行实现模式，还有许多功能实现模式有待于进一步探索和揭示。解析生物功能实现模式，是进行多元耦合功能仿生的重要生物学基础，也是仿生学领域的重要研究内容。随着生物学和仿生学研究的不断深入，人们对生物功能特性及其实现模式的认识和揭示会越来越深入、越来越全面，从而使工程仿生领域的多元耦合仿生的生物学基础越来越坚实，研究内容越来越丰富。

5.2.4　生物功能的仿生实现

生物功能的仿生实现，亦即运用工程仿生学的原理与方法，人工实现具有工程技术意义的生物功能，这不仅是工程仿生学的最基本任务，也是众多工程领域的实际需求。

如前所述，生物实现其功能的模式是多种多样的，而人工即仿生实现生物功能的模式也必然是多种多样的，如单功能单元仿生、单功能多元仿生、单功能耦合仿生、多功能单元仿生、多功能多元仿生、多功能耦合仿生等。不同的仿生实现模式，都是基于生物不同的功能实现原理。因此，对于不同的仿生实现模式，其设计思想也是不同的。对于基于完全均衡并行实现模式而进行的仿生，不论是单元仿生、多元(耦合)仿生，还是单功能、多功能仿生，在设计时，主要考虑静态因素、固化因素；对于基于非完全均衡并行实现模式而进行的仿生，不论何种形式的仿生，在设计时，既要考虑静态因素，更要考虑动态因素，而且还要从系统的观点综合考虑因素之间和整个系统的有效协调与合理控制。例如，基于荷叶、苇叶和蜣螂头前部"推土板"等生物体的完全均衡并行实现模式而进行的表面功能仿生，单元仿生时，设计仿生犁壁，只考虑形态，将犁壁表面变为非光滑形态，实现生物的脱附减阻功能；二元仿生时，设计仿生炊具，考虑形态与材料，将炊具的金属内表面变为疏水表面，实现生物的防粘功能；三元仿生时，设计仿生自洁表面，考虑形态、微-纳复合结构和材料，将金属表面变为超疏水，实现生物的自洁功能[1,5,53]。显然，上述三种仿生，仅考虑结构因素，只是静态设计。又如，基于蝼蛄、田鼠等土壤动物的非均衡并行实现模式的仿生深松铲设计，进行构形与结构二元仿生时，必须综合考虑其结构参数和运动学、动力学参数进行一体化设计，才能有效实现松土减阻功能。

　　工程实际中的重大技术难题，许多是基于生物功能实现原理得以有效解决的；而基于生物耦合功能实现原理的多元耦合仿生，则是工程仿生领域的最新进展，它能更有效地实现仿生设计的功能要求，将产生更好的仿生效能。目前，多元耦合功能仿生的理论与技术，在机械、能源、冶金、地质、轻工、医学、军事等众多工程领域，在进行脱附、减阻、自洁、耐磨、抗疲劳、抗冲蚀、降噪、隐身等多种生物功能的仿生实现中，发挥着越来越重要的作用，正成为工程仿生领域研究的前沿与热点。

参 考 文 献

[1] Ren L Q, Liang Y H. Biological couplings: function, characteristics and implementation mode. Sci China Ser E-Tech Sci, 2009, 53(1):1-9.

[2] 施卫平, 任露泉, Yan Y Y. 蚯蚓蠕动过程中非光滑波纹形体表的力学分析. 力学与实践, 2005, 27(3): 73-74.

[3] 李安琪, 任露泉, 陈秉聪, 等. 蚯蚓体表液的组成及其减粘脱土机理分析. 农业工程学报, 1990, 6(3): 8-14.

[4] 任露泉, 丛茜, 吴连奎, 等. 蚯蚓体表电位的测定及其与运动的关系. 吉林工业大学学报, 1991, 4: 18-24.

[5] Ren L Q. Progress in the bionic study on anti-adhesion and resistance reduction of terrain machines. Sci China Ser E-Tech Sci, 2009, 52(2): 273-284.

[6] 韩志武, 邱兆美, 王淑杰, 等. 植物表面非光滑形态与润湿性的关系. 吉林大学学报(工学版), 2008, 38(1): 110-115.

[7] 王淑杰, 任露泉, 韩志武, 等. 典型植物叶表面非光滑形态的疏水防粘效应. 农业工程学报, 2005, 21(9): 16-19.

[8] 王淑杰, 任露泉, 韩志武, 等. 植物叶表面非光滑形态及其疏水特性的研究. 科技通报, 2005, 21(5): 553-556.

[9] 王淑杰. 典型生物非光滑表面形态特征及其脱附功能特性研究. 吉林大学博士学位论文, 2006.

[10] 江雷. 从自然到仿生的超疏水纳米界面材料. 现代科学仪器, 2003, 3: 6-10.

[11] 任露泉, 王淑杰, 周长海, 等. 典型植物非光滑疏水表面的理想模型. 吉林大学学报(工学版), 2006, 9(S2): 85-90.

[12] Otten A, Herminghaus S. How plants keep dry: a physicist's point of view. Langmuir, 2004, 20(6): 2405-2408.

[13] Ren L Q, Liang Y H. Biological couplings: classification and characteristic rules. Sci China Ser E-Tech Sci, 2009, 52(10):2791-2800.

[14] 江雷, 冯琳. 仿生智能纳米界面材料. 北京: 化学工业出版社, 2007.

[15] Feng L, Li S H, Li Y S, et al. Super-hydrophobic surface: from natural to artificial. Adv Mater, 2002, 14 (24): 1857-1860.

[16] Barthlott W, Neinhuis C. Purity of the sacred lotus, or escape from contamination in biological surfaces. Planta, 1997, 202: 1-8.

[17] 张建军. 蛾翅膀表面润湿性及其机理研究. 吉林大学硕士学位论文, 2008.

[18] 叶霞, 周明, 李健, 等. 从自然到仿生的超疏水表面的微观结构. 纳米技术与精密工程, 2009, 7(5): 381-386.

[19] 弯艳玲, 丛茜, 金敬福, 等. 蜻蜓翅膀微观结构及其润湿性. 吉林大学学报(工学版), 2009, 39(3): 732-736.

[20] 弯艳玲, 丛茜, 王晓俊, 等. 蜻蜓翅膀表面疏水性能耦合机理. 农业机械学报, 2009, 40 (9): 205-208.

[21] Andrew R P, Chris R L. Water capture by a desert beetle. Nature, 2001, 414: 33-34.

[22] Wang X J, Cong Q, Zhang J J,et al. Multivariate coupling mechanism of noctuidae moth wings' surface superhydrophobicity. Chinese Sci Bull, 2009, 54(4): 569-575.

[23] Ren L Q, Qiu Z M, Han Z W, et al. Experimental investigation on color variation mechanisms of structural light in *Papilio maackii* Ménétriés butterfly wings. Sci China Ser E-Tech Sci, 2007, 50(4): 430-436.

[24] Fang Y, Sun G, Wang T Q, et al. Hydrophobicity mechanism of non-smooth pattern on surface of butterfly wing. Chinese Sci Bull, 2007, 52(3): 711-716.

[25] Fang Y, Sun G, Cong Q, et al. Effects of methanol on wettability of the non-smooth surface on butterfly wing. J Bionic Eng, 2008, 5(2): 127-133.

[26] 邱兆美. 蝴蝶鳞片微观耦合结构及其光学性能与仿生研究. 吉林大学博士学位论文, 2008.

[27] 房岩, 孙刚, 王同庆, 等. 蝴蝶翅膀表面非光滑鳞片对润湿性的影响. 吉林大学学报(工学版), 2007, 37(3): 582-586.

[28] 房岩, 孙刚, 王同庆, 等. 蛱蝶科翅鳞片的超微结构观察. 昆虫学报, 2007, 50(3): 313-317.

[29] 房岩. 蝴蝶翅膀表面鳞片形态及自清洁机理研究. 吉林大学博士学位论文, 2008.

[30] Sun G, Fang Y, Cong Q, et al. Anisotropism of the non-smooth surface of butterfly wing. J Bionic Eng, 2009, 6(1): 71-76.

[31] Ren L Q, Tong J, Li J Q, et al. Soil adhesion and biomimetics of soil-engaging components: a review. J Agr Eng Res, 2001, 79(3): 239-263.

[32] 任露泉, 丛茜, 佟金. 界面粘附中非光滑表面基本特性的研究. 农业工程学报, 1992, 8(1): 16-22.

[33] 任露泉, 丛茜, 陈秉聪, 等. 几何非光滑典型生物体表防粘特性的研究. 农业机械学报,

1992, 23(2): 29-35.

[34] Tong J, Ren L Q, Chen B C. Geometrical morphology, chemical constitution and wettability of body surfaces of soil animals. Int Agr Eng J, 1994, 3(1-2): 59-68.

[35] Ren L Q, Deng S Q, Wang J C, et al. Design principles of the non-smooth surface of bionic plow moldboard. J Bionic Eng, 2004, 1(1): 9-19.

[36] Ren L Q, Wang Y P, Li J Q, et al. Flexible unsmoothed cuticles of soil animals and their characteristics of reducing adhesion and resistance. Chinese Sci Bull, 1998, 43(2): 166-169.

[37] 孙久荣, 任露泉, 丛茜, 等. 蚯蚓体表电位的测定及其与运动的关系. 吉林工业大学学报, 1991, 4: 18-24.

[38] 任露泉, 崔相旭, 张伯兰, 等. 典型土壤动物爪趾形态的初步分析. 农业机械学报, 1990, 2: 44-48.

[39] Ren L Q, Tong J, Li J Q, et al. Soil adhesion and biomimetics of soil-engaging components in anti-adhesion against soil: a review. In: Proc 13th Int Conf ISTVS. Munich: ISTVS, 1999.

[40] 张春华. 基于信鸽体表的减阻降噪功能表面耦合仿生. 吉林大学博士学位论文, 2008.

[41] 周长海, 田丽梅, 任露泉, 等. 信鸽羽毛非光滑表面形态学及仿生技术的研究. 农业机械学报, 2006, 37(11): 180-183.

[42] 任露泉, 孙少明, 徐成宇. 鸮翼前缘非光滑形态消声降噪机理. 吉林大学学报(工学版), 2008, 38(S2):126-131.

[43] 孙少明. 风机气动噪声控制耦合仿生研究. 吉林大学博士学位论文, 2008.

[44] 孙少明, 任露泉, 徐成宇. 长耳鸮皮肤和覆羽耦合吸声降噪特性研究. 噪声与振动控制, 2008, 3:119-123.

[45] 任露泉, 杨卓娟, 韩志武. 生物非光滑耐磨表面仿生应用研究展望. 农业机械学报, 2005, 36(7): 144-147.

[46] 周飞, 吴志威. 淡水龙虾螯的结构及力学性能研究. 中国科学: 技术科学, 2011, 41(3): 326-333.

[47] Tian X M, Han Z W, Li X J, et al. Biological coupling anti-wear properties of three typical molluscan shells-scapharca subcrenata, rapana venosa and acanthochiton rubrolineatus. Sci China Ser E-Tech Sci, 2010, 53(11): 2905-2913.

[48] 周飞, 吴志威, 王美玲, 等. 淡水螃蟹螯的结构及力学性能研究. 中国科技论文在线, 五星级精品论文(力学). http://wenku.baidu.com/view/8dod658a84868762caaed572.html.2008.

[49] Mayer G. Rigid biological systems as models for synthetic composites: materials and biology. Science, 2005, 310: 1144-1147.

[50] 高峰, 黄河, 任露泉. 新疆岩蜥三元耦合耐冲蚀磨损特性及其仿生试验研究. 吉林大学学报(工学版), 2008, 38 (03): 86-90.

[51] 高峰. 沙漠蜥蜴耐冲蚀磨损耦合特性的研究. 吉林大学博士学位论文, 2008.

[52] 张昊, 戴振东, 杨松祥. 蛇腹鳞的结构特点及其摩擦行为. 南京航空航天大学学报, 2008, 40(3): 360-364.

[53] Ren L Q, Liang Y H. Biological couplings: classification and characteristic rules. Sci China Ser E-Tech Sci, 2009, 52(10):2791-2800.

[54] 任露泉, 梁云虹. 生物耦元及其耦联方式. 吉林大学学报(工学版), 2009, 39(6): 1504-1511.

[55] 高峰, 任露泉, 黄河. 沙漠蜥蜴体表抗冲蚀磨损的生物耦合特性. 农业机械学报, 2009,

40(1):180-183.

[56] 任露泉, 王云鹏, 李建桥. 典型生物柔性非光滑体表的防粘研究. 农业工程学报, 1996, 12(4): 31-36.

[57] 张琰. 蝼蛄触土部位生物耦合特性研究. 吉林大学硕士学位论文, 2008.

[58] Zhang Y, Zhou C H, Ren L Q. Biology coupling characteristics of mole crickets' soil-engineering components. J Bionic Eng, 2008, 5(S1): 164-171.

[59] 尚玉昌. 蚂蚁的社会生活. 生物学通报, 2006, 41 (4): 5-6.

第 6 章 生物耦合生成机制

6.1 生物耦合生成条件

6.1.1 生物耦合生成物质基础

从广义上讲，生物是由各种不同形式的器官或部件组成的，各个器官或部件都有明确的分工，形成一个完整的、具有功能的生命体，其具有不断繁殖后代及在环境变化时适应环境的能力。生物的器官和部件的存在为生物耦合的形成提供了重要的物质基础，一个器官或部件可以形成一个或多个耦合(系统)，多个器官或部件可以相互联系形成一个耦合(系统)。例如，长耳鸮体表羽毛具有保温、护体等作用，其中，飞羽是飞翔时产生动力的主要羽毛。在长耳鸮翼羽耦合消声降噪和体表耦合吸声降噪中，体表羽毛是其重要的耦元，为降噪耦合的形成提供了重要的物质支撑[1]。

6.1.2 生物耦合生成诱因驱动

诱因是指存在于生物机体内外部，驱使机体产生一定行为的动机因素或刺激物，它具有激发或诱使生物机体追求目标的作用。诱因是生物功能、特性、行为产生的一种根源，当其成为生物机体内在的需求时，便能推动和指导生物机体的行为。生物耦合生成是受诱因驱动的，耦合程度既取决于生物机体自身的性质，也取决于诱因力量的大小。例如，沙漠甲虫(*Cryptogloassa verrucosa*)变色耦合是受环境湿度诱因驱动的，不同的湿度下显示出不同的颜色[2-3](低湿度下显示浅蓝色，高湿度下显示黑色)。研究表明，沙漠甲虫的翅部表皮上分布有微小的瘤状突起，表皮及瘤状突起侧面布满微瘤，如图 6-1(a)和(b)所示，当甲虫在接

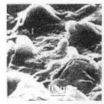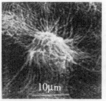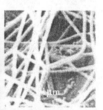

(a)、(b) 微米级的瘤状突起　　　　(c)、(d) 亚微米级网状结构

图 6-1　沙漠甲虫翅部表皮瘤状突起与分泌物

近饱和的湿度下，瘤状突起表面的尖部裂口处分泌类似牙膏状无定形物质，这种结构对入射光的反射会使表皮显出深色或黑色；当甲虫在低湿度环境时，瘤状突起表面的尖部裂口处无定形分泌物转变为许多细丝，相互联成网状覆盖在甲虫表面，并在网状结构和表皮表面形成空隙，如图 6-1(c)和(d)所示，这种结构使入射光发生折射显现蓝色。

6.1.3 生物耦合生成稳态过程

生物生存在两个环境中，一个是不断变化的外环境，一个是比较稳定的内环境；生物能够对内外环境的刺激作出反应，通过自我调节保持自身稳定。生物机体通过调节作用，不断地与变化的外环境之间进行物质、能量和信息交换，使各个器官、系统协调运作，共同维持内环境的相对稳定状态。生物耦合是生物展现功能、适应环境的重要手段，其通过调节各个耦元及耦联关系，保持耦合自身的稳态过程，但是，这种稳态不是固定不变的静止状态，而是处于动态平衡的状态。生物耦合的稳态过程是生物功能有效展现的必要条件，也是维持机体正常生命活动的必要条件。生物耦合稳态过程一旦遭到破坏，就可能导致生物功能无法有效展现，导致生物机体受到破坏。生物耦合稳态过程是一种自趋有序、动态平衡过程，其内部存在一种自我调节机制，通过与内外环境作用，始终调控着耦合在时间和空间轴上处于一种动态平衡，以达到与内外环境相适宜的最佳稳态。生物耦合稳态程度越高，抵抗外界干扰所产生的能力越强，对环境的耐受限度就越大。

6.2　生物耦合生成驱动力

丰富多彩的生物世界，其生物耦合的形式是多种多样的，形成生物耦合的机制也是多种多样的。生物耦合生成是受诱因驱动的，其中，生物学机制、力学机制和环境条件机制等是生物耦合生成的重要驱动力。

6.2.1 生物耦合生成生物学机制

1. 遗传与变异

遗传与变异是生物界普遍存在的生命现象，是生物体的基本特征之一，它是在新陈代谢的基础上，通过生殖和发育过程完成的[4]。任何一个生物个体都不能长期存在，它们通过生殖产生子代使生命延续。由于遗传特性，子代与亲代之间在形态、结构、材料及生理机能上具有相似性；由于变异特性，子代与亲代之间又存在差异。生物耦合是自然选择赋予生物的生存潜力，每一种生物都有自己特定的生活环境、特有的生物耦合结构与功能，使生物总是适合于在这种环境条件下生存和延续。在生物界不断前进的进化过程中，生物耦合展现出一种进步性的发展趋势，逐步复杂化和完善化，与此相应，生物耦合功能也愈益强化，效能亦逐步提高，从而增强了生物体对外界环境的适应性。

　　生物耦合生成是遗传、变异与自然选择长期协同作用的结果，遗传与变异是生物耦合不断形成、发展、完善的生物学驱动力，遗传使生物耦合得以形成、延续，保持了生物相对稳定的生存能力；变异则使生物耦合不断发展、完善，推动了生物界的不断前进和发展。生物耦合不断生成和发展的驱动力是生物与环境的相互作用，而这种相互作用的连接点是遗传物质。遗传物质的相对稳定性保证了生物耦合的稳定性和连续性，使之代代相传；而遗传物质的变异，为新的更高级的生物耦合的形成提供了可能。在自然选择压力下，生物的遗传物质随环境变化而发生优胜劣汰的改变，并导致相应的生物耦合发生改变，在多数情况下，这种改变使生物能更适应生存环境。一般来说，遗传只能使生物耦合在子代重复延续；在一定条件下，变异使生物耦合的特性有所改变，使之能够不断前进、发展。变异有两类，即可遗传的变异与不可遗传的变异，通过可遗传的变异(由遗传物质发生变化而引起的变异)形成的新的生物耦合可以遗传给后代，这些变异在后代中积累、巩固并再遗传，最终会导致生物耦合发生更大的改变；而通过不可遗传的变异(由外界环境因素如光照、水源等造成的变异)形成的新的生物耦合，不会遗传给后代。

　　例如，北极熊周身覆盖着厚厚的长毛(看起来是白色的，实际上是透明的)，毛发耦合具有极好的保温、绝热性能，同时，使其体色从外表上呈现白色，在冰天雪地的生存环境中展现出了极佳的保护色，如图 6-2(a)所示。研究发现，北极熊毛呈无色透明的空心管状结构，这些管状结构的直径从毛的尖部到根部逐渐增大，管状结构的内表面呈现非常粗糙的非光滑形态[5-6]，如图 6-2(b)、(c)和(d)所示。这种中空的结构与粗糙的形态相耦合，能够吸收照在身上的绝大部分能量较高的太阳紫外线，引起光的漫反射，使其毛发呈现出白色；同时，中空的结构有利于保温，能有效地保持体内热量，防止散失，增加自身的体温。北极熊毛发耦合特性通过遗传代代相传，使其展现出白色保护色及保温御寒功能，利于在严寒的环境中生存。

　　此外，自然选择过程是一个长期的、缓慢的、连续的过程，由于生存斗争不断地进行，自然选择也在不断地进行，因而生物生存的环境亦在不断变化。任何一种生物对所处环境的适应总是相对的，总是存在程度上的差别，只要存在这种差别，哪怕是微小的，自然选择也会发生作用，推动生物向更适应环境的方向发展。遗传物质具有稳定性，它是不能随着环境条件的变化而迅速改变的，这就导致已经形成的生物耦合一般要落后于环境条件的变化，这也是造成生物

(a) 自然光下的北极熊

(b) 毛发横断面

(c) 毛发斜断面

(d) 毛尖部到根部纵向断面

图 6-2　北极熊及其毛发断面结构

对环境适应具有相对性的主要原因。例如，在英国曼彻斯特附近森林地区，树上布满了白色的地衣，由于保护色的原因，浅灰色桦尺蠖不容易被天敌发现，所以，遗传基因很容易被保存下来，代代相传；而黑色的桦尺蠖则很容易被天敌发现，所以数量越来越少[7-8]，如图 6-3(a)所示。随着曼彻斯特地区工业的发展，工厂排出的黑烟使地衣不能生存，而且树皮裸露并被熏成黑褐色，如图 6-3 (b)所示，黑色的桦尺蠖更容易生存下来，而浅灰色桦尺蠖很难迅速调节自身结构、状态以适应环境变化，从而导致浅灰色桦尺蠖被大量捕食，数量骤减[7-8]。因此，生物耦合的生成，从遗传角度来讲还会出现时滞问题，如果环境改变太快，通过遗传形成的生物耦合，往往不能迅速调控，从而出现耦合功能展现滞后现象，原来的适应变成了不适应，有时还成为有害的甚至导致生物被捕食的因素。

(a) 布满白色地衣树杆上的桦尺蠖

(b) 褐色树杆上的桦尺蠖

图 6-3　不同环境下的桦尺蠖

2. 生物多样性

生物多样性是生物及其与环境形成的生态复合体，以及与此相关的各种生态过程的总和，包括遗传多样性、物种多样性、生态系统多样性和景观多样性等[9-10]，其中，遗传多样性、生态系统多样性和景观多样性对生物耦合生成具有重要的驱动作用。

1) 遗传多样性

遗传多样性是生物耦合生成及其多样性的基础。广义的遗传多样性是指自然界中生物所携带的各种遗传信息的总和，这些遗传信息储存在生物个体的基因中，遗传多样性也就是生物遗传基因的多样性[10-11]。任何一个物种或一个生物个体都保存着大量的遗传基因，这为生物耦合的形成和发展及代代相传提供了重要的物质基础及驱动力。因此，一个生物个体所包含的遗传基因越丰富，生物耦合生成的驱动力越大，生成的生物耦合级别越高，生物耦合的形式越复杂完善，对环境的适应能力就越强。

2) 生态系统多样性

生态系统是各种生物与其周围环境所构成的自然综合体，所有的物种都是生态系统的组成部分。在生态系统之中，不仅各个物种之间相互依赖、彼此制约，而且生物与其周围的各种环境因子也是相互作用的。生态系统的功能是对地球上的各种化学元素进行循环和维持能量在各组分之间的正常流动。生态系统的多样性主要是指地球上生态系统组成、功能的多样性及各种生态过程的多样性，包括生境的多样性、生物群落和生态过程的多样化等多个方面[10,12]。生物与环境是一个统一的整体，生境与生态过程的多样性促使生物适应环境的能力与方式也是多样的，这必然推动生物耦合的形成，同时，形成的生物耦合亦具有多样性。

例如，自然界中许多动物为了保护自身和御敌，身体都披有坚硬的外壳，根据其栖息的生态环境的多样性(有的生活在海洋里，有的生活在淡水中或陆地上)，外壳形成的生物耦合也不相同。例如，生活在海洋生态环境中的脉红螺和石鳖等[13]，其中，脉红螺底栖在浅海岩礁泥砂间，壳质坚厚，壳面黄褐色，密生较低的螺肋，向外突出形成肩骨，如图 6-4(a)和(b)所示。脉红螺壳由陶瓷碳酸钙和柔韧性较好的有机质以层状交叠的方式构成，断面结构分为三层，角质层较薄；棱柱层为典型的柱状结构，如图 6-4(c)所示；珍珠层由硬度较高的交叉叠片结构构成，如图 6-4(d)和(e)所示。脉红螺壳通过形态、材料、结构耦合具有超强的耐磨功能，以抵御海底岩礁泥砂的冲蚀和磨损。石鳖在温暖的地区多见于潮间带或浅水中，在较冷的地区生活于深海中，身体呈卵圆形，腹部扁平(用以附着在岩石表面或在岩石上爬行)，两侧对称，背面中央突起，有呈覆瓦状排列的石灰质壳片 8 块，如图 6-5(a)所示。在壳片表面分布有直径约 150μm 的低平粒状突起，中间壳片峰部分布有 3 条纵肋，如图 6-5(b)和(c)所示。壳片周围有一圈外套膜，形成较宽的环带，密布有指状突起，其中分布有 9 对白色针束，如图 6-5(d)所示。石鳖壳片断面结构同样分 3 层，如图 6-5(e)所示，其中，角质层较薄；棱柱层为均匀分布的精细的毛石结构，还分布有许多中空管道，如图 6-5(f)和(g)所示；珍珠层结构比较特殊，文石条呈 45°角有序交叉分布[13]，如图 6-5(h)所示。石鳖壳片通过形态、材料、结构的耦合也具有极强的耐冲蚀和磨损功能，使其能在潮间带岩礁石上或石缝间栖息。可见，同样生活在海洋生态环境中的脉红螺和石鳖，由于其栖息小环境的不同，壳片形成的耦合形式也有所差别。

(a) 脉红螺　　　　　　　(b) 表面棱纹形态

(c) 棱柱层柱状结构　(d) 珍珠层交叉叠片结构　(e) 珍珠层交叉叠片结构放大

图 6-4　脉红螺及其壳片结构

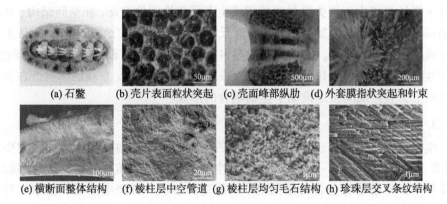

(a) 石鳖　(b) 壳片表面粒状突起　(c) 壳面峰部纵肋　(d) 外套膜指状突起和针束

(e) 横断面整体结构　(f) 棱柱层中空管道　(g) 棱柱层均匀毛石结构　(h) 珍珠层交叉条纹结构

图 6-5　石鳖及其壳片结构

又如，生活在潮湿的地面、树枝、蔬菜的叶片上的软体动物蜗牛的贝壳呈圆球形，壳质坚硬，由碳酸钙层和薄的蛋白质层交替地组成层状结构，碳酸钙硬而脆，蛋白质层交替地夹在其中，能防止碳酸钙层的裂纹蔓延，通过材料与结构的耦合，使得蜗牛贝壳既坚硬又有良好的韧性[14]。而栖息在雨林环境中的独角仙，外壳坚硬、强度大，可以保护它的外骨骼，同时，外壳通过结构和材料的耦合，还具有变色功能，可以随着外界空气变潮湿而改变颜色，借以欺敌，保护自己不被捕食，如图 6-6(a)和(b)所示[15]。研究发现，独角仙的外壳由蜡质层(蜡质层上布有裂纹)和多孔层叠加构成，如图 6-6(c)所示，在夜晚雨林中湿度变大时，水通过蜡质层裂纹渗透到多孔层结构中，消除了多孔层间的折射率差异(不再有光干涉)，导致外壳变成黑色，这不仅能使独角仙身体变暖和，还能避免被掠食动物发现。

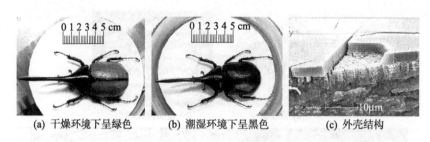

(a) 干燥环境下呈绿色   (b) 潮湿环境下呈黑色   (c) 外壳结构

图 6-6   独角仙外壳从干燥到潮湿环境下的颜色变换及其外壳结构(见图版)

可见，生态系统的多样性，不仅能有效地驱动生物耦合的形成，还使生物耦合具有多样性，使生物更好地适应复杂多变的生态系统。

3) 景观多样性

景观是一种大尺度的空间，是由一些相互作用的景观要素组成的具有高度空间异质性的区域。景观要素是组成景观的基本单元，相当于一个生态系统。景观多样性是指由不同类型景观要素或生态系统构成的景观，在空间结构、功能机制和时间动态方面的复杂性和变异性反映了景观的多样化程度[10,16]。遗传多样性导致了物种的多样性，物种多样性与多型性的生境构成了生态系统的多样性，多样性的生态系统聚合并相互作用又构成了景观的多样性。景观的多样性在大尺度空间上，直接或间接地推动了生物耦合的形成。

3. 生物信息引导

生物信息是指调节和控制生命活动的全部信号，是构成生物体的三大要素(物质、能量、信息)之一。生物信息对生物的生存、繁殖、发展、进化都起着重要作用。生物信息包含的范围很广，除遗传物质、神经电冲动和激素之外，生物体发出的声音、气味、展现的颜色及生物的行为本身都蕴含有生物信息，都会对生物个体或群体产生影响。生物行为是生物对内外环境变化所作出的有规律的、成系统的、适应性的外显活动，是生物用以适应环境变化的各种身体反应的组合，行为的执行是受生物信息调节和控制的。生物行为进行过程中，会展现出多种生物功能,是多个耦合协同作用的过程。生物信息引导生物耦合形成,调控生物耦合功能实现,使生物消耗极少的能量和物质,便可产生极大的生物效能,从而使生物行为顺利地进行和发展下去[17]。

生物信息一般可分为遗传信息、神经和感觉信息及化学信息。生物体内存在着各种各样的能够进行信号传递的信息系统,能够接受内外环境中的信息,进行信息的收集、传递、储存、加工处理、维护和使用,调节和控制生物耦合的形成,使生物耦合功能有条不紊地实现,对环境变化及时作出反应。例如,蜂鸟鹰蛾的舌头是长长的喙管,由两个柔软的杆状体和顶端的肌肉泵耦合而成,如图 6-7 所示,具有极强的吮吸功能[6],可以优雅自如地吸食花蜜。蜂鸟鹰蛾的喙管耦合通过遗传信息驱动,代代相传,吸食花蜜时,通过神经和感觉信息系统调控,让喙管弯曲,伸入蜜源(伸出喙管的长度有时可达到其身长的多倍),利用肌肉泵吸食。又如,人体听觉功能的产生,是声音通过外耳传到鼓膜,再通过中耳传递到充满液体的内耳,最后通过螺旋状的耳蜗得到转换。耳蜗里有基底膜,基底膜上有约 24 000 根听觉神经纤维[18],如图 6-8 所示。神经纤维上附载许多听觉细胞,基底膜接受到来自中耳的声波振动后,便把这种机械振动传给听觉细胞,产生神经冲动,由听觉传给大脑,形成听觉,从而使人能够听到来自外界的各种声音。可见,生物信息不仅有效地驱动生物耦合生成,而且还引导和调控耦元或耦合功能实现。

 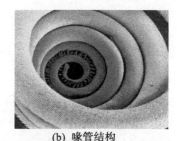

(a) 蜂鸟鹰蛾　　　　　　　(b) 喙管结构

图 6-7　蜂鸟鹰蛾及其喙管结构

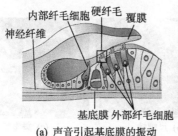 

(a) 声音引起基底膜的振动　　　　(b) 神经纤维

图 6-8　听觉产生机理

6.2.2　生物耦合生成力学机制

　　力是物质间的一种相互作用，自然界中，一切生物的运动或动态变化都是由这种相互作用引起的。生物从整体到系统、器官、组织、骨骼等运动或动态变化，如动物的行走、奔跑、跳跃、蠕动、爬行、游泳、飞行，以及心脏跳动、血液循环、新陈代谢等，植物的生长、活动、向性运动、体液输运及光合作用等，力是维持生物这些活动和改变生物运动状态的基本条件。生物在力学机制引导和驱动下，通过调控自身运动或动态变化来获取能量和物质交换，并运用不同的途径与方法生成不同形式的生物耦合。同时，也在完成这些活动和行为的过程中展现生物耦合的各种特性。显然，生物耦合亦是在力学机制的引导和驱动下形成的。

　　例如，许多在陆地上运动的动物，在力学机制驱动下，其足部形成的耦合具有较大的支承力和驱动力，能使其在坚硬和松软的地面上连续运动。人体足部耦合系统由足弓、腱膜和足垫等耦元组成，能够在直立、负重、行走、跑跳等运动中减少震荡并储存能量，如图 6-9 所示[19]。足垫具有柔韧性，极大地降低了足底接地过程中的综合刚度，减缓了对地面的冲击，从而降低了与地面的接触载荷。另外，足部在运动过程中，借助于接地过程中的地面反力，使得肢体中的肌腱和韧带得到张拉，将落地时的部分势能转化为弹性能，并在下一运动环节中释放[20]。又如，蛾类幼虫依靠钩形腹足行走，如图 6-10 所示[21]。幼虫主要在植物

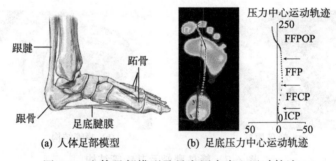

(a) 人体足部模型　　　　　　(b) 足底压力中心运动轨迹

图 6-9　人体足部模型及足底压力中心运动轨迹

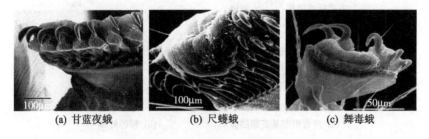

(a) 甘蓝夜蛾　　　　　(b) 尺蠖蛾　　　　　(c) 舞毒蛾

图 6-10　蛾类幼虫钩形腹足

的茎叶上活动，而植物的茎叶表面一般都生有一层光滑的蜡质，因此，幼虫足部耦合不但要具有行走功能，而且还要有较强的附着能力。研究发现，甘蓝夜蛾幼虫的腹足呈钩形，由冠状趾钩、具有粘附功能的冠状疱形成的突起和跗基节耦合而成，如图 6-10(a)所示，具有极强的附着力。可见，在力学机制驱动下，自然界中许多生物形成了结构精细的耦合，从而使其具有超强的功能。

6.2.3　生物耦合生成环境条件机制

任何生物都生存在总体稳定但又时时变化的生态环境中，与环境存在物质、能量、信息的交流，不同的环境条件作用(如地形、地貌、温度、湿度、光照、辐射、磁场、土壤、水质、天敌等)造就了不同生物独有的特征和功能。环境条件是生物耦合生成的外因，它不仅驱动生物耦合形成，而且能诱导遗传物质发生变异，又对其进行筛选，经过时间的积累，使生物耦合向着更适应环境的方向发展。

例如，许多生物的附着行为既有宏观结构支撑，保障其在自然界中形态的稳定性，同时又具有精细微观结构，使其具有独特、超强的附着能力。环境条件机制不同，驱动生物生成的附着功能耦合也不尽相同，这种耦合差异性与多样性是生物对多变环境相适应的结果。例如，能适应由沙漠至丛林的不同生存环境的壁虎，行走过程中能够自如地实现附着和脱附这两项功能的交替。壁虎的足趾上生有微小而密集的刚毛，与足趾平面呈一定角度分布，刚毛的端部呈抹刀型[22]，如图 6-11 所示[6]，可以伸展到被附着物的细微结构中，每根刚毛产生的"范德华力"累积起来便能产生极强的附着能力[23]。当刚毛末端的抹刀形表面与被附着表面呈 30°角时，界面的附着关系开始分离，实现脱附。此外，复杂的生存环境不但驱动壁虎足趾耦合具有最合理的形态和结构以适应其功能要求，在材料配置上也尽其所长，如足底角蛋白材料是相对刚度较大的材料，但由于其表面所特有的分级结构使其与基底接触时的综合弹性模量降低，从而使该刚性材料具有柔性材料的特性。又如，生活在热带雨林或潮湿环境下的树蛙，具有很强的附着能力，不仅能够在光滑的玻璃上爬行，还可以粘附在湿滑的基底上。研究发现，树蛙足尖垫由许多六边形凸起块组成，形成沟槽分割结构，如图 6-12 所示，这种沟槽

(a) 壁虎足趾　　　　　　　　　　(b) 刚毛结构

图 6-11　壁虎足趾及其表面刚毛结构

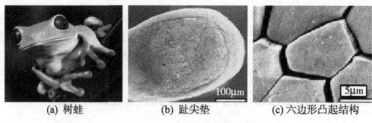

(a) 树蛙   (b) 趾尖垫   (c) 六边形凸起结构

图 6-12   树蛙及其趾尖垫

结构的存在，不但降低了表面的刚度，而且增加了柔韧性。沟槽内有分泌体液的腺体，腺体的分泌液从六边形凸起块周围的沟槽中流出[24]，保持足尖垫始终处于湿润状态，实现湿性附着。

此外，许多植物、种子或花粉等为了生存、繁衍，也具有超强的附着能力，如攀援植物爬山虎卷须顶端部分的表皮细胞，在卷须从枝节发生后即开始膨大，卷须接触壁面时，通过卷须上的黏性物质粘着于壁面上，或以钩状弯曲攀附于壁面微小突起或突入微小的穴中。随后通过卷须黏液的硬化、吸盘的干枯，顶端指状细胞或组织突入到微小的凹穴中，以此牢固持久地附着于壁面[25]。许多高等植物的种子和花粉是靠附着在动物的表皮或毛发上进行传播，其通过表面雕纹和结构耦合具有极强的附着能力，如仙翁花和太阳星的种子，锦葵属植物、水浮莲和爵床属等植物的花粉，如图 6-13(a)、(b)、(c)、(d) 和(e)所示[26]，通过表面特殊雕纹形态和针刺状结构或条纹、网格等结构耦合，使其能紧附在鸟的羽毛上，进行传播；银叶树花粉表面有一层黏性膜，如图 6-13(f)所示[26]，能通过形态与黏性膜耦合，使之得以附在动物身体上进行传播等。

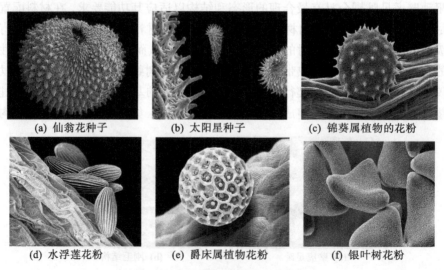

(a) 仙翁花种子   (b) 太阳星种子   (c) 锦葵属植物的花粉

(d) 水浮莲花粉   (e) 爵床属植物花粉   (f) 银叶树花粉

图 6-13   各种植物的种子和花粉

可见，环境条件机制是诱导和驱动生物耦合生成的重要外在因素，不同生境中的生物由于生存环境条件的差异，生成的耦合是不相同的。

6.3　生物耦合生成过程

生物耦合生成实质上是生物学、化学和物理学等各个过程的交融，是一个非常复杂的过程，既包含有缓慢的渐进，也包含有急剧的跃进；既是连续的，又是间断的，整个生成过程皆是时间函数。

6.3.1　生物耦合生成生物学过程

生命是物质的一种运动形态，生命的基本单位是细胞，它是由蛋白质、核酸、脂质等生物大分子组成的物质系统。生命现象就是这一复杂系统中物质、能量和信息三个量综合运动与传递的表现。生物学过程是生物维持物质、能量和信息运动及传递的基础；生物通过生物学过程，自我调节、维持生命、保持自身的稳定存在。生物的光合作用、新陈代谢、自组织、自适应、生物感应、生物智能等生物学过程，是保障生物耦合生成的基础环节。生物耦合生成是受诱因驱动的，在生物学机制、力学机制和环境条件机制交互作用驱动下，形成了形式、类别各异的生物耦合。生物耦合从生成到发展必须靠生物学过程持续进行来维持，如动物的新陈代谢、植物的光合作用等。例如，生物耦合生成过程离不开生物的新陈代谢，新陈代谢过程为生物耦合形成源源不断地提供所需的能量和物质。如苍蝇、蚂蚁、蝗虫等许多昆虫足部耦合具有湿吸附功能[27, 28]，足垫和腺体分泌的体液是其重要的耦元。其中，腺体持续不断分泌的体液，是生物通过新陈代谢不断提供的物质和能量产生的。

6.3.2　生物耦合生成化学过程

生命现象是生物体内发生极其复杂的生物化学过程的综合结果，为了保证生命活动(如生长、发育、分化、繁殖、代谢和运动等)能够有条不紊地进行，所有生物体内发生的生物化学过程都必须持续地进行并且受到有效的调控。生物耦合的生成是在各种条件机制诱导和驱动下，生物体内不断进行的化学反应有效累积的结果。

例如，自然界中，许多动物具有坚硬的外壳，其壳体通过形态、结构、材料等因素耦合，具有特殊的功能，不仅能支撑和保护躯体，而且还能避免体内水分过多散失。许多动物外壳耦合生成过程，也是生物体内不断进行的化学反应积累的过程，如贝壳耦合的形成。贝壳通常都长在动物软体之外，这些动物的血液中含有大量的碳酸钙，是动物由水中及食物中吸收的。外套膜边缘的细胞可以将血液中的碳酸钙浓缩，并且使它们形成类似方解石和亚拉冈石的矿物结晶。贝壳最先分泌形成的是外壳层由外套膜的外部形成。外壳层形成之后，碳酸钙才在外壳层的内面形成中壳层和内壳层(亚拉冈石的结晶)[29, 30]。成长中的贝类，身体逐渐长大，外套膜就被推着向外移，分泌物就从壳口外唇及壳轴上一直叠上去，于是贝壳就沿着螺旋方向长大。

6.3.3 生物耦合生成物理过程

生物体内物质、能量和信息在不断运动和传递，相应地会伴随产生许多物理过程，如力、生物电、磁、声、热等现象的产生。生物耦合生成过程是这些物理过程的一种运动形式的体现，这些物理过程为生物耦合的生成和启动提供了重要的保证。

例如，在生命活动过程中生物体内产生的各种电波、电位或电流，包括体表电位、细胞膜电位、动作电位、损伤电位及心电、脑电等。生物体要维持生命活动，必须适应周围环境的变化。由于环境变化的因素与形式复杂多变，如变化的光照、声音、热、机械作用等，因此，生物有机体必须将各种不同的刺激动因快速转变成为同一种表现形式的信息，即神经冲动，并经过传导、传递和分析综合，及时作出应有的反应。高等动物具有各种分工精细的感受器，每种感受器一般只能感受某种特殊性质的刺激。感受器中的感觉细胞接受刺激时，会发生感受器电位，并用它来启动神经组织，产生动作电位。动作电位的传导极为迅速，所以生物体能及时对周围环境变化作出迅速的反应。这种动作电位的传递可以诱导生物耦合启动，展现出相应的生物功能。例如，植物组织受到曲、折等机械刺激，可引起几十毫伏的负电位反应，促使其相应的生物耦合启动并展现一定的生物功能，如含羞草叶片闭合运动[31]。

6.4 生物耦合生成控制、修复与再生

6.4.1 生物耦合生成控制

为了保证生物耦合功能有效实现，生物耦合在生成过程中，始终受到有效的调控。这种生成控制既包括对生物耦合生成过程的控制，又包括对生物耦合功能展现的调控。生物耦合级别越高，生成控制机制就越完善、越复杂。生物耦合生成过程是复杂的，受到生物学机制、力学机制和环境条件机制等因素的相互协调及相互制约作用。在上述各种驱动和有效调控下，任何一个生物耦合都有自己一套完善的生成控制机制，调控生物耦合向着趋于稳定的方向进行和发展，一旦调

节机制被抑制、干扰甚至破坏，生物耦合的功能性和环境适应性就会降低，甚至被破坏。

6.4.2　生物耦合修复与再生

　　生物耦合修复与再生是指生物耦合受到损伤或破坏后，对失去的部分进行自我修补和替代，使生物耦合功能可以正常展现。生物耦合的修复与再生是其对外界损伤的敏感响应，是生物自我保护、自我恢复的一种手段，它是受生物耦合生成各种机制调控实现的。例如，当贝类的壳体耦合受到破坏时，外套膜立刻会分泌额外的壳质来修补壳体[32]。能够生成贝壳的微碳酸钙颗粒存在于流动的血液中，这些深藏于血液中的小颗粒能够以独特的方式发出微光，当贝壳表面形成刮痕时，贝壳马上会启动修复与再生机制，能携带碳酸钙颗粒的血液细胞聚集在这些发光的碳酸钙颗粒周围，并把它们带到有刮痕地方，如图 6-14 所示，对破损的部位进行修补，形成新贝壳[33]。

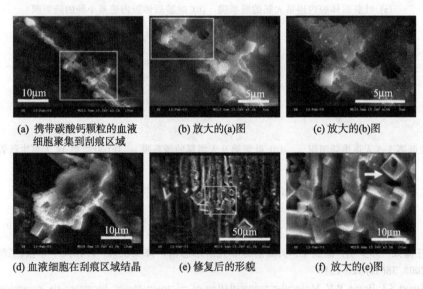

(a) 携带碳酸钙颗粒的血液　　(b) 放大的(a)图　　　　(c) 放大的(b)图
　　细胞聚集到刮痕区域

(d) 血液细胞在刮痕区域结晶　(e) 修复后的形貌　　　(f) 放大的(e)图

图 6-14　牡蛎贝壳修复过程

　　又如，海参纲具有吐脏再生功能[34]，研究发现，海参在不良环境条件下(海水污染、水温过高、过分拥挤或受到某些刺激时)，身体会强烈收缩，泄殖腔破裂，并把部分或全部内脏(包括消化道、呼吸树，甚至生殖腺)从肛门或体壁的撕裂处排出来，然后在很短的时间内再生出上述器官。海参吐脏后，肠首先从肠系膜分离，然后从大肠与肛门的连接处断裂，与呼吸树一起排出体外，紧接着咽部与小肠前端的连接处断裂，最终整个肠与呼吸树全部排出，体腔内只留下了肠系膜的游离边缘。此时，海参会启动再生机制，再生的消化道生长原基从增厚的肠系膜边缘开始发育，随着再生的继续，增厚区域变长、接合，最终形成一个连续、线性的实体索，该索宽度均匀，从口部或食道区域一直延伸到泄殖腔。图 6-15 展示了刺参吐脏后肠再生顺序，其中，图 6-15(a)和(b)展示了吐脏后体腔内连系大肠和小肠的肠系膜；图 6-15(c)展示了吐脏第 3~5 天再生肠组织膜，可见肠系膜出现不规则增厚；图 6-15(d) 展示了吐脏第 9 天肠系膜，其进一步增厚；至吐脏后第 14 天左右，再生的肠管已经形成，如图 6-15(e)所示。

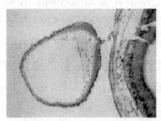

(a) 吐脏后体腔内连系大肠的肠系膜　　(b) 吐脏后体腔内连系小肠的肠系膜

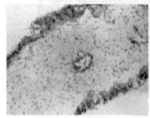
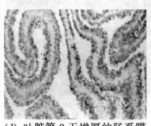

(c) 吐脏第 3~5 天再生肠组织　　(d) 吐脏第 9 天增厚的肠系膜　　(e) 吐脏第 14 天再生肠管的
　　膜的增厚　　　　　　　　　　　　　　　　　　　　　　　　　　　组织横切片

图 6-15　刺参吐脏后肠再生顺序

参 考 文 献

[1] 任露泉, 孙少明, 徐成宇. 鸮翼前缘非光滑形态消声降噪机理. 吉林大学学报(工学版), 2008, 38(S2):126-131.

[2] Stupp S I, Braun P V. Molecular manipulation of microstructures: biomaterials, ceramics, and semiconductors. Science 1997, 277, 1242-1248.

[3] 江雷, 冯琳. 仿生智能纳米界面材料. 北京：化学工业出版社, 2007.

[4] 张艳芬, 范雪晖, 刘莹, 等. 空间环境对生物遗传物质的影响. 生物学通报, 2009, 44(9): 9-10.

[5] Grojean R E, Sousa J A, Henry M C. Utilization of solar radiation by polar animals: an optical model for pelts. Appl Opt, 1980, 19: 339-346.

[6] Jones R. Nano Nature. Washington: Xanadu Publications, 2008.

[7] 陈辉. 生态遗传学与物种形成和进化. 陕西林业科技, 1999, 2: 77-81.

[8] 江幸福, 罗礼智. 昆虫黑化现象. 昆虫学报, 2007, 50(11): 1173-1180.

[9] 岳天祥. 生物多样性研究及其问题. 生态学报, 2001, 21(3): 462-467.

[10] 马克平. 试论生物多样性的概念. 生物多样性, 1993, 1 (1): 20-22.

[11] 马克平. 全球生物多样性策略. 北京: 中国标准出版社, 1993.

[12] 李文军. 保护世界的多样性. 北京: 中国科学技术出版社, 1992.

[13] Tian X M, Han Z W, Li X J, et al. Biological coupling anti-wear properties of three typical molluscan shells-*Scapharca subcrenata*, *Rapana venosa* and *Acanthochiton rubrolineatus*. Sci China Ser E-Tech Sci, 2010, 53(11): 2905-2913.

[14] 刘先曙. 仿蜗牛壳复合陶瓷材料. 科技导报, 1995, 5: 34.

[15] Rassart M, Colomer J F, aberrant T T, et al. Diffractive hygrochromic effect in the cuticle of the hercules beetle *Dynastes hercules*. New J Phys, 2008, 10(3):033014.

[16] Noss R F. A regional landscape approach to maintain diversity. Bioscience, 1983, 33(11): 700-706.

[17] 任露泉, 梁云虹. 生物耦合生成机制. 吉林大学学报(工学版), 2011, 41(5): 1348-1357.

[18] Gillespie P G, Walker R G. Molecular basis of mechanosensory transduction. Nature, 2001, 413: 194-202.

[19] Cock A D, Vanrenterghem J, Willems T, et al. The trajectory of the centre of pressure during barefoot running as a potential measure for foot function. Gait Posture, 2008, 27(4): 669-675.

[20] Qian Z H, Ren L, Ren L Q. A coupling analysis of the biomechanical functions of human foot complex during locomotion. J Bionic Eng, 2010, 7(S1): 150-157.

[21] Hasenfuss I. The adhesive devices in larvae of Lepidoptera (Insecta: Pterygota). Zoomorphology, 1999, 119: 143-162.

[22] Huber G, Gorb S N, Spolenak R, et al. Resolving the nanoscale adhesion of individual gecko spatulae by atomic force microscopy. Biology Letters, 2005, 1(1): 2-4.

[23] Autumn K, Liang Y A, Hsieh S T, et al. Adhesive force of a single gecko foot-hair. Nature, 2000, 405: 681-684.

[24] Federle W, Barnes W J P, Baumgartner W, et al. Wet but not slippery: boundary friction in tree frog adhesive toe pads. J R Soc Interface, 2006, 3: 689-697.

[25] 江仲秋. 爬山虎及川鄂爬山虎吸盘壁面附着机制的形态研究. 南京农业大学学报, 1994, 17(4): 27-31.

[26] Oeggerli M. Micropollen: the beauty behind your allergy misery. The Daily Telegraph, 2010-6-16.

[27] Gorb S N. Origin and pathway of the epidermal secretion in the damselfly head-arresting system (Insecta: Odonata). J Insect Physiol, 1998, 44(11): 1053-1061.

[28] Gorb S N. The design of the fly adhesive pad: distal tenent setae are adapted to the delivery of an adhesive secretion. Proc R Soc Lond B, 1998, 265: 747-752.

[29] Nair P S, Robinson W E. Calcium speciation and exchange between blood and extrapallial fluid of the quahog *Mercenaria mercenaria* (L.). Biol Bull, 1998, 195: 43-51.

[30] Yan Z, Ma Z, Zheng G, et al. The inner shell film: an immediate structure participating in pearl oyster shell formation. Chembiochem, 2008, 9: 1093-1099.

[31] 秦自民. 含羞草——植物运动·环境适应. 环境, 2003, 09: 34.

[32] Beedham G E. Repair of the shell in species of *Anodonta*. Proc Zool Soc Lond, 1965, 145: 107-124.

[33] Mount A S, Wheeler A P, Paradkar R P. Hemocyte-mediated shell mineralization in the eastern oyster. Science, 2004, 304: 297-300.

[34] 孙修勤，郑法新，张进兴. 海参纲动物的吐脏再生. 中国海洋大学学报，2005，35(5): 719-724.

第7章 生物耦合分析

7.1 生物耦合分析一般程式

生物耦合是生物固有的属性，必然存在着耦合方式与功能机制的对应性。因此，采用科学系统的分析方法是解析生物耦合奥秘的关键。生物耦合分析应重点做好以下几点[1]。

7.1.1 明晰目标

首先应确立明确的生物功能目标。同一个生物体或生物群可能同时具有多个具有工程意义的功能，但与研究的生物耦合相关的功能可能只有一或两个。因此，应根据研究目的与任务，先确定研究对象的一或两个生物功能。

7.1.2 分析耦元

根据已明确的目标和研究任务、研究内容及相关专业知识，全面分析可能影响生物功能的各种因素，按贡献大小(用耦元辨识方法)或重要程度将耦元排序，并找出主耦元、次主耦元。

7.1.3 确定耦联模式

针对已确认的主耦元，并结合其他耦元，从生物耦合的构成、结构、运动学、动力学及其生命过程，探索并揭示耦元间的相关关系，即耦联模式。

7.1.4 探寻生物耦合功能实现模式

从生物功能与生物耦合关系，以及耦合的运动规律、作用方式出发，探寻生物功能得以实际展现并取得成效的模式。

7.1.5 揭示生物耦合功能机制

用观察、测试与试验研究和理论探索相结合的方法，分析生物耦合类型及其与生物功能和环境因子间的关系，揭示生物体不同层级的形态、结构及材料等耦元相互耦合而发挥功能作用的机理与规律。

7.1.6　建立生物耦合模型

利用相应的技术手段处理生物耦合信息，建立关于生物功能与耦元、耦联及其实现模式间的物理模型，或运用数学语言进行抽象表述，建立数学模型，这是耦合仿生研究的关键环节。

7.2　生物耦合模块分析法

模块化理论是人们对认识和分析复杂系统的一种策略，即将复杂的系统进行合理的模块划分，逐一分析清楚每个模块的特征，再找出模块之间的联系，进而构建出系统的全貌，先分后合，以便在弄清各个组成要素特性的基础上，对系统的特性与机制有更全面、更清晰的认识[2-3]。作者研究小组根据生物耦合特性，借鉴模块化理论，提出生物耦合模块分析法。

7.2.1　模块的定义及特点

所谓模块，就是可以组成系统、具有某种确定功能和接口结构的、典型的通用独立单元[2]。

模块具有以下特点[2]。

1. 模块是系统的组成部分

模块是系统的组成部分，也就是说，它是系统的分解产物。用模块可以组合成新的系统，是构成系统的单元，离开了系统，它就失去了实用价值。模块可以作为一个单元从系统中拆卸、取出或更换；不能从系统中分离出来的单元，不能算是模块。

2. 模块是具有确定功能的单元

模块虽是系统的组成部分，但它不是简单地被系统分割的产物，而具有明确的特定功能，这一功能不依附于其他功能而能相对独立地存在，但受其他功能的干扰。没有确定功能的单元不能算为模块。

3. 模块是一种标准单元

模块结构具有典型性、通用性，并且往往可构成系列。这正是模块与一般部件的区别，或者说模块具有标准化的属性。模块是通过对同类产品的功能和结构的分析而分解出来的。它是运用标准化中简化和统一化方法而得出的具有典型性特性的部件。这一典型性正是模块具有广泛通用性的基础。模块还常常按照系列化原理使其功能和结构形成系列，以满足不同系统的需要。

4. 模块具有能构成系统的接口

模块应具有能传递功能及组成系统的接口(输入、输出)结构。系统是一个有序的整体，组合成系统的模块既有相对独立的功能，又互相联系。模块经有机结合而构成系统，模块间这种共享的界面(结合处)就是接口，接口的作用就是传递功能。模块通过接口进行连接而构成具有一定功能的系统；无接口结构的单元，不能算是模块，因为它不能与其他模块构成系统。

通过对模块特点的分析可知，任何复杂系统，总可以依据一定的科学方法分解成若干相互联系的组成单元，这些单元在一定的范围内遵循特有的规律，表现出相应的特性。作者研究小组借鉴模块化理论，对生物耦合特性与机制分析采用模块分析法，将生物耦合中的耦元或某些耦元的组合看作模块，将耦联方式看做模块的接口结构，提出生物耦合模块分析法，从而通过模块分析法解析生物耦合特性，特别是多功能生物耦合的特性。

7.2.2　生物耦合模块分析程式

1. 模块划分

模块划分是依据某种标准，将生物耦合中的耦元划分成以模块为基本构成单元的过程，其划分合理与否将直接影响生物耦合特性与机理分析的结果。因此，模块划分是生物耦合模块分析的前提和基础，是十分关键的一步[4-8]。

1) 模块划分准则

生物耦合是具有特定功能的，由所含若干个耦元相互间通过一定耦联方式连接所构成的具有一种或一种以上生物功能的物性实体或系统。功能分析是生物耦合模块划分的基础。在分析生物耦合总功能后，利用层次分解法，逐层将功能分解细化到每一个耦元上。然后，根据相关的功能属性，分析哪些耦元可作为独立的模块，哪些耦元需要组合在一起形成模块。生物耦合模块划分功能属性主要包括功能相关性、结构相关性及物理相关性等。

A. 功能相关性准则

功能相关是指两个或两个以上耦元完成的功能完全相同或部分相同。将完成同一功能或类似功能的耦元划分在同一模块中。功能相关性准则如表 7-1 所示。

表 7-1　功能相关性

相关值	关系描述
1	耦元完成相同功能
0.8 ~ 0.6	耦元所具有的分功能之间存在较紧密联系，且对完成生物耦合总功能缺一不可，同时，分功能之间有相互影响
0.4 ~ 0.2	耦元所具有的分功能之间关系较弱，起互补作用
0	耦元所具有的分功能毫不相干

B. 结构相关性准则

结构相关性是指耦元间存在的耦联关系。通过分析耦元间是否存在连接及其连接程度来划分耦元是否属于独立模块或归属同一模块。结构相关性准则如表7-2所示。

表 7-2   结构相关性

相关值	关系描述
1	耦元之间通过化合、融合、复合等形成永久性紧密连接关系
0.8 ~ 0.6	耦元之间通过嵌合、结合、组合等形成较紧密连接关系
0.4 ~ 0.2	耦元之间通过联合、混合、 集合等形成松散连接关系
0	耦元之间无关联

C. 物理相关性准则

物理相关性是指耦元之间存在能量流、信息流或物质流的传递等物理联系。能量流是指耦元间所传递的驱动力、运动、电流等，其作用是承受作用力或驱动耦元进行一定的运动，实现一定的物理效应以完成特定的功能。信息流是指耦元间的光、电等讯号的传递，用以控制耦元的运动或物理效应的启动、调节及停止等。物质流则是指耦元间有物质的输送和传递等。物理相关性准则如表7-3所示。

表 7-3   物理相关性

相关值	关系描述
1	耦元之间同时存在能量流、信息流和物质流
0.8 ~ 0.6	耦元之间存在能量流、信息流和物质流中的两种
0.4 ~ 0.2	耦元之间仅存在能量流、信息流和物质流中的一种
0	耦元之间无物理相关性

2) 模块划分方法

模块划分的关键在于合理划分各功能耦元，依据模块划分准则，把具有较强依赖关系的耦元划分在同一模块中[8]。

A. 确定各准则权值

在确定了各评价准则后，根据各准则在模块划分中的重要程度，通过专家对各因素进行两两比较，采取层次分析法(AHP)确定各基本准则层和分准则层的权重。由于当评判因素≥3时，任何专家都很难说出一组确切的数据，通过 AHP法得到的判断矩阵可能会出现矛盾现象。因此，必须对得到的判断矩阵进行一致性检验，方法是计算一致性比率 CR 的值，若 CR<0.1，则权重分配合理。假设有 p 个基本准则，在每个基本准则下又可分成若干个分(子)准则，用 X_1, X_2, $\cdots$, X_p 表示，设所有分(子)准则共有 q 个，即 $q = X_1 + X_2 + \cdots + X_p$，每个分(子)准则权重组

成权向量 W，表示为 $W = [W_1, W_2, \cdots, W_q]^T$，则有归一化权向量 W 为

$$\sum_{l=1}^{p} \sum_{m=1}^{x_l} w_l w_m = 1 \qquad (7\text{-}1)$$

式中，$x_l = x_1, x_2, \cdots, x_p$；$w_l$ 为第 l 个基本准则的权重；w_m 为第 l 个基本准则下第 m 个分(子)准则的权重。

B. 子相关矩阵的确定

根据前面的 q 个子准则，通过耦元之间的相互关系进行分析，确定相关值，从而可以得到 q 个基于各子准则的相关矩阵 $A_i(i = 1, q)$。设生物耦合共有 n 个耦元，则相关矩阵为

$$A_{ijk} = \begin{bmatrix} 1 & a_{i12} & a_{i13} & \cdots & a_{i1n} \\ & 1 & a_{i23} & \cdots & a_{i2n} \\ & & 1 & \cdots & a_{i3n} \\ \text{对称} & & & \cdots & \cdots \\ & & & & 1 \end{bmatrix} \qquad (7\text{-}2)$$

式中，$i = 1, q$；$j = 1, n$；$k = 1, n$。

C. 相关矩阵的构造

根据上面得到的子准则权重 W_i 和子相关矩阵 $A_{ijk}(i = 1, q; j = 1, n; k = 1, n)$，可通过下式构造相关矩阵。

$$R = \sum_{i=1}^{q} A_{ijk} w_i \quad (j = 1, n; k = 1, n) \qquad (7\text{-}3)$$

可得到：

$$R = \begin{bmatrix} 1 & r_{12} & r_{13} & \cdots & r_{1n} \\ & 1 & r_{23} & \cdots & r_{2n} \\ & & 1 & \cdots & r_{3n} \\ \text{对称} & & & \cdots & \cdots \\ & & & & 1 \end{bmatrix} \qquad (7\text{-}4)$$

其中，

$$r_{jk} = \sum_{i=1}^{q} w_i a_{ijk}, \quad (j = 1, n; k = 1, n)$$

3) 生成模块划分方案

在得到各耦元之间的相关矩阵 R 后，通过模糊聚类得到模块划分结果。为保证聚类结果的合理性，矩阵 R 必须为模糊等价矩阵。如果 R 不是等价矩阵，则可以通过求取其传递闭包 $t(R)$，然后设置阈值 λ 进行模糊聚类[9]，得到最终的模块

划分结果。

2. 模块划分方案评价

根据传递闭包 $t(R)$ 进行模糊聚类时，影响模块划分方案最大的因素是阈值 λ 的大小，λ 越大，则划分的种类越多，即模块的数目越多；反之，λ 越小，则模块的数目越少[10]。由于模块数目越多，模块粒度越细，越有利于分析生物耦合特性与机制；而模块数目越少，越有利于生物耦合功能特性在工程仿生设计中实现。生物耦合特性与机理的分析，最终目的是为耦合仿生提供生物学基础，制造出耦合仿生功能产品以解决工程问题。定义模块粒度 $a = 1/\lambda$，模块粒度 a 越粗(大)，阈值越大，模块数目越少。因此，在进行生物耦合模块划分时，既要保证详尽揭示出生物耦合特性与机理，同时又要考虑便于耦合仿生功能产品的设计。

熵是表达不确定性及信息的有效概念，同时，也可以用来表达某个系统的复杂度[11]。每一种模块划分方案就构成一个生物耦合系统，这个系统在耦联、成本、修复等方面存在着信息熵(也称为系统复杂度)。基于这样一种认识，一个模块化耦合系统的实现难易程度(稳定程度)则取决于这个复杂度(信息熵)的大小。因此，在根据模块法分析生物耦合特性与机理，保证功能实现的基础上，模块划分复杂度越小，对耦合仿生设计越有利，模块划分方案亦越合理。

1) 耦联

模块粒度越细，模块数越多，模块之间的耦联就越多，在仿生耦合设计与制造过程中，耦联难度增大，连接精度差的概率增加；模块数越少，模块之间的耦联就越少，连接变得容易，耦联精度差的概率降低。定义耦联的复杂度为

$$H_a(a) = -\sum_{j=1}^{k_a} \frac{n_l(j)}{n} \ln \frac{n_l(j)}{n} \qquad (7\text{-}5)$$

式中，a 为模块粒度；k_a 为与模块粒度 a 对应的模块数；n 为耦元数；$n_l(j)$ 为构成第 j 个模块的功能耦元数目。

2) 成本

从成本角度考虑，在生物耦合模块划分过程中，应该尽量将那些构造复杂的耦元分离开，形成不同的模块。假若在模块划分、计算与分析过程中，将两个构造复杂的耦元划分在同一个模块中，这些模块的内部结构会很复杂，集成的功能属性也会增多。其中，任何一个耦元计算与分析出现问题时，都会影响此模块的准确度与精度，需要对两个耦元重新计算与分析，进而增加划分成本。另外，对于工程仿生耦合功能产品的设计与制造，结构复杂的耦元在进行设计与加工时的成本及附加值也高。因此，应尽量将结构复杂的耦元划分到不同的模块中。当其出现损坏问题或是不能正常实现子功能时，只需替换掉相应的模块即可。反之，将两个成本及附加值较高的耦元划分到一个模块中，其中一个

耦元出现问题时，另外一个即使可以正常实现子功能，也得将整个模块换掉，从而增加了成本。因此，从成本角度考虑，就生物耦合机理分析与仿生耦合设计而言，倾向于将耦元细分，应该降低模块在成本方面的平均信息熵。定义成本的复杂度为

$$H_c(a) = -\frac{1}{k_a}\sum_{i=1}^{n}[c_{ri}\ln c_{ri} + (1-c_{ri})\ln(1-c_{ri})] \tag{7-6}$$

式中，a、k_a、n 意义同上；c_{ri} 为第 $i(i=1,2,\cdots,n)$个子功能模块的相对成本，可以用 AHP 方法确定。

3) 修复

在生物耦合中，主耦元不断地与环境相互作用，展现出特定的生物功能以适应环境。当环境发生变化时，主耦元极易被损坏，要适时地进行自我修复。因此，在进行模块划分时，应该尽量将主耦元单独形成一个模块，一方面，利于详细分析其特性；另一方面，在耦合仿生设计时，主模块是功能的主要承载者，易于损坏，所以，为了便于修复，应该尽量将主耦元单独形成模块。此外，为了便于修复，还应该尽量将生命周期相同的耦元划分到同一模块内。因此，从修复角度考虑，倾向于将耦元细分，应该降低模块在修复方面的平均信息熵。定义修复的复杂度为

$$H_m(a) = -\frac{1}{k_a}\sum_{i=1}^{n}[\eta_i\ln\eta_i + (1-\eta_i)\ln(1-\eta_i)] \tag{7-7}$$

式中，a、k_a、n 意义同上；η_i 为第 $i(i=1,2,\cdots,n)$个子功能模块的相对易损率，可用 AHP 方法确定。

4) 正则化处理

对耦联、成本、修复三种复杂度做如下正则化处理：

$$\bar{H}_a(a_i) = \frac{H_a(a_i)}{\sum_{i=1}^{M}H_a(a_i)} \tag{7-8}$$

$$\bar{H}_c(a_i) = \frac{H_c(a_i)}{\sum_{i=1}^{M}H_c(a_i)} \tag{7-9}$$

$$\bar{H}_m(a_i) = \frac{H_m(a_i)}{\sum_{i=1}^{M}H_m(a_i)} \tag{7-10}$$

式中，M 为模块划分的方案个数；$H_a(a_i)$为由模块粒度 $a_i(i=1,2,\cdots,M)$决定的模块划分方案所具有的耦联复杂度；$H_c(a_i)$为由模块粒度 $a_i(i=1,2,\cdots,M)$决定的

模块划分方案所具有的成本复杂度；$H_m(a_i)$为由模块粒度 $a_i(I=1，2，\cdots，M)$决定的模块划分方案所具有的修复复杂度。

5) 建立无约束离散优化数学模型

根据正则化处理之后的复杂度，建立无约束离散优化数学模型

$$\min\left\{\bar{H}(a)=\bar{H}_a(a)+\bar{H}_c(a)+\bar{H}_m(a)\right\} \tag{7-11}$$

由使 $H(a)$最小的模块粒度 a 可得到最优的模块划分方案。由于λ的取值为传递闭包 $t(\boldsymbol{R})$中的所有不同的元素，所以，模块粒度 a 也是一些离散值，这是一个无约束的离散优化模型。确定传递闭包 $t(\boldsymbol{R})$中所有可能的阈值λ_i，由模块粒度的定义可得到所有可能的模块粒度 a_i，然后利用模糊聚类分析方法求出每一种阈值对应的模块划分方案，同时计算 $H(a_i)$。设 k 使 $H(a_k)$最小，则对应的模块划分方案为最优。

3. 确定模块属性

根据最优模块划分方案，将生物耦合中的耦元划分成不同的模块后，需要确定模块的属性。在生物耦合中，生物耦元按物质属性可分为物性耦元和非物性耦元；按重要程度可分为主耦元、次主耦元、一般性耦元；按关系态势可分为永固性耦元和临时性耦元；按运动态势可分为静态耦元与动态耦元；按可视度可分为显性耦元与隐性耦元。生物耦合模块属性的确定，主要依据模块中所包含耦元的属性而定。因此，其模块属性的描述也必然有这几种类型的区别。

4. 明晰模块耦联关系

根据已经划分出的模块及其属性，结合相关知识，揭示出模块间的耦联方式，即模块的接口机制。模块之间的耦联方式，其作用是将模块连接起来实现生物耦合功能。因此，揭示模块耦联模式是揭示生物耦合机制的关键。同时，这也是生物耦合模块分析法的关键步骤。

5. 构建生物耦合模型

将生物耦合信息抽象、概括成模型是分析和研究生物耦合特征与机理的有效手段。因此，在进行合理的模块划分、确定模块属性和明晰模块耦联模式后，利用相应的建模技术与方法，可建立关于生物耦合功能与生物耦合模块、耦联间的生物耦合模型。

7.3　生物耦合可拓分析

可拓学是由中国学者蔡文于 1983 年提出的一门原创性横断学科，它以形式化的模型探讨事物拓展的可能性及拓展创新的规律和方法，并用于解决矛盾问题[12]。

它具有形式化、逻辑化和数学化的特点。近些年来，可拓学研究者将可拓论和可拓方法与若干领域的专业知识、具体问题相结合，提出了相应领域的可拓工程理论与研究方法，同时也拓展了该领域的理论与方法[13-16]。作者研究小组将生物耦合与可拓论相结合，提出生物耦合可拓分析法[17-19]，对生物模本和生物耦合进行分析。

7.3.1　生物模本的可拓共轭分析

1. 生物模本可拓共轭分析方法

根据工程的需求，寻找具有明确工程目标功能的生物原型作为仿生的生物模本。利用各种适用的观察、测试、分析仪器和手段，可对其进行较全面的描述。

可拓学的共轭理论可以从物质性、系统性、动态性和对立性 4 个角度研究物。其虚实、软硬、潜显、负正 4 对概念可以较为全面地描述物，不仅可描述物的组成，还可分析其组成之间的关系。依据共轭分析原理，任何物都具有共轭部，且每对共轭部和它们的中介部之和都等于原物。若设某物为 O_m，实部为 $re(O_m)$、虚部为 $im(O_m)$、虚实中介部为 $mid_{re-im}(O_m)$、软部为 $sf(O_m)$、硬部为 $hr(O_m)$、软硬中介部为 $mid_{sf-hr}(O_m)$、潜部为 $it(O_m)$、显部为 $ap(O_m)$、潜显中介部为 $mid_{it-ap}(O_m)$、负部为 $ng_c(O_m)$、正部为 $ps_c(O_m)$、正负中介部为 $mid_{ng-ps}(O_m)$，则

$$
\begin{aligned}
O_m &= re(O_m) \oplus im(O_m) \oplus mid_{re-im}(O_m) \\
&= sf(O_m) \oplus hr(O_m) \oplus mid_{sf-hr}(O_m) \\
&= it(O_m) \oplus ap(O_m) \oplus mid_{it-ap}(O_m) \\
&= ng_c(O_m) \oplus ps_c(O_m) \oplus mid_{ng-ps}(O_m)
\end{aligned}
\tag{7-12}
$$

共轭分析理论为生物模本的分析提供了有效的方法。需要说明的是，中介部为物的中间状态，在对生物模本共轭分析中如不涉及中介部，可以忽略之。对于多元耦合生物模本的可拓共轭研究，有助于分析其耦合机理。要实现对生物模本的全面分析，需要从系统的组成部分和内外关系去研究物，即对生物模本进行软、硬分析；除了系统性之外，还可以从动态性角度进行研究，即对生物模本进行潜、显分析。

1) 生物模本的软、硬分析

从系统的角度出发，对生物模本进行分析，将其分为硬部和软部。组成生物模本实际构成的全部称为硬部；生物模本与其组成部分之间及其以外的物之间的关系称为软部。首先，分析硬部，即构成生物模本的组成部分的全体，分析每一

个组成部分特征属性，用物元的硬部 $hr_i(O_m)$ 进行描述，i 为硬部的第 i 个组成部分，生物模本的硬部为

$$\bigwedge_{i=1}^{s} hr_i(O_m)$$

对于生物模本的研究，只研究其组成部分是远远不够的，还要研究软部。生物模本的软部分为以下三种：

(1) 内属关系，即物的组成部分之间的关系；

(2) 外属关系，即物与其所隶属的物之间的关系；

(3) 外联关系，即物与其他物之间的关系。

软部可用多维关系元或者多维关系元的组合表示，用物元的软部 $sf_i(O_m)$ 描述。

依据共轭分析原理式(7-12)，生物模本的基元描述为

$$O_m = \bigwedge_{i=1}^{s} \begin{bmatrix} hr_i(O_m), c_{hr1i}, & v_{hr1i} \\ c_{hr2i}, & v_{hr2i} \\ \vdots, & \vdots \\ c_{hrni}, & v_{hrni} \end{bmatrix} \oplus \bigwedge_{i=1}^{s} \begin{bmatrix} sf_i(O_m), c_{sf1i}, & v_{sf1i} \\ c_{sf2i}, & v_{sf2i} \\ \vdots, & \vdots \\ c_{sfni}, & v_{sfni} \end{bmatrix} \tag{7-13}$$

式中，$i=(1, 2, \cdots, s)$ 为按时间排序的所有耦元(如无时序，为自然排序)。

以荷叶为生物模本对其进行共轭分析。已有学者对荷叶、旱金莲叶及一些鸟类翅膀、家禽羽毛表面自清洁现象及机理进行了深入研究[20-24]，揭示了其表面润湿行为与其基体表面的形态、结构和材料有关[25-26]。取鲜荷叶观察可知，荷叶表面的正面几何单元体为微–微复合的乳突–绒突结构，乳突底径 10~15μm、高度 3~5μm，在乳突上均匀分布的绒突底径 3~5μm、高度 2~4μm，分布密度为 2000~2500 个/mm²，乳突几何单元体上覆盖蜡质纳米级的柱状晶体，如图 7-1 所示。

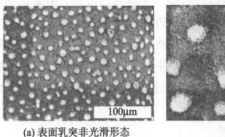
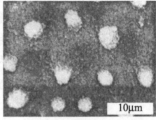

(a) 表面乳突非光滑形态   (b) 绒突

图 7-1 荷叶表面形态

运用共轭分析理论，对荷叶表面基体分析，硬部由乳突、乳突–绒突的复合

结构和表面蜡质组成。软部由硬部之间的内属关系，即乳突与表面材料之间的关系、结构与乳突之间的关系构成。生物模本荷叶的硬部由乳突、绒突、蜡质组成。描述乳突、绒突的特征指标为：形状、尺寸、单元分布、单元密度。蜡质的特征指标为：组分、形态、尺度等。荷叶的硬部可以描述为

$$
hr(O_m) = \begin{bmatrix} 绒突, 单元形状, 球冠 \\ 单元尺寸, \begin{bmatrix} 底部半径, 3\sim 5\mu m \\ 冠高, 2\sim 4\mu m \end{bmatrix} \\ 分布类型, \quad 均匀分布 \end{bmatrix} = \wedge
$$

$$
\begin{bmatrix} 乳突, 单元形状, \quad 球冠 \\ 单元尺寸, \begin{bmatrix} 底部半径, 10\sim 15\mu m \\ 冠高, 3\sim 5\mu m \end{bmatrix} \\ 分布密度, 2000\sim 2500个/mm^2 \\ 分布类型, \quad 均匀分布 \end{bmatrix} \wedge
$$

$$
\begin{bmatrix} 表面材料, 组分, 蜡质 \\ 形态, 柱状 \\ 尺度, 微米级 \end{bmatrix}
$$

在软部分析中，首先应明确软部关系类型，分析结果为内属关系，分析各组成部分之间的关系，由此可得软部为

$$
sf(O_m) = \begin{bmatrix} 绒突乳突关系, \quad 前项, \quad 绒突 \\ 后项, \quad 乳突 \\ 关系, \quad 复合 \\ 方位, \quad 上下 \\ 程度, \quad 紧密 \end{bmatrix} \wedge \begin{bmatrix} 乳突材料关系, \quad 前项, \quad 乳突 \\ 后项, \quad 表面材料 \\ 关系, \quad 复合 \end{bmatrix}
$$

根据共轭分析原理式(7-13)，荷叶可拓描述如下：

$$
O_m = \begin{bmatrix} 绒突, 单元形状, 球冠 \\ 单元尺寸, \begin{bmatrix} 底部半径, 3\sim 5\mu m \\ 冠高, 2\sim 4\mu m \end{bmatrix} \\ 分布类型, \quad 均匀分布 \end{bmatrix} \wedge
$$

$$
\begin{bmatrix} 乳突, 单元形状, \quad 球冠 \\ 单元尺寸, \begin{bmatrix} 底部半径, 10\sim 15\mu m \\ 冠高, 3\sim 5\mu m \end{bmatrix} \\ 分布密度, 2000\sim 2500个/mm^2 \\ 分布类型, \quad 均匀分布 \end{bmatrix} \wedge
$$

$$
\begin{bmatrix} 表面材料, 组分, 蜡质 \\ \quad\quad 形态, 柱状 \\ \quad\quad 尺度, 微米级 \end{bmatrix} \oplus \begin{bmatrix} 绒突乳突关系, & 前项, 绒突 \\ & 后项, 乳突 \\ & 关系, 复合 \\ & 方位, 上下 \\ & 程度, 紧密 \end{bmatrix} \wedge
$$

$$
\begin{bmatrix} 乳突材料关系, & 前项, 乳突 \\ & 后项, 表面材料 \\ & 关系, 复合 \end{bmatrix}
$$

需要注意的是，O_m 仅仅是生物模本的客观描述，不能等同于生物耦合模型。对生物模本的描述要求客观、全面，是后续生物耦合可拓分析的基础。

2) 生物模本的潜、显分析

从物的动态性考虑，生物是处于不断变化之中的。静止永远是相对的，变化才是永恒的。种子有发芽孕育过程，鸡蛋在一定的温度和时间条件下才会孵化成小鸡。我们把物的潜在部分称为潜部，显化的部分称为显部。

有些生物的潜部在一定条件下会显化。例如，变色龙，学名叫避役，如图 7-2所示，是一种具有时潜时显变化的非常奇特的动物，它有适于树栖生活的种种特征和行为。变色龙的皮肤会随着背景、温度和心情的变化而改变；雄性变色龙会将暗黑的保护色变成明亮的颜色，以警告其他变色龙离开它的领地；有些变色龙还会将平静时的绿色变成红色来威胁敌人，目的是为了保护自己，避免遭受袭击，使自己生存下来。有些生物的潜部在一定条件下可能不会显化，如种子在缺水的情况下就不会发芽；有些生物的显部可能有潜功能或潜特征，如依据动物专家的最新发现，变色龙变换体色不仅仅是为了伪装，体色变换的另一个重要作用是能够实现变色龙之间的信息传递，便于与同伴沟通。

图 7-2　变色龙

依据潜、显分析结果，潜部用 $it(O_m)$ 表示，显部用 $ap(O_m)$ 表示，则

$$O_m = it(O_m) \oplus ap(O_m)$$

根据上述分析，可得出生物模本生物信息的可拓共轭分析方法，如图 7-3 所示。

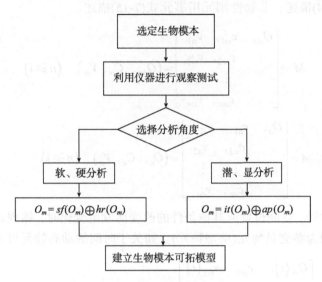

图 7-3 生物模本共轭分析方法

7.3.2 生物耦合可拓分析

1. 生物耦元可拓分析方法与模型建立

依据生物耦合原理，生物耦元主要由生物模本自身的形态、结构、材料和其他特性(如柔性、润滑性等)对生物耦合功能特性有影响的因素构成。生物耦元分别由各自的表征量构成特征指标集进行表达。生物耦元的特征量度非常宽泛，有宏观、微观、纳观尺度，还有定量、定性、模糊、灰色、欧氏几何和非欧氏几何等量度。

影响生物功能特性的耦元是多种多样的。例如，有物性耦元，即生物体自身的形态、结构、材料等；非物性耦元，即生物体的行为、特性，如柔性等；还有静态耦元、动态耦元，永久性耦元、临时性耦元、显性耦元、隐性耦元等。在多元耦合仿生中应重点选取物性、永久性、显性耦元作为主要模仿因素。

由以上分析，可按如图 7-4 所示构建生物耦合耦元模型。

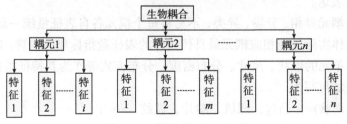

图 7-4 生物耦合耦元模型

1) 生物耦元可拓分析

对生物耦元的可拓分析，需将生物耦元划分成物性和非物性，对于物性耦元用物元式(7-14)描述，非物性耦元用事元式(7-15)描述。

$$
M = \begin{bmatrix} O_m, & c_{m1}, & v_{m1} \\ & c_{m2}, & v_{m2} \\ & \vdots & \vdots \\ & c_{mn}, & v_{mn} \end{bmatrix} = (O_m, \ C_m, \ V_m) \quad (n \geqslant 1) \tag{7-14}
$$

$$
A = \begin{bmatrix} O_a, & c_{a1}, & v_{a1} \\ & c_{a2}, & v_{a2} \\ & \vdots & \vdots \\ & c_{an}, & v_{an} \end{bmatrix} = (O_a, \ C_a, \ V_a) \quad (n \geqslant 1) \tag{7-15}
$$

当物随时间、空间位置或其他条件的改变而发生变化时，体现这种动态变化特征的耦元则为参变量物元(动态物元)。如关于时间的动态物元可表示为

$$
M(t) = \begin{bmatrix} O_m(t), & c_{m1}, & v_{m1}(t) \\ & c_{m2}, & v_{m2}(t) \\ & \vdots, & \vdots \\ & c_{mn}, & v_{mn}(t) \end{bmatrix} = \begin{bmatrix} O_m(t), \ C_m, \ V_m(t) \end{bmatrix} \quad (n \geqslant 1) \tag{7-16}
$$

同理，可得多维动态事元：

$$
A(t) = \begin{bmatrix} O_a(t), & c_{a1}, & v_{a1}(t) \\ & c_{a2}, & v_{a2}(t) \\ & \vdots & \vdots \\ & c_{an}, & v_{an}(t) \end{bmatrix} = \begin{bmatrix} O_a(t), \ C_a, \ V_a(t) \end{bmatrix} \quad (n \geqslant 1) \tag{7-17}
$$

其中：

(1) 关于特征 c_m 的取值范围 $V(c_m)$ 称为 c_m 的量域；

(2) 各个耦元作为特定功能耦合系统的硬部，分别由各自的表征量构成特征指标集进行表达。

由于各耦元异相、异场、异类，不易将每个耦元各自表征量统一规划，因此，需要结合具体实际进行相应耦元最具代表性的表征量指标集的构建。以形态耦元为例，可将单元的形状、尺寸、分布密度、分布方式等作为其特征指标，相应特征指标的量域可写为

V(单元形状)= { 凸包，凹坑，鳞片，波纹，… };

V(单元尺寸)= { 宏观，微观，介观，纳观，… };

V(分布方式)=｛分形，均匀，随机，规则，…｝;

V(分布密度)=｛个/mm²｝等。

2) 耦元可拓建模实例

例如，宏观尺度下，若所分析生物耦合的形态耦元为以密度 c (个/mm²)均匀分布排列的凸包形态，单元形状自身特征为底部直径 a mm，球冠高度为 b mm, 则该形态耦元可拓模型可表达为

$$\begin{bmatrix} 形态， & 单元形状， & 凸包 \\ & 分布类型， & 均匀分布 \\ & 分布密度， & c\ 个/mm^2 \\ & 单元尺寸， & \begin{bmatrix} 底部直径， & a\ mm \\ 冠高， & b\ mm \end{bmatrix} \end{bmatrix}$$

其他类耦元可拓模型的构建与此类似。

以蜣螂脱附减阻生物耦合系统为例，对蜣螂观察测试，经分析得到其生物耦合系统为蜣螂的头部及爪趾，对其进行可拓分析与描述后，确定其耦元为蜣螂的头部及爪趾的表面形态、构形及表面材料，分析耦元属性，相关耦元信息见表 7-4 所示。

表 7-4　蜣螂减粘脱土多元耦合耦元信息表

序号	部位名称	耦元	耦元属性	物元表达
1	头前部"推土板"	材料	物性	$M_1 \to M_{10}$
		表面形态	物性	M_{11}
2	爪趾	表面形态	物性	$M_2 \to M_{20}$
		构形	物性	M_{21}

表 7-4 中所有耦元属性均为物性耦元，分析每个耦元的特征指标，由式(7-14)建立各耦元可拓模型如下。

$$M_{10} = \begin{bmatrix} 头部材料， & 主要成分， & \begin{bmatrix} P \wedge S， & P含量， & d\% \\ & S含量， & e\% \end{bmatrix} \\ & 特性， & 疏水 \end{bmatrix}$$

$$M_{11} = \begin{bmatrix} 头部形态， & 单元形状， & 凸包 \\ & 单元尺寸， & \begin{bmatrix} 底部直径， & a\ \mu m \\ 冠高， & b\ \mu m \end{bmatrix} \\ & 分布密度， & c\ 个/mm^2 \\ & 分布类型， & 均匀分布 \end{bmatrix}$$

$$M_{20} = \begin{bmatrix} 爪趾形态, & 单元形状, & 刚毛形 \\ & 长度, & a_1 \\ & 密度, & b_1 \end{bmatrix}$$

$$M_{21} = \begin{bmatrix} 爪趾构形, & 形状, & 楔形 \\ & 楔角, & 20° \end{bmatrix}$$

2. 耦联方式可拓分析方法与模型建立

根据第 3 章生物耦元耦联方式的论述可知，生物耦联可分为：静态耦联与动态耦联、固定耦联与非固定耦联、方位耦联、程度耦联、支配耦联等。

耦联方式可以用可拓学的关系元进行表述，生物耦合的耦元是通过合适的耦联方式联系起来，从而实现生物特定的功能；关系元是描述这类现象的形式化工具，如可用下式表示 v_{r1} 和 v_{r2} 之间的关系：

$$R = \begin{bmatrix} O_r, & c_{r1}, & v_{r1} \\ & c_{r2}, & v_{r2} \\ & \vdots & \vdots \\ & c_{rn}, & v_{rn} \end{bmatrix} = (O_r, \ C_r, \ V_r) \tag{7-18}$$

式中，O_r 表示关系名；c_{r1}，c_{r2}，$\cdots$，c_{rn} 表示该关系的特征；v_{r1}，v_{r2}，$\cdots$，v_{rn} 表示与该特征相对应的量值。与物元、事元类似，亦可构造相应的参变量关系元。

由式(7-18)，结合耦联方式的分类分析，可建立如下耦联方式可拓模型：

$$R = \begin{bmatrix} 耦联方式, & 前项c_{r1}, & M_i \\ & 后项c_{r2}, & M_j \\ & 程度c_{r3}, & v_{r3} \\ & 方式c_{r4}, & v_{r4} \\ & 方位关系c_{r5}, & v_{r5} \\ & \vdots & \vdots \\ & 永固关系c_{rn}, & v_{rn} \end{bmatrix}$$

其中，M_i，M_j 分别为第 i，j 个耦元。根据耦联方式分类，相应特征指标的量域可写为

v_{r3} = [紧密、较紧密、松散]

v_{r4} = [化合、融合、复合，嵌合、结合、组合，联合、混合、集合，$\cdots$]

v_{r5} = [上下、左右、前后、叠加、阶梯$\cdots$]

v_{rn} = [永久、临时]

仍以蜣螂脱附减阻生物耦合系统为例，首先，分析耦元间相互关系的类型，其头前部"推土板"和爪趾之间的关系为外联关系，M_{10} 与 M_{11}、M_{20} 与 M_{21} 之间的

联系为内属关系；然后，分别建立各耦联关系的可拓模型如下：

$$R_{12} = \begin{bmatrix} 耦联方式, & 前项, & M_1 \\ & 后项, & M_2 \\ & 程度, & 松散 \\ & 方位关系, & 前后 \\ & 永固程度, & 永久 \end{bmatrix} \quad R_{1011} = \begin{bmatrix} 耦联方式, & 前项, & M_{10} \\ & 后项, & M_{11} \\ & 程度, & 紧密 \\ & 方式, & 复合 \\ & 方位关系, & 上下 \\ & 永固程度, & 永久 \end{bmatrix}$$

$$R_{2021} = \begin{bmatrix} 耦联方式, & 前项, & M_{20} \\ & 后项, & M_{21} \\ & 程度, & 较紧密 \\ & 方式, & 组合 \\ & 永固程度, & 永久 \end{bmatrix}$$

3. 生物耦合可拓分析及模型建立

从生物功能与生物耦合规律，及生物耦合的工作环境出发，基于上述耦元可拓模型和耦联方式可拓模型，建立如下生物耦合模型：

$$B = \begin{bmatrix} 生物耦合, & 功能c_{m1}, & V_{m1} \\ & 耦元c_{m2}, & M_1 \wedge M_2 \wedge \cdots \wedge M_i \\ & 耦联方式c_{m3}, & R_{01} \oplus R_{02} \oplus \cdots \oplus R_n \\ & 工作环境c_{m4}, & V_{m4} \end{bmatrix}$$

以上述蜣螂脱附减阻功能耦合系统为例，头前部"推土板"和爪趾的可拓模型为

$$M_1 = \begin{bmatrix} 头前部"推土板", & 功能特征, & [挖掘, 支配对象, 土] \wedge [推, 支配对象, 土] \\ & 耦元, & M_{10} \wedge M_{11} \\ & 耦联方式, & R_{1011} \\ & 工作环境, & [土壤, & 性质, & 黏 \wedge 湿] \end{bmatrix}$$

$$M_2 = \begin{bmatrix} 爪趾, & 功能特征, & [挖掘, 支配对象, 土] \\ & 耦元, & M_{20} \wedge M_{21} \\ & 耦联方式, & R_{2021} \\ & 工作环境, & [土壤, & 性质, & 黏 \wedge 湿] \end{bmatrix}$$

值得注意的是，M_1、M_2 为蜣螂的两个部件，由共轭理论可以得到蜣螂多元耦合可拓模型 B：

$$B = M_1 \wedge M_2 \oplus R_{12}$$

$$B = \begin{bmatrix} \text{头前部"推土板"}, & \text{功能特征}, & [\text{挖掘,支配对象,土}] \wedge [\text{推,支配对象,土}] \\ & \text{耦元}, & M_{10} \wedge M_{11} \\ & \text{耦联方式}, & R_{1011} \\ & \text{工作环境}, & [\text{土壤}, \quad \text{性质}, \quad \text{黏} \wedge \text{湿}] \end{bmatrix} \wedge$$

$$\begin{bmatrix} \text{爪趾}, & \text{功能特征}, & [\text{挖掘,支配对象,土}] \\ & \text{耦元}, & M_{20} \wedge M_{21} \\ & \text{耦联方式}, & R_{2021} \\ & \text{工作环境}, & [\text{土壤}, \quad \text{性质}, \quad \text{黏} \wedge \text{湿}] \end{bmatrix} \oplus \begin{bmatrix} \text{耦联方式}, & \text{前项}, & M_1 \\ & \text{后项}, & M_2 \\ & \text{程度}, & \text{松散} \\ & \text{方位关系}, & \text{前后} \\ & \text{永固程度}, & \text{永久} \end{bmatrix}$$

综上所述，生物耦合是生物固有的属性，必然存在着耦合方式与功能机制的对应性。解析生物耦合机理形成的奥秘，是多元耦合仿生的关键问题，对仿生耦合产品设计与制造具有重要意义。本节上述研究以生物模本及生物耦合规律为基础，将可拓学理论与生物耦合原理相结合，建立了一种有效的生物耦合定量、定性分析方法。运用此方法对生物模本及其生物耦合进行可拓分析与建模，进而解析生物耦合功能形成机理，具体步骤如下。

1) 优选生物模本

根据特定工程矛盾问题，经过对其功能目标与约束条件的发散分析，依据需求性原理和相似性原理，优选具有相似功能特性的生物体、生物组或生物群，以此作为多元耦合仿生生物模本。

生物模本确定后，利用各种生物、物理、化学测试分析仪器与手段，观察、测试和分析生物模本，采用生物模本共轭分析的方法对其进行定性、定量的描述与处理。

2) 耦元的确定、可拓分析与建模

根据已明确的目标、研究任务、研究内容及相关专业知识，全面分析可能影响生物功能的各种因素，明晰各耦元；运用可拓理论分析其特征指标，明确耦元的物性属性，根据试验测得或分析的特征指标量值，建立耦元可拓模型。

3) 耦联方式可拓分析与建模

针对已确定并建模的耦元，分析它们之间的耦联关系，建立可拓耦联模型。从生物耦合的构成、结构、运动学、动力学等方面，探索并揭示耦元的相互关系，即耦联模式。

4) 生物耦合可拓分析与建模

从生物功能与生物耦合关系，以及耦合的工作环境出发，建立生物耦合可拓模型，揭示生物耦合功能形成机理，寻求生物功能得以实际展现并取得成效的模式，进一步为耦合仿生应用奠定基础。

上述步骤可以用图 7-5 表示。

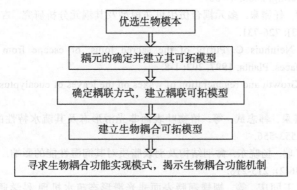

优选生物模本

耦元的确定并建立其可拓模型

确定耦联方式，建立耦联可拓模型

建立生物耦合可拓模型

寻求生物耦合功能实现模式，揭示生物耦合功能机制

图 7-5　生物耦合可拓分析方法的一般步骤

参 考 文 献

[1]　Ren L Q, Liang Y H. Biological couplings: classification and characteristic rules. Sci China Ser E-Tech Sci, 2009, 52(10): 2791-2800.

[2]　童时中. 模块化原理设计方法及应用. 北京: 中国标准出版社, 2000.

[3]　唐涛, 刘志峰, 刘光复, 等. 绿色模块化设计方法研究. 机械工程学报, 2003, 39(11): 149-154.

[4]　姜慧, 徐燕申, 谢艳. 机械产品模块划分方法的研究. 设计与研究, 1999, 3: 7-9.

[5]　王海军, 孙宝元, 王吉军, 等. 面向大规模制定的产品模块化设计方法. 计算机集成制造系统, 2004, 10(10): 1171-1176.

[6]　贾延林. 模块化设计. 北京: 机械工业出版社, 1993.

[7]　彭祖赠, 孙韫玉. 模糊(Fuzzy)数学及其应用. 武汉: 武汉大学出版社, 2002.

[8]　陆长明, 陈峰, 邓劲莲. 绿色性对模块化产品设计的影响. 机械设计与研究, 2006, 22(6): 13-16.

[9]　堪红. 模糊数学在国民经济中的应用. 武汉: 华中理工大学出版社, 1994.

[10]　潘双夏, 高飞, 冯培恩. 批量客户化生产模式下的模块划分方法研究. 机械工程学报, 2003, 39(7): 1-6.

[11]　Tsai Y T, Wang K S. The development of modular-based design in considering technology complexity. EJOR, 1999, 119: 692-703.

[12]　蔡文. 可拓集合和不相容问题. 科学探索学报, 1983, 1: 83-97.

[13]　蔡文. 物元模型及其应用. 北京: 科学技术文献出版社, 2000.

[14]　杨春燕, 蔡文. 可拓工程. 北京: 科学出版社, 2007.

[15]　Yu Y Q, Huang Y, Wang M H. The related matter-elements in extension detecting and application. Proceedings of IEEE International Conference on Information Technology and Applications(ICITA), 2005, 1(7): 411-418.

[16]　李立希, 李嘉. 可拓知识库系统及其应用. 中国工程科学, 2002, 3(3): 61-64.

[17]　洪筠. 多元耦合仿生可拓研究及其效能评价. 吉林大学博士学位论文, 2009.

[18]　Hong Y, Ren L Q, Han Z W. The multi-element coupling analysis of typical plant leaves based

on analysis hierarchy process (AHP). Proceedings of the 2nd International Conference of Bionic Engineering, 2008: 47-53.

[19] 洪筠, 钱志辉, 任露泉. 多元耦合仿生可拓模型及其耦元分析研究. 吉林大学学报(工学版), 2009, 39(3): 726-731.

[20] Barthlott W, Neinhuis C. Purity of the sacred lotus, or escape from contamination in biological surfaces. Planta, 1997, 202: 1-8.

[21] Hallam N D. Growth and regeneration of waxes on the leaves of eucalyptus. Planta, 1970, 93: 257-268.

[22] 王淑杰, 任露泉, 韩志武, 等. 植物叶表面非光滑形态及其疏水特性的研究. 科技通报, 2005, 21 (5) : 553-556.

[23] 任露泉, 尚广瑞, 杨晓东. 禽羽结构及羽表脂质对其润湿性能的影响. 吉林大学学报(工学版), 2007, 36(2): 213-218.

[24] 房岩, 孙刚, 王同庆, 等. 蝴蝶翅膀表面非光滑形态疏水机理. 科学通报, 2007, 52(3): 354-357.

[25] Feng L, Li S H, Li Y H, et al. Super-hydrophobic surfaces: from natural to artificial. Adv Mater, 2002, 14: 1857-1860.

[26] 王淑杰, 任露泉, 韩志武, 等. 典型植物叶表面非光滑形态的疏水防粘效应. 农业工程学报, 2005, 9: 16-19.

第8章 生物耦合建模

8.1 生物耦合模型

8.1.1 生物耦合模型涵义

建立生物耦合模型是探寻和揭示生物耦合类别及其特征规律的有效途径。为了研究生物耦合功能与生物耦元、耦联及其功能实现模式之间的关系特性，需要把生物耦合中一些属于感性的、表象的认识抽象和升华到理性认识，而代表生物耦合本质的模型就是体现其理性的一种形式。在实际研究过程中，一旦建立生物耦合模型，就可以对生物耦合功能特性有更深入、更全面的认识，有助于探索和分析环境因子与生物功能、耦元、耦联及其功能实现模式之间的关系变化，从而为掌握和推演生物耦合发展规律提供理论依据。

生物耦合模型是为了生物某种特定的功能目标，将生物耦合中耦元、耦联及功能实现模式等信息进行抽象而构成生物耦合(系统)的替代物。生物耦合模型不是生物耦合简单的复现，而是按研究功能目标之实际需要和侧重点，构建的一个便于进行生物耦合研究的"替身"。因此，生物耦合模型是研究生物耦合特征、构造、功能实现过程等的一种表达形式。

对于复杂的生物耦合(系统)，其是由多个耦元(合)按照不同的耦联方式构成的，同时具有多个生物功能，此时，由于研究的功能目标不同，一个生物耦合(系统)常常产生对应于不同功能目标的多种模型，这也是生物耦合模型多样性的一种体现。生物耦合模型不仅是研究生物耦合类别和特征规律及其耦合功能与环境因子间关系的重要手段，同时也是分析生物耦合不同层级的形态、结构、材料等耦元相互耦合发挥功能作用的重要方法。因此，建立具有普适性的生物耦合模型是耦合仿生研究的基础。

8.1.2 生物耦合模型类别

生物耦合模型可以取各种各样不同的形式，不存在统一的模型。按照生物耦合模型的表现形式可以将其分为物理模型、数学模型、结构模型和仿真模型等。

1. 生物耦合物理模型

生物耦合物理模型也称为实体模型，又可分为实物模型和类比模型。其中，生物耦合实物模型是根据一定的规则(如相似性原理)，对生物耦合中耦元的基本形态进行简化或比例缩小(也可以是放大或尺寸不变)而构建出的实物模型。例如，人体足部在人的日常活动及运动中发挥着重要作用，展现了多种生物力学功能与特性，研究人体足部耦合功能特性对仿生机械、仿生行走、军事科技、足部医学、体育竞技等领域均具有重要意义。在研究过程中，建立精准的足部耦合物理实物模型是研究足部耦合功能特性的基础。由于足部肌肉骨骼系统的复杂性，一般的造型方法很难满足要求。目前，较常见的方法是借助现代医学成像技术获取足部医学序列图像数据，结合图像处理与可视化技术对得到的一系列二维断面图像进行滤波、插值等操作，可以构建基于解剖学的足部二维物理实物模型，如图 8-1(a)和(b)所示[1]。基于足部医学 CT 图像，运用逆向工程三维实体建模技术与图像分割技术，借助 Mimics、Solidworks、Geomagic、Rhinoceros 等商业软件系统，可以构建出基于解剖学的精细足部骨骼及足底软组织耦合三维实体物理模型，如图 8-1(c)所示[2-4]。通过这些方法建立的生物耦合物理实物模型与真实骨骼或软组织在解剖学形态上具有极高的相似性，可为研究足部耦合功能特性提供重要的依据。

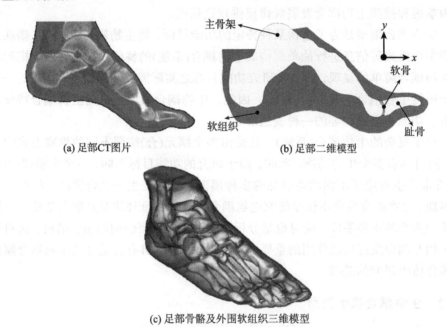

(a) 足部CT图片　　　　　　　　(b) 足部二维模型

(c) 足部骨骼及外围软组织三维模型

图 8-1　足部几何物理模型的构建

生物耦合类比模型是指在不同的生物耦合中，各耦元的变化有时服从相同的规律，根据这个共同规律构建出物理意义完全不同的比拟和类推的模型。类比模型的建立，关键在于寻找一个合适的类比对象。事实上，在很多具有不同生物功能的生物耦合中，都具有许多相似的特征。通过类比法，可以把某一生物耦合中的一些复杂的、模糊不清的耦元或耦联关系与其他耦合中已知的信息相比较，寻找两个耦合在某一方面的同一性，找出其共同遵循的规律，构造类比物理模型。例如，在研究生物耐磨功能耦合时，生物脱附减阻功能耦合特征与规律可为其提供重要的比拟信息。

2. 生物耦合数学模型

生物耦合数学模型是指用数学语言描述的一类模型，即为了某种特定的生物功能目标，根据生物耦合中各耦元的特征规律及其相互关系，作出一些必要的简化假设，运用适当的数学工具得到的一个数学结构。其可以是一个或一组代数方程、(偏)微分方程、差分方程、积分方程或统计学方程，也可以是它们的某种适当的组合；通过这些方程可以定量或定性定量相结合地描述出生物耦合中各耦元的特征及其相互关系或因果关系，揭示出生物耦合内在的运动特性和动态特性。生物耦合数学模型除了用方程描述外，还可以用其他数学工具，如代数、几何、拓扑、数理逻辑等建模。需要指出的是，数学模型描述的是生物耦合中各耦元的行为和特征，而不是耦元的实际结构。生物耦合数学模型将生物耦合特征归结为相应的数学问题，并在此基础上利用数学的概念、理论和方法进行深入的分析和研究，从而量化或半量化地描述出生物耦合实际特性。

生物耦合数学模型的类别一方面与所研究的生物耦合特性有关，如前所述，生物耦合有线性耦合与非线性耦合、静态耦合与动态耦合、永固性耦合与临时性耦合、几何耦合等，故描述生物耦合特性的数学模型也会有相应的类型；另一方面，生物耦合数学模型与研究生物耦合的方法有关，有连续模型与离散模型、时域模型与频域模型、输入输出模型与状态空间模型等。

生物耦合数学模型有着十分广泛的应用。首先，从认识与理解生物耦合方面，一个数学模型必须提供一个准确、易于理解的通讯模式。当信息传递给研究者时，其不仅使研究者可以清楚地理解生物耦合特征，还必须能够帮助研究者进行推演；当生物耦合数学模型已被综合成一个公理或定理时，其将使人们能够更好地理解生物耦合现象。其次，从生物耦合设计方面，生物耦合数学模型能够为人们提供一个精细而全面的设计依据。

3. 生物耦合结构模型

在生物耦合中，有效、合适的耦联方式可以使生物耦元的功能得到有效发挥，但由于其耦联方式是复杂多样的，揭示耦联关系也存在很大困难。结构模型是将耦元视作构件、耦联视作结构关系而构建的一种模型。结构模型中有几何结构、机械结构、材料结构或上述结构的组合；结构模型也可分为静态结构、动态结构、稳健结构等；而按耦联动力学原理，也可分为刚性结构、弹性结构、柔性结构或上述结构的组合。因此，采用结构模型化技术分析是揭示生物耦联关系的一个有效手段。生物耦合结构模型是描述和表征生物耦合中各耦元耦联结构关系的模型，其以定性分析为主，既可用几何图形、机械图形表征，也可用合适的符号表征，甚至可以用实物构件构建模型。利用生物耦合中各耦元间的已知关系，并根据耦元相关性把复杂、模糊不清的耦联方式转化为直观的结构关系，最终构建出生物耦合结构模型。生物耦合结构模型特别适用于分析生物耦元众多、耦联结构关系复杂或不清晰的生物耦合。

例如，第 5 章提及的螃蟹螯外骨骼由螺旋夹板层结构堆砌，且其螺旋夹板层由壳质–蛋白纤维绕法线方向旋转 180°叠积[5]，如图 8-2 所示。可见，螃蟹螯由材料耦元与结构耦元耦合，耦元之间存在复杂的耦联关系。因此，采用生物耦合结构模型对其抽象表述，可以有效地揭示各耦元间的相互关系。螃蟹螯外骨骼主要由壳质–蛋白纤维组成，其纤维排列方式如图 8-3(a)所示。在建立模型时，假设纤维与整个生物材料分离，纤维位置就形成了小孔，小孔绕着法向方向旋转 180°叠积，就形成了图 8-3(b)和(c)所示的纤维增强的抽象生物耦合结构模型。对此模型进行图像处理，从法向上可以看到纤维交叉绕向形成的小孔凹痕形状[5]。

 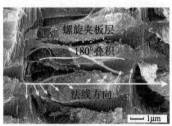

(a) 淡水螃蟹　　　　　　　　　　(b) 螯外骨骼层结构

图 8-2　螃蟹及其螯外骨骼层结构

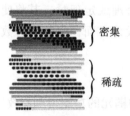 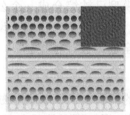 

(a) 纤维排列方式　　(b) 生物耦合结构模型平面图　　(c) 生物耦合结构模型立体图

图 8-3　螃蟹螯生物耦合结构模型

因此，通过螃蟹螯生物耦合结构模型，有效地揭示了各耦元间的相关性和层次关系，使耦元间复杂、模糊不清的耦联方式明晰化，从而为分析螃蟹螯耦合的力学性能提供了重要依据。此外，螃蟹螯抽象的生物耦合结构模型为复合材料的试制提供了借鉴。在研制复合材料时，把纤维复原在模型小孔处，这样纤维就沿着法向以 180°旋转形成螺旋夹板结构，可设计与制备高强度、轻量型仿生复合结构材料。

4. 生物耦合仿真模型

生物耦合仿真模型是指通过数字计算机、模拟计算机或混合计算机运行程序以描述和表达生物耦合的模型。采用适当的仿真语言或程序，生物耦合物理模型、生物耦合数学模型和生物耦合结构模型一般能转变为生物耦合仿真模型。首先要建立被研究生物耦合的物理、数学或结构模型，然后将其转换成适合计算机处理的形式。对于某些生物耦合，在展现生物耦合功能时，生物耦元或耦联是运动或动态变化的，且当外界环境发生变化时，生物耦合也发生相应的变化以适应环境变化。因此，研究其生物耦合功能时，最好在生物本体上具有耦合功能的那部分进行。但是，在生物耦合试样上直接做试验，有时是不可重复的，有时甚至是不可能的，这就需要仿真模型。

例如，臭蜣螂鞘翅通过形态、结构和材料等耦元耦合具有良好的力学性能，在对其进行力学测试时，如果直接在臭蜣螂鞘翅上进行，在完成一项力学测试后，可能会破坏鞘翅耦合系统，而影响其他力学测试的结果。因此，需要重新制取样本进行其他力学测试，由于样本差异，这样不仅使测试误差增大，而且会耗费更多的人力、物力和财力。因此，建立臭蜣螂鞘翅生物耦合仿真模型，可对其进行不同力学测试，这是分析其耦合功能特性的有效手段。研究发现，臭蜣螂鞘翅由三层结构组成，分别是上表皮、外表皮和内表皮，整个鞘翅厚约 0.05mm。表面沿鞘翅长度方向分布波纹结构，波宽约为0.95mm；波纹之间的纵沟，自鞘翅与身体联结处延伸至尾部，并两两相交于一点，如图 8-4 所示[6]。鞘翅背部由较厚的上表皮覆盖，如图 8-5(a)和(b)所示，该层断面平整而光滑。上表皮占整个鞘翅厚度的 1/3，约 0.016mm。鞘翅的外表皮是一个多层纤维增强基体层叠的复合结构，几丁质纤维和基体构成铺层，并平行于鞘翅表面排列，如图 8-5(c)所示。各铺层的几丁质微纤维彼此平行，相邻铺层内的纤维以固定角度(约为 70°)相对旋转形成螺旋。图8-5(d)为鞘翅的内表皮层，该纤维基体铺层以正交形式排列，纤维长而粗大，但相对较为稀疏。依据对臭蜣螂鞘翅耦合特性的分析，首先建立生物耦合结构模型，如图 8-6 所示[6]。

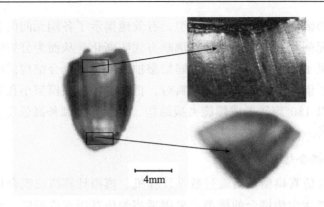

图 8-4　鞘翅表面的波纹与纵沟

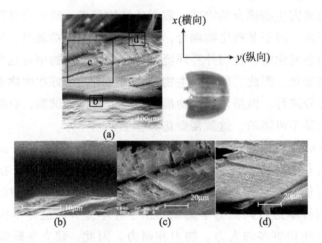

图 8-5　鞘翅纵向断面微结构

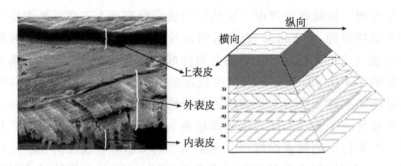

图 8-6　鞘翅耦合结构模型

　　在建立生物耦合结构模型后，将其转换成适合计算机计算的仿真模型，然后进行均布载荷、集中载荷等力学性能测试分析。图 8-7 为臭蜣螂鞘翅承受均布载荷的结构模型及其纵向截面的结构示意图。该模型由 8 层单元板叠加而成。第一层由各向同性的材料组成，厚度为 0.032m；第二至第六层由各向异性的复合材料组成，各层厚度为 0.01m；第七层和第八层同样由各向异性的复合材料组成，两层呈正交排列，厚度为 0.009m。正方体模型边长 $a = 2$m，总厚 $h = 0.1$m。在模型的顶面施加均布载荷 $P = 10\ 000$Pa，进行仿真分析。

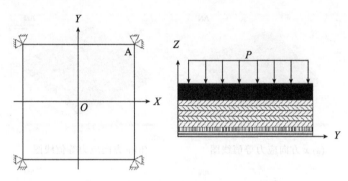

图 8-7　模型纵向截面的结构示意图

仿真分析结果表明[6]，在均布载荷作用下，模型发生了较大的变形。单元板 3 的位移集中在板的中心区域，位移分布由中心点向四周呈波纹状辐射，最大位移达 0.301mm，如图 8-8 所示。单元板的较大应力集中在板上表面各边的中

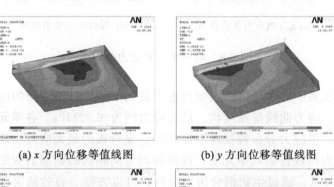

(a) x 方向位移等值线图　　　　　　　　(b) y 方向位移等值线图

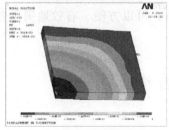

(c) z 方向位移等值线图　　　　　　　　(d) 合位移等值线图

图 8-8　第三单元板位移分布图

间部位，分布区域较小，最大应力达 172 394Pa。复合板无剥离和破裂失效现象发生，各单元板的合位移极大值是一样的。复合板的最大应力出现在第一单元层，最小应力出现在第八单元层，与各单元层的材料弹性模量相对应，如图 8-9所示。各单元层的应力分布特征不尽相同，但纤维排列方向相同的铺层的变形和应力图是相同的。

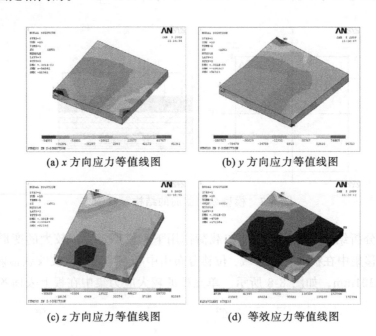

(a) x 方向应力等值线图   (b) y 方向应力等值线图

(c) z 方向应力等值线图   (d) 等效应力等值线图

图 8-9   第三单元板应力分布图

此外，在集中力作用下，模型发生了较大的变形。单元板的应力集中在板的中心区域，应力曲线呈条纹状，最大应力约为 6.82MPa。各单元板的合位移极大值相近，但应力分布特征却不尽相同。复合板的最大应力出现在第一单元层，最小应力出现在第八单元层，纤维排列方向相同的铺层的变形和应力图是相同的[6]。可见，通过生物耦合仿真分析，可以方便、有效地揭示各耦元间的力学相关性，从而揭示其耦合力学特性。

8.2   生物耦合建模原理

8.2.1   生物耦合建模依据

生物对于自然环境的最佳适应性是要通过生物耦合达到的，但这种最佳适应性不是一成不变的，而是处在稳定—变化—稳定的不断变化之中。生物耦元间有效、合适的耦联方式也不是一成不变的，是受耦元间相互作用和环境因子调控的。因此，生物耦合建模本身也是一个持续的、永无止境的过程。然而，由于实际研究存在的种种限制及对生物耦合特征认识的程度有限，一个具体的生物耦合建模过程将以达到有限目标为目的。

生物耦合建模过程涉及许多信息，其主要的依据有以下几点。

1) 明确的功能目标

同一个生物耦合可能具有多种生物功能，不同的功能目标将对应不同的建模过程，因此，在建立生物耦合模型时，首先应根据耦合仿生研究的目的与任务，以及建模的具体要求，明确所研究的生物耦合的功能目标，以便分析生物耦合中各耦元、耦联与该功能目标间的关系。

2) 先验知识

充分挖掘和利用与该生物耦合有关的一切资源与信息。欲研究的生物耦合在生物学领域或其他相关领域可能已有不少研究成果可供借鉴和利用，应合理筛滤、优选。

3) 试验数据

自然界中，有足够多的生物耦合模本量，应采用科学合理的测试技术与试验方法优化测试与试验，并严格控制测试精度与试验误差。

8.2.2　生物耦合建模一般原则

在建立生物耦合模型过程中，一般要遵循以下基本原则。

1) 简单性

在建模过程中，在满足目标任务要求的情况下，应尽量减少模型中耦元数量，一般应首先考虑主耦元和次主耦元，而合理简略一般耦元或非可测耦元及耦联关系的影响，显然，实际获得的生物耦合模型已是一个简化了的近似模型。一般而言，在功能目标有效实现不受影响的前提下，构建的耦合模型越简单越好。

2) 准确性

建立生物耦合模型时，应考虑所收集的先验知识或试验测试所获得信息的准确性，包括确认建立模型所对应的原理和理论的正确性与应用范围，以及检验建模过程中对系统所作的假设的正确性，以保证模型合理正确。

3) 可辨识性

生物耦合模型必须具有可辨识的形式，即模型必须有确定的描述或表示方式，而在这种描述或表示方式下，与生物耦合性质有关的参数必须是唯一确定的解。如果一个生物耦合模型中具有无法估计的参数，则此模型就没有实用价值。

4) 组合性

若干同一层组的模型可组合成一个模型组，进行类比分析；或者一个生物耦合系统的若干模型可组成该耦合系统的模型。例如，蝼蛄在土壤中前行时，其前爪趾(挖掘足)是一个耦合，覆翅和前胸背板是一个耦合[7]，在建立这两个耦合模型后，既可以分别分析其脱附减阻功能特性，亦可以将两个模型组合综合分析蝼蛄整体的脱附减阻效能。

8.2.3　生物耦合建模方法

在为实现某种功能目标而构建模型的过程中，建模技术在于合理运用信息源、明晰建模思路和优化建模技巧。实践证明，信息源的运用，使得建模过程具有一定的自由度，建模方法取决于信息源的利用，同时也取决于信息源的类别。通过对生物耦合建模方法的初步研究，可以将其按以下方法分类。

1) 演绎法

演绎法建模倾向于运用先验知识，即运用一些已知的定理、定律和原理构建出描述生物耦合的模型，是一个从一般到特殊的过程。例如，根据某些数学原理和专业知识及相关的先验信息，推导或构建种种生物耦合的数学模型，包括模糊量、灰色量、区间量等；根据某些物理原理，将以运动、力、声、光、电、磁、热等物理量为主要表征的耦元作为载体，推导或构建种种生物耦合的物理模型，包括逆向动力学模型、数学物理方程(组)；根据相似理论和相似性判断准则，辨识生物耦合中耦元特征量与模型间相似属性，推导或构建种种生物耦合的相似模型，包括相似系统、相似熵等；根据可拓学原理，将生物耦合中耦元与耦联合理地变为可拓形式，构建种种生物耦合的可拓模型，包括可拓集合、可拓数学、可拓逻辑等。

2) 归纳法

归纳法建模是从具体的或典型的生物耦合被观察到的行为特征或被测试到的相关数据与图线出发，试图推导或构建与观察测试结果大体相一致的生物耦合模型，这个模型蕴含更高一级的知识，具有更广的代表性，因此，它是一个从特殊到一般的过程。归纳法是从生物耦合最初级信息源出发，分析、加工、优选信息，建立模型，并通过该模型去推断更高水平、更广范围的信息。例如，根据荷叶、苇叶等典型植物叶片的疏水现象[8]，以及对其表面形态、结构和材料的观察、测试与分析而建立的三元耦合模型，可以与水中、空中和土壤中动物的体表减阻防粘功能相类比，可进一步拓展到耦合自洁功能表面；根据田鼠、蚯蚓等典型土壤动物体表的耐磨、抗疲劳现象，以及对其体表非光滑形态、种种柔形和柔性的观察[9]、测试与分析而建立的二元耦合模型，可与沙漠中的蜥蜴、土壤中的蝼蛄与穿山甲、潮涧带贝类等体表耐磨、抗疲劳特性相类比，进一步拓展到耦合耐磨、抗疲劳功能表面。归纳法对于建立生物耦合模型是一个有效方法，但是，如何科学地确定模型的合理适用范围，特别是对于同类耦合、相关耦合的应用拓展，即模型的外延或外推，是归纳法建模中必须重视的问题。因此，如何利用最少量信息完成这种外推是归纳法建模的关键问题。

8.2.4　生物耦合建模步骤

生物耦合模型的建立是一个十分复杂的过程，没有固定的方法和标准，不可能简单地规定出每种模型具体如何建立。不同的生物耦合可有不同的建模方式，即使是同一个生物耦合，从不同信息源角度，从不同的功能目标出发，也可建立不同的生物耦合模型。因此，在建模过程中，可以根据获得的生物耦合信息进行具体问题具体分析。通常建模的主要步骤如下。

1) 明确问题

生物耦合模型建立的首要任务是，要明确欲研究生物耦合的主要功能，特别要研究分析生物耦合中与该功能相关的耦元、耦联、功能实现模式及其与环境因子的关系，确定建模的目的；问题明确后，应选择合适的建模方法。通常，建模应先核心后一般，先易后难，根据研究的功能目标和具体要求逐步完善。

2) 合理假设

根据生物耦合的特征和建模的目的，对问题进行必要的、合理的假设，可以说这是建模的关键步骤。一个实际问题不进行合理假设，就很难"翻译"成数学语言或欲建的模型语言，即使可能，也因其过于复杂很难求解。模型建立的成功与否，很大程度上取决于假设是否恰当。如果假设试图把复杂的生物耦合中的各方面因素都考虑周全，那么模型或者无法建立，或者建立的模型因为太复杂而失去可解性；如果假设把本应当考虑的因素忽略掉，模型固然好建立并且容易求解，但这时建立的模型可能反映不了生物耦合主要信息，从而使得模型失去存在价值。因此，建模过程中，要根据生物耦合实际问题的要求，作出合理、适当的假设，在可解性的前提下力争有高的可信度。此外，合理的假设在建模过程中的作用除了简化问题外，还可以对模型的使用范围加以明确的限定。

3) 模型构建

根据欲研究问题的具体情况和所作的假设，全面分析生物耦合中各耦元特征与属性及其相关关系，利用适当的建模工具与方法，建立各个耦元特征量(常量与变量)之间的物理的、数学的、数学物理的等关系结构，这是生物耦合建模的核心工作。

4) 模型求解

模型求解即采用解方程、画图形、定理证明、逻辑运算、数值计算、可拓分析与优化处理等各种传统的和现代的方法得到模型的有效解。不同生物耦合模型的求解一般涉及的求解知识不同，求解的技术思路也可能有异，目前，尚无统一的具有普适意义的求解方法。因此，对于不同的生物耦合模型，首先应优选出合适的求解方法。

5) 模型解分析

模型求解后，应对解的意义进行分析和讨论，根据问题的需要、模型的性质和求解的结果，有时要分析和揭示耦合机制、生物耦合功能与耦元间的变化规律，有时要给出合理的预报、最优化决策或控制。不论哪种情况，还常常需要对模型进行稳健性和灵敏性分析等。

模型相对于客观实际不可避免地会有一定的误差，一般来自于建模假设的误差、近似求解方法的误差、计算工具的舍入误差、数据测量的误差等。因此，对模型参数的误差分析也是模型解分析的一项重要工作。

6) 模型解检验

所谓模型解的检验，即把模型分析的结果"翻译"回到实际问题中去，与实际的生物耦合现象、相关数据进行比较，以检验模型的合理性和实用性。生物耦合建模会受到许多主观和客观因素的影响，必须对所建模型进行检验，以确保其可信性。模型检验的结果如果不符合或部分不符合实际，原因是多方面的，但通常主要出在模型假设上，应该修改、补充假设，完善模型或重新建模。有时模型检验要经过几次反复，不断改进、不断完善，直至检验结果符合相关要求。

7) 模型解释

模型解释是指根据一定的规范对模型进行文字描述，建立模型文档。在建模过程中，通过编写模型文档，可以加深对模型的认识，消除模型的不完全性、不确定性和不一致性，提高建模的规范化程度。同时，对模型进行解释，建立模型文档，也便于使用者迅速、清晰地了解模型的结构、功能、使用方法和适用范围等。

8.3   典型生物耦合模型

8.3.1   野猪头部减阻功能耦合物理模型

野猪生来就具有拱土的遗传特性，拱土觅食是野猪取食行为的一个突出特征。经过亿万年进化、优化，野猪头部在拱土时，具有优良的减阻功能，因此，研究野猪头部耦合减阻功能，将为研究解决农业和工程机械触土部件的仿生减阻问题提供重要的生物学基础。本节利用逆向工程技术及 CATIA 软件构建野猪头部减阻耦合物理模型[10-13]。

1. 野猪头部数据采集和处理

1) 野猪头部数据采集

对于仿生领域的逆向工程研究，首先要提取研究对象表面的三维几何坐标信息。数据获取又称为数据点云的采集，是指采用适当的测量方法和设备测量出实物各表面的若干组点的几何坐标，这是逆向工程中关键的操作。野猪头部是具有复杂几何形态和特殊构形的二元耦合，为了不破坏头部样本形态与构形，采用非接触式激光测量法进行三维几何测量。野猪头部是一个复杂的耦合，只扫描一次很难获得完整的生物学数据信息，而采用多角度重复测量方法可实现对野猪头部获取信息的完整性和精确性。通过对野猪头部耦合进行三维数据测量，得到了样本不同角度的三维数据原始点云[10]。

2) 野猪头部数据处理

在激光扫描仪上经扫描获取的每一个点云中，都包含着许多噪声，如支架部分、垫铁、试验台底面等，而且在野猪头部外形曲面的周围也存在着一些由于光线散射等原因形成的毛刺，这些噪声散乱点云会对下一步点云数据的处理与分析工作产生不良影响，应将其去掉。

在逆向工程中采集点的数量一般都较大，在对野猪头部进行三维数据扫描时，所获取的数据点数量为 5 万~6 万个，如此庞大的数据需要进行精简处理，以提高运算速度。野猪头部样本为复杂的耦合体，其点云边缘变化很不均匀。采用弦高差法对点云进行过滤精简，可以使得曲面变化很小的部位过滤较多的点，而变化大的部位过滤的点比较少，从而能够很好地保持原始样本表面的特征。

此外，由于在测量过程中，一次无法获得全部的数据，需进行多次扫描，而在扫描过程中需要将野猪头部样本移动，以实现完整点云的获取，这会造成在将点云数据输入软件时，产生坐标不统一的现象。因此，还需对野猪头部多个点云数据进行对齐拼接处理。

2. 野猪头部耦合物理模型构建

对获取的点云数据，进行噪声去除、过滤、光顺、网格化等前期处理后，将多角度重复扫描得到的多个点云进行重构[10]。由点云构成的任意空间曲面可以被看做是无数点的集合，任意复空间曲面 P 的数学表达式为

$$P(u,v) = \sum_{i=0}^{n} \sum_{j=0}^{m} P_{ij} N_{ik}(u) N_{jl}(v) \tag{8-1}$$

式中，P_{ij} 为多边形的控制点；$N_{ik}(u)$ 和 $N_{jl}(v)$ 分别为 B 样条曲线的内插函数。

对所要处理的野猪头部点云数据就是基于式(8-1)的曲面数学模型来描述的。对重构后的野猪头部点云数据采用双三次 B 样条曲面的方法来进行曲面的重建。

针对获取并处理后的野猪头部点云数据，采用 CATIA 软件中的平面交线功能，分别以一个纵向平面和一组以间距为 8mm 的横向平面与点云相交，使得在点云上形成一组平面交线，再将点云上的平面交线转化成空间曲线。生成的部分曲线曲率变化比较大，曲线很不平滑，在此基础上很难生成曲面，因此，需对部分

曲线依据原始点云进行曲线节点调整。将调整后的曲线连成经纬相交的野猪头部空间曲线框架，如图 8-10(a)所示。根据已生成的经纬相交的空间曲线框架图生成空间自由曲面，再将各个位于不同部位的曲面合并为一整体，并对其做平滑处理，即完成野猪头部三维物理模型的构建，模型如图 8-10(b)所示[10-12]。

(a) 空间曲线框架图   (b) 三维物理模型图

图 8-10   野猪头部空间曲线框架图和三维物理模型图

3. 野猪头部耦合物理模型分析

1) 误差分析

在利用图形处理软件进行点云重构和曲面重建时，由于数据被滤波拟合与插值，使所得到的曲面光顺性明显优于实际的扫描群点，这些有利于进一步机械加工；但是，对于野猪头部的一些细微生物学形态特征，如小的突起、凹坑等，容易被自动平滑掉，所以，重建后的曲面与原始点云之间必然存在着误差，需要对其进行分析。

采用对重建后的曲面与原始点云进行法向方向的距离分析，可以对其进行误差分析。对于野猪头部重构的物理模型，选取整个重建后的曲面与原始点云，利用 CATIA 软件中自由造型模块的外形分析工具中的距离分析功能进行距离分析，以达到对其进行误差分析的目的。在分析距离的方式中选择法向距离(normal distance)方式，此方式分析的是两几何元素在法线方向的距离，即重建后曲面的误差。用色带显示两元素之间的距离，并同时显示出各距离所占的百分比。通过数理统计分析可知，正向最大距离为 1.747mm，负向最大距离为–3.517mm，距离平均值为–0.430 914mm，如图 8-11 所示，可见，误差微小[10-12]。

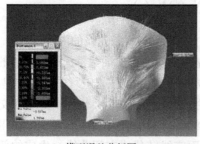
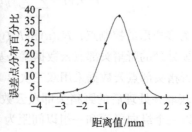

(a) 模型误差分析图   (b) 距离统计分布图

图 8-11   模型误差分析图和距离统计分布图

2) 野猪头部特征曲线分析

相对应野猪头部的触土部位，在构建的物理模型中，分别以距离基准面180mm、190mm、200mm、210mm、220mm 为间距作出 5 条特征曲线进行几何特性分析，如图 8-12 所示。进入到 CATIA 的自由造型模块中，利用 Porcupine Curvature Analysis 曲率分析功能对所选定的 5 条曲线分别进行曲率分析，绘制出各条曲线的曲率分布图，如图 8-13 所示。由图可知，曲线 1~5 在与中线(即 x 相对位置为 0.5)前后相对距离 0.1~0.3 的部位变化较大，所对应的部位在野猪拱土时起分土作用，有降低与土壤间滑动阻力的作用[10-12]。

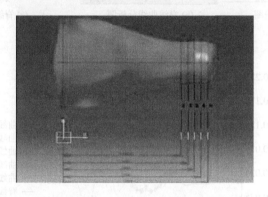

图 8-12 选取的分析曲线图

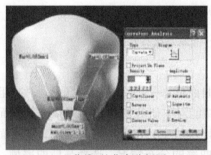 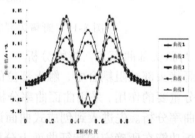

(a) 曲线1的曲率分析图   (b) 5条素线曲线的曲率总体分布图

图 8-13 曲线曲率分布图

在曲率分布图中取相对坐标，横轴以线段总长度为 1，纵轴为曲线曲率值，脊线分析图中以由左至右为 x 轴正方向。脊线的曲线分析图和曲率分布图如图 8-14 所示。为了能够更好地分析脊线曲率的变化规律，制成曲线的总体曲率分布图来进行分析，如图 8-15 所示。由图可知，猪头部脊线在 x 相对位置为 0.8~1 的区域内曲率变化剧烈，这一区域对应于野猪头部样本中野猪主要的触土部位——吻突，说明这一部位的几何外形变化明显，研究发现，其形状变化有利于降低与土壤间的阻力[10-12]。

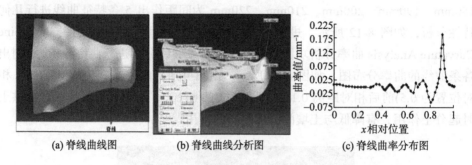

(a) 脊线曲线图　　　　　(b) 脊线曲线分析图　　　　　(c) 脊线曲率分布图

图 8-14　脊线曲线图和曲率分布图

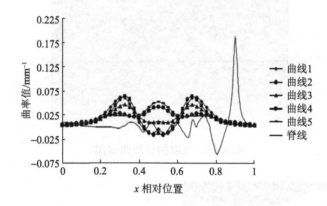

图 8-15　野猪头部曲线曲率总体分布图

3) 野猪头部曲面几何特性分析

在野猪头部减阻耦合中，触土部位的曲面形态是一个重要的耦元，对减阻也起到十分重要的作用，采用曲面曲率分析功能对本研究所构建的野猪头部曲面形态进行曲率分析。先进入到创成式曲面设计模块中，在分析工具栏中，利用面上曲率分析功能在所确定的特征曲面上分析曲率的分布情况。选择高斯曲率型，其数值按照公式(8-2)求得，

$$G = \text{Sgn}(\text{Max}) g \text{Sgn}(\text{Min}) g \sqrt{|\text{MaxgMin}|} \tag{8-2}$$

式中，G 表示高斯曲率；Max 表示最大曲率；Min 表示最小曲率；Sgn 是符号函数，如果变量为负，那么 Sgn 的值为–1；如果变量为非负，Sgn 的值为 1。在对话框的复选框中选择 3D Min Max，则可以显示曲面上最大和最小曲率点的位置及数值，如图 8-16(a)所示。由图可知，除野猪吻突部位外，其他与土壤接触表面的高斯曲率变化都不大，整体曲面光顺、平滑，具有流线型曲面造型。曲面曲率

最小值为$-0.002mm^{-2}$，曲面曲率最大值为$0.008mm^{-2}$，均出现在野猪头部的吻突部位[10]，说明曲面曲率在吻突部位有比较明显的曲率变化，吻突部位具有独特的曲面造型，使野猪吻突部在与土壤进行相对运动时，有利于降低与土壤间的阻力。

　　此外，对构建后的野猪头部模型曲面进行高强度光照图像映射分析(亦称斑马线测试)，如图 8-16(b)所示，在除吻突部位外的曲面上斑马线在连接处有过渡，没有产生尖锐的拐角，也没有错位，说明曲面没有尖锐接缝，也没有曲率的突变，具有 G2 等级以上的良好曲面效果。而在吻突部位，斑马线在连接处没有过渡，曲率有明显的突变[10]。再次说明，在野猪的主要触土部位吻突处具有独特的曲面构形，是与土壤接触时降低与土壤间阻力的关键耦元。

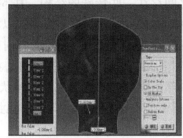 

(a) 曲面高斯曲率分析图　　　　　　　(b) 曲面高光映射图

图 8-16　野猪头部曲面高斯曲率分析图和高光映射图

8.3.2　新疆岩蜥抗冲蚀磨损功能耦合数学模型

1. 新疆岩蜥体表耦合特性分析

　　对新疆岩蜥鳞片的 HE 染色切片分析发现，其鳞片形成了一种壳状复合结构，由外部的角皮层和角质层构成硬质壳体，而较软的、含有色素的结缔组织填充于硬壳内部。这种壳状复合结构，外部约束了内部的材料，在轴心受压载荷作用下，内部材料在三个方向受压，可延缓其受压时的纵向开裂。同时，内部可以延缓和避免外部过早地发生局部屈曲，从而使内外系统具有较高的承载能力，一般都高于组成系统的内外部单独承载能力之和。新疆岩蜥体表壳状复合结构具有刚性强化和柔性吸收特点，柔性结缔组织可多方向承载受压，不仅使刚性壳体展现出较高的承载能力，并能减小正压力对刚性壳体的作用，从而降低硬物对体表的摩擦分量，提高耐磨性能；同时，结缔组织在刚性壳体的约束下，提高了使用阶段的弹性工作性能，能承受很大的柔性变形，从而使其体表整体表现出极高的强韧性[14-16]。

　　一般情况下，虽然圆壳状复合结构的承载能力是最强的，但新疆岩蜥体表的壳状复合结构的鳞片壳体属于多边形状，能与相邻鳞片组成系统(类似蜂窝状，其是自然界中广泛存在的被证明很稳定的一种结构)，能减少鳞片间的缝隙，从而有效传递应力，如图 8-17 所示。

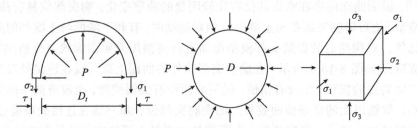

图 8-17　壳状复合结构受力分析

新疆岩蜥鳞片间的排列方式使鳞片之间存在一些特殊的结构，中部突起状的鳞片规则排列形成了典型的沟槽结构（沟槽与气流方向垂直）。当磨粒以相同的条件进入边界层时，若为层流边界层，颗粒更容易碰到壁面；而且碰壁时的速度较湍流边界层更大，因此，磨粒穿越层流边界层时更容易对壁面造成磨损，如图 8-18 所示[14]。而新疆岩蜥体表规则排列着的中部呈突起的鳞片形成了沟槽状结构，有助于使空气在其表面形成湍流层，减少气固两相流对其体表产生的冲蚀磨损。

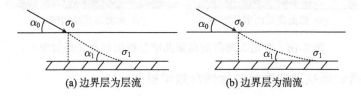

图 8-18　边界层性质对冲蚀磨损的影响

此外，规则排布的鳞片形成的凹槽结构同样还有助于减阻。对同一沟槽表面上的横向流和纵向流的研究发现，当横向流流过沟槽表面时，沟槽的尖峰阻碍了瞬时横流的发生。相对于光滑表面，凹槽内的大部分流体的横向流动被黏性所阻滞，流体在模型表面很难形成大尺度的展向涡，如图 8-19 所示。当纵向流流过

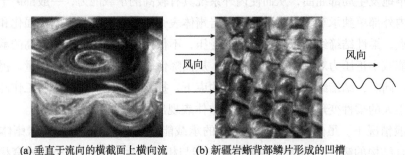

(a) 垂直于流向的横截面上横向流　　　(b) 新疆岩蜥背部鳞片形成的凹槽

图 8-19　横向流流过沟槽表面

沟槽表面时，只有相对较小的一部分流动被阻滞，故沟槽表面的尖峰对横向流的阻滞作用远远大于对纵向流的[14-16]。沟槽面对流动的这种阻滞作用在边界层流动中相当于增加了黏性底层的有效厚度，减小了壁面上的平均速度梯度，结果导致表面摩擦阻力减小。

综上所述，新疆岩蜥通过形态、结构、材料、柔性等耦元按一定的耦联方式连接，展现了良好的抗冲蚀磨损和磨粒磨损性能。

2. 明确建模目标

1) 简化分析

冲蚀条件下，沙漠蜥蜴体表抗冲蚀磨损数学模型的建立，既受到外界环境因素的影响，如风沙两相流、温度、湿度、风速、沙粒速度、冲蚀粒子材质、颗粒大小等；也受到生物体本身耦合特性的影响，如体表多层结构、色素颗粒等，因此，其模型的建立应综合考虑这两方面因素的影响，并进行适当简化分析处理。本文中只考虑风沙两相流，其他因素在本试验中简化为恒定不变的因素；生物因素主要包括新疆岩蜥的多层体表结构且含有色素与孔隙构造，呈多边形的鳞片形态，体表由硬的角蛋白与软的结缔组织组成，这些形态、结构、材料等耦元与新疆岩蜥背部体表耐冲蚀磨损的生物功能有着密切联系。

鳞片形态的简化分析：新疆岩蜥背部鳞片为多边形，鳞片边长 0.6mm，远端两个顶点间距约 0.98mm，可以看成最长的对角线，其线边比值 0.98/0.6 = 1.63，更接近五边形的比值，所以用正五边形来表示。简化的物理模型为五边形柱状体，生长在厚度相对较小而长宽很大的六面体上表面，其中各个部位分别都是各向同性的材质[14]，如图 8-20 所示。

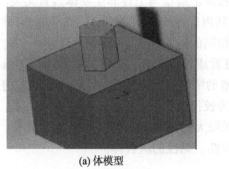
(a) 体模型

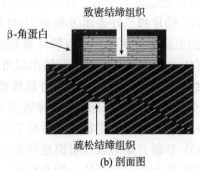
致密结缔组织
β-角蛋白
疏松结缔组织
(b) 剖面图

图 8-20　简化的物理模型

2) 两相流和力传递分析

在运用 Solidworks 与 CAD 软件绘制出简化的物理模型后，进行应力、变形的分析，在此基础上进行风沙两相流简化分析，并进行结构连接与力的传递分析。

对于风沙两相流分析，在气-固两相流中，载气为连续相，冲蚀粒子为非连续相。当风速低于起沙风时，载气相中无冲蚀粒子的夹杂，因而只有单一气流作用于新疆岩蜥的背部，故此时为单相流；当风速等于和大于起沙风时，载气流中夹杂冲蚀粒子，两相流作用于新疆岩蜥背部，此时其背部冲蚀磨损为载气、冲蚀粒子共同作用。在高速载气作用下，将冲蚀粒子视为连续介质，则对于载气、冲蚀粒子的单相流均符合伯努利方程：$p + \rho gz + (1/2)\rho v^2 = C$（式中，$p$、$\rho$、$v$ 分别为流体的压强、密度和速度；z 为铅垂高度；g 为重力加速度；C 为常量），即单位体积流体的压力能 p、重力势能 ρgz 和动能 $(1/2)\rho v^2$，在沿流线运动过程中，总和保持不变，总能量守恒。载气的密度为 $1.225 \times 10^{-3} \text{g/cm}^3$，其相对于 Al_2O_3 冲蚀粒子密度 3.97g/cm^3 来说很小，故载气的动能可忽略。试验中，载气和冲蚀粒子的压力与位置在试验条件下视为同一个值，其气-固两相流的位能、动能都可以简化为压能，最后简化为单一的压强。

对于连接与力传递分析，冲蚀磨损过程中，冲击产生的外力首先作用于鳞片表面的角蛋白上，由于角蛋白自身硬度较大，其自身变形较小，同时将外力由角蛋白传给致密的结缔组织与疏松的结缔组织。

3. 模型建立的假设条件

(1) 风与沙的入射角度为 30°。风和沙粒在宏观上都是连续介质，但是，风在微观上还当作连续介质处理；沙粒相是稀相（体积分数 $\alpha < 0.01$），忽略掉粒子相的分压，认为 $1 - \alpha \approx 1$；风和沙粒之间的动量交换是由黏性阻力描述的，并考虑沙粒子的重力。

(2) 风速是恒定的，沙粒的比重与形状都是相同的，温度、湿度等非生物因素都看成是稳定不变的，即冲击变形和冲击磨损与上述非生物体因素无关。

(3) 鳞片都是外表面（β-角蛋白）与其内部（致密的结缔组织，含色素）两种材料构成的五边形柱状体，所有鳞片都是相同的柱状体。

(4) β-角蛋白与致密的结缔组织可看成过盈配合；致密的结缔组织与疏松的结缔组织可看成固定端配合，并且致密的结缔组织有柔性，可以在任意方向上转动、变形；角蛋白与疏松的结缔组织为铰接。

(5) 疏松的结缔组织层可看成半无限大的具有一定厚度的弹性空间体。

(6) 新疆岩蜥的表皮组织是具有弹性、黏性的组合体。

(7) 所有外力都简化为均布荷载。

4. 数学模型的建立

数学模型的符号说明：T 为弹性元件，称为胡克体；S 为塑性元件，称为非牛顿体；—为元件串联；\\为元件并联；Z 为表层的组合模型；σ 为元件应力；η

为致密结缔组织的动力黏度，单位为 Pa·s；c 为方程求解的常数；ε 为变形量；ε' 为变形量的变化速度；E_1 为致密结缔组织的弹性模量；E_2 为疏松结缔组织的弹性模量；$\dfrac{\mathrm{d}\varepsilon}{\mathrm{d}t}$ 为应变对时间的导数，与 ε' 意义相同；t 为时间。

采用组合元件来模拟新疆岩蜥体表受风沙两相流作用的本构关系，基本原理是按新疆岩蜥体表的弹性和黏性变形性质设定基本元件，将硬度较大的 β-角蛋白构成的鳞片视为塑性元件，致密的含色素的结缔组织与疏松的结缔组织可以看成弹性模量不同的弹性元件。弹性元件称为胡克体 T，是服从胡克定律的弹性材料性质；塑性元件称为非牛顿体 S，S 在克服一定应力(σ_0)后，在广义上是服从牛顿黏滞定律的流体(为了简化计算与建模，σ_0 可以当作较小值处理)。

将若干个基本元件串联或并联，就可以得到各种各样的组合元件模型。串联时模型的总应力与各单元的应力相同，即

$$\sigma_{总} = \sigma_1 = \sigma_2 =, \cdots, = \sigma_m \tag{8-3}$$

而模型的总应变为各单元应变之和，即

$$\varepsilon_{总} = \varepsilon_1 + \varepsilon_2 + \varepsilon_3 +, \cdots, + \varepsilon_m \tag{8-4}$$

或

$$\varepsilon'_{总} = \varepsilon'_1 + \varepsilon'_2 + \varepsilon'_3 +, \cdots, + \varepsilon'_m \tag{8-5}$$

并联时模型的总应力由各单元分担，即

$$\sigma_{总} = \sigma_1 + \sigma_2 + \sigma_3 +, \cdots, + \sigma_m \tag{8-6}$$

而模型的总应变与各单元的应变相等，即

$$\varepsilon_{总} = \varepsilon_1 = \varepsilon_2 = \varepsilon_3 =, \cdots, = \varepsilon_m \tag{8-7}$$

按照假设条件，组合模型体(Z)由弹性元件 T_2 与一个塑性元件 S 并联，并联后再与弹性元件 T_1 串联组合而成，模型符号表示为 $Z=(S\backslash\backslash T_2)-T_1$，如图 8-21 所示。

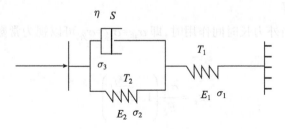

图 8-21　组合模型体

5. 模型的分析

组合模型体并联部分，根据元件并联原理，并联的总应力应为弹性元件和塑性元件的应力之和，则有

$$\sigma_{\text{并}} = \sigma_2 + \sigma_3 \tag{8-8}$$

式中，$\sigma_2 = E_2 \varepsilon_2$；$\sigma_3 = \eta \varepsilon_s'$；$\varepsilon_2 = \varepsilon_s$

从而有

$$\sigma_{\text{并}} = E_2 \varepsilon_2 + \eta \varepsilon_s' \tag{8-9}$$

由式(8-9)得

$$\varepsilon_s' = (\sigma_{\text{并}} - E_2 \varepsilon_2)/\eta \tag{8-10}$$

式(8-10)的解为

$$\varepsilon_s = e^{-\frac{E_2}{\eta}t} \left(c + \frac{1}{\eta} \int_0^t \sigma_{\text{并}} e^{-\frac{E_2}{\eta}} dt \right) \tag{8-11}$$

组合模型体整体，根据元件的串并联原理有如下关系式：

$$\sigma_{\text{总}} = \sigma_{\text{并}} = \sigma_1 \tag{8-12}$$

$$\varepsilon_{\text{总}} = \varepsilon_{\text{并}} + \varepsilon_1 = \varepsilon_s + \varepsilon_1 \tag{8-13}$$

式中，$\varepsilon_1 = \dfrac{\sigma_1}{E_1}$

于是可得

$$\varepsilon_{\text{总}} = \varepsilon_1 + \varepsilon_s = \frac{\sigma_1}{E_1} + e^{-\frac{E_2}{\eta}t} \left(c + \frac{1}{\eta} \int_0^t \sigma_{\text{并}} e^{-\frac{E_2}{\eta}} dt \right) \tag{8-14}$$

由上式对时间求导就可以得到变形速度的表达式为

$$\frac{d\varepsilon_{\text{总}}}{dt} = \varepsilon_{\text{总}}' = \frac{d(\varepsilon_1 + \varepsilon_s)}{dt} \tag{8-15}$$

6. 模型求解

并联部分，当外力长时间作用时，即 $\sigma_{\text{并}} = \sigma_{\text{总}} = \sigma_{\text{外}}$ 可以视为常数，所以，式(8-11)可以化简为

$$\varepsilon_s = \frac{\sigma_{\text{并}}}{E_2} \left(1 - e^{-\frac{E_2}{\eta}t} \right) \tag{8-16}$$

把式(8-16)和式(8-12)代入式(8-14)得

$$\varepsilon_{\dot{\otimes}} = \varepsilon_1 + \varepsilon_s = \frac{\sigma_{\dot{\otimes}}}{E_1} + \frac{\sigma_{\dot{\otimes}}}{E_2}\left(1 - \mathrm{e}^{-\frac{E_2}{\eta}t}\right) \tag{8-17}$$

$\sigma_{\dot{\otimes}}$、σ_1、E_1、E_2 为常数，故变形速度表达式(8-15)可以简化为对式(8-17)求导得

$$\varepsilon'_{\dot{\otimes}} = \frac{\sigma_{\dot{\otimes}}}{\eta}\mathrm{e}^{\frac{E_2}{\eta}t} \tag{8-18}$$

式(8-17)即为新疆岩蜥体表层受较长期荷载作用下的生物耦合变形数学方程，由此方程可以定性绘制加载–卸载变形曲线，如图 8-22 所示。

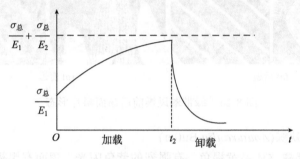

图 8-22　加载–卸载变形曲线

8.3.3　蝴蝶翅膀变色功能耦合结构模型

1. 蝴蝶翅膀变色耦合特性分析

1) 蝴蝶翅膀鳞片形态与排列

本节主要以绿带翠凤蝶、柳紫闪蛱蝶、巴西蓝闪蝶、翠叶凤蝶和紫斑环蝶 5 种具有鲜艳颜色的蝴蝶为研究对象[17-21]。

A. 绿带翠凤蝶(*Papilio maackii* Ménéiriès)

绿带翠凤蝶翅面鳞片呈覆瓦状排布，分为 2 层鳞片——基鳞和表层鳞。基鳞为黑色，单个鳞片的端部有齿裂；表层鳞片是彩色鳞片，前翅是绿色鳞片，如图 8-23(a)所示，而后翅主要是蓝色鳞片，如图 8-23(b)所示。前翅绿色鳞片狭长，近似柳叶状，有绿色光泽；而后翅蓝色鳞片扁平，比前翅鳞片宽大，近似四边形，具有亮蓝色闪光。鳞片基部和侧边缘有部分重叠，基部收敛与膜翅面相连。通过 SEM 观察发现，绿带翠凤蝶表层鳞片的上表面都具有凹坑形非光滑形态，且表面分布的纵向脊脉和横向交错分布的短肋，将整个表面分割成栅格结构。蓝鳞表面有 11~16 条纵向的近似平行脊脉；绿鳞表面有 8~10 条纵向脊脉，有的脊脉自中部产生一条分支，如图 8-24 所示[17,18]。

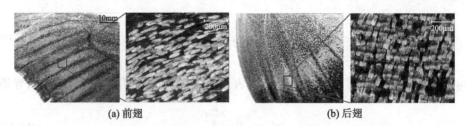

(a) 前翅   (b) 后翅

图 8-23   绿带翠凤蝶前后翅面鳞片形状与分布

(a) 后翅   (b) 前翅

图 8-24   绿带翠凤蝶前后翅面鳞片形态

B. 柳紫闪蛱蝶(*Apatura ilia* Butler)

柳紫闪蛱蝶翅整体呈黄褐色，有强烈的紫色闪光，翅面有黑褐色斑点。前后翅近三角形，后翅外缘呈锯齿状。进一步放大观察可知，鳞片均匀密布整个表面，呈紫蓝色，如图 8-25(a)所示。相邻鳞片间没有叠加，近似直线排布，且鳞片的外缘高于内缘，即鳞片在翅面呈一定角度。柳紫闪蛱蝶翅面鳞片分为两层，基鳞端部有锯齿状齿裂，表层鳞片扁平近长方形，呈覆瓦状排列。基层鳞片的表面呈网状非光滑形态，而具有紫色闪光的表层鳞片表面呈平行脉状非光滑形态，脉纹沿纵向延伸，间距约 0.35μm，脉宽 0.5μm，如图 8-25(b)所示[17]。

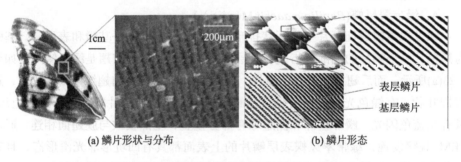

(a) 鳞片形状与分布   (b) 鳞片形态

图 8-25   柳紫闪蛱蝶前翅鳞片分布与形态

C. 巴西蓝闪蝶(*Morpho didius*)

巴西蓝闪蝶(大蓝闪蝶)属于鳞翅目闪蝶属蝴蝶，是巴西国蝶。研究发现，其前翅近似三角形，后翅近似扇形。除前后翅的翅缘呈灰黑色外，整个蝴蝶翅膀表面均匀覆盖着亮蓝色的鳞片，有闪光。鳞片呈覆瓦状分布，单鳞近似长方形，如图 8-26(a)所示。巴西蓝闪蝶鳞片表面均匀分布平行纵向脊脉，呈平行脉状非光滑形态。鳞片端部呈圆弧状，有细小毛刺，鳞片的横向宽度基本一致，约 70μm。鳞片表面向上突起的脊脉宽约 0.3μm，脉间距约 0.3μm，如图 8-26(b)所示[17]。

(a) 鳞片形状与分布　　　　　　　　(b) 鳞片形态

图 8-26　巴西蓝闪蝶翅面蓝色鳞片分布与形态

D. 翠叶凤蝶(*Trogonoptera brookiana*)

翠叶凤蝶(翠叶红颈凤蝶)属于鳞翅目凤蝶科蝴蝶，是马来西亚国蝶。其前翅较大，翅展约 160mm，近似三角形，而后翅较小，形状与鸟类的尾部形态相似，近似扇形，没有尾突。翅面主要由黑色和绿色两种鳞片组成。前翅绿色鳞片沿翅脉呈锐角三角形对称分布，三角的等角指向翅的外缘；而后翅绿色鳞片呈宽带状，位于后翅中部；其余部分分布黑色鳞片。选取绿色鳞片区域作为研究对象，研究发现，鳞片呈覆瓦状排列，在可见光照射下呈现带状金属光泽，单鳞端部平滑无显著齿裂，上半部分鳞片扁平，下半部分鳞片表面不平整，褶皱收敛于鳞片囊，如图 8-27(a)所示。鳞片表面与巴西蓝闪蝶鳞片表面形态相似，呈平行脉纹形态，但是翠叶凤蝶鳞片表面向上凸起的脉纹比较细，脊脉宽约 0.2μm，而且间距较大，约 0.5μm，约是巴西蓝闪蝶的 1.7 倍，如图 8-27(b)所示[17-18]。

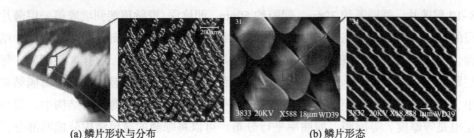

(a) 鳞片形状与分布　　　　　　　　(b) 鳞片形态

图 8-27　翠叶凤蝶翅面绿色鳞片分布与形态

E. 紫斑环蝶[*Thaumantis diores* (Doubleday)]

紫斑环蝶属于鳞翅目环蝶科蝴蝶，翅展 80~90mm，前翅近似三角形，后翅近似圆形，翅面鳞片颜色分布规律，前翅中部呈带状覆盖，具有蓝色闪光的鳞片，后翅蓝色鳞片区近似方块形分布，其余部分为黑褐色鳞片。鳞片呈覆瓦状排列，前端略向翅面弯曲，整体近似长方形，端部呈圆弧形，如图 8-28(a)所示。紫斑环蝶鳞片分为两层，鳞片间没有横向重叠，鳞片的前端呈圆弧形，略向翅面弯曲。鳞片表面密布纵向脊脉，有的脊脉形状、尺寸、间距都相同，且平行排列，有的相邻脊脉在某一位置相互靠拢或合并成一条较宽的脊脉。总之，紫斑环蝶蓝色鳞片表面整体呈纵向脊纹形态，如图 8-28(b)所示[19-20]。

(a) 鳞片形状与分布　　　　　　　　　　　　　　　　　(b) 鳞片形态

图 8-28　紫斑环蝶翅面蓝色鳞片分布与形态

2) 蝴蝶翅膀鳞片结构

将蝴蝶翅膀鳞片样本经戊二醛浸泡固定后，在切片机上沿鳞片的横向进行超薄切片，在透射电镜下观察蝴蝶翅面鳞片的横截面结构[17-20]。

A. 绿带翠凤蝶

从 TEM 图片可知，绿带翠凤蝶蓝色鳞片[图 8-29(a)]和绿色鳞片[图 8-29(b)]都具有多层薄片结构，有 8~9 层，都是壳质层(几丁质)和空气介质层交替平行分布的多层反射膜结构，且鳞片的多层薄膜结构具有两个类型。第 1 类是指由多层薄片结构构成的塔状脊脉，即非光滑单元体的坑壁，如图 8-29(c)的 I 图所示，有 8~12 层薄片，每层厚约 30nm，间距约 50nm，凹坑深(脊脉顶端到坑底第一层薄片层的距离)1100nm 左右。第 2 类是指非光滑单元体的凹坑底部，呈现多层薄片结构，如图 8-29(c)的 II 图所示，薄片层都是等间距平行排布的，约有 8 层薄膜，每层厚约 80nm，间距约 60nm，且从横截面结构还可以看出，蓝鳞的多层薄膜结构中，层与层厚度和间距基本相同，呈水平平行排布；绿鳞的薄膜层结构中，层与层也是等厚度、等间距、同曲率平行分布。可以将绿鳞的薄层结构分成两部分，其一是多层平行膜构成的坑底，结构与蓝鳞的坑底结构相似，是水平平行多层反射膜结构；其二是多层平行膜构成的脊脉，曲率约为 45。

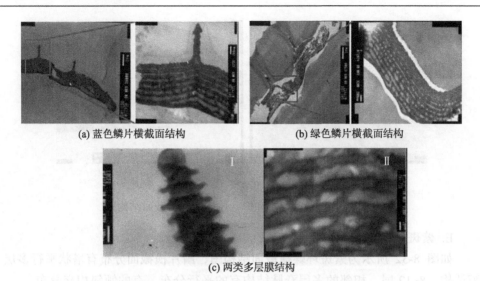

(a) 蓝色鳞片横截面结构　　　　　　　　(b) 绿色鳞片横截面结构

(c) 两类多层膜结构

图 8-29　绿带翠凤蝶鳞片横截面结构图

B. 柳紫闪蛱蝶

研究发现，柳紫闪蛱蝶单鳞截面均匀分布有塔状或枝状脊脉结构，沿脊线向两侧交错对称伸出约 9 层平行薄层结构，如图 8-30 所示。

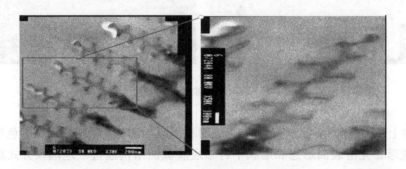

图 8-30　柳紫闪蛱蝶鳞片横截面结构图

C. 巴西蓝闪蝶

如图 8-31(a) 所示为巴西蓝闪蝶鳞片横截面图，其鳞片横截面呈三角塔状脊脉结构，塔的侧面对称分布约 8 层短小的薄片层，近似锯齿状。

D. 翠叶凤蝶

翠叶凤蝶鳞片的横截面呈斜三角塔状结构，塔的长边分布较短的平行薄层，8 或 9 层；而短边分布 3 层较长的刺状薄片层，如图 8-31(b) 所示。

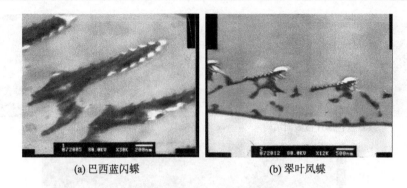

(a) 巴西蓝闪蝶   (b) 翠叶凤蝶

图 8-31   巴西蓝闪蝶和翠叶凤蝶鳞片横截面结构图

E. 紫斑环蝶

如图 8-32 所示为紫斑环蝶横截面结构图，鳞片横截面分布有塔状平行多层膜结构，8~12 层，相邻的多层脊脉结构有的平行分布，有的倾斜相交分布。

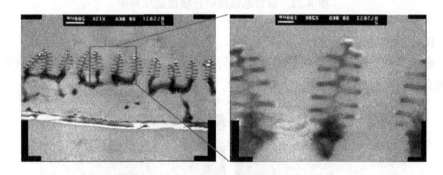

图 8-32   紫斑环蝶鳞片横截面结构图

由上述形态与结构分析可知，除去材料因素的影响，绿带翠凤蝶彩色鳞片是由凹坑形非光滑表面形态和层状平行多层膜截面结构通过一定耦联方式耦合作用形成的；柳紫闪蛱蝶彩色鳞片是由平行脊纹形非光滑表面形态和塔状平行多层膜截面结构耦合作用形成的；巴西蓝闪蝶鳞片是由平行脊纹形非光滑表面形态和具有平行多层膜的塔状脊脉结构耦合作用形成的；翠叶凤蝶鳞片是由平行脊纹形态和塔状脊脉结构耦合形成的；紫斑环蝶鳞片色彩是由脊纹形非光滑形态和塔状平行多层膜结构的耦合作用形成的。可见，在蝴蝶翅膀变色耦合中，耦元和耦联方式是复杂多样的，相同的耦元按照不同的耦联方式耦合，则会产生不同的色彩效应。例如，如果多个塔状多层膜结构按照一定的分布周期排列，可以形成平行脊纹状非光滑表面形态；如果塔状多层膜按一定周期分布于平行多层膜结构上，二者耦联可以形成凹坑形非光滑表面形态。

2. 蝴蝶鳞片结构模型建立

根据蝴蝶鳞片变色耦合特性分析，运用 UG 三维绘图软件，构建典型鳞片耦合结构模型[17,21]。

1) 鳞片表面形态模型

根据蝴蝶翅面鳞片形态分析，鳞片表面形态主要可以分成脊纹形、凹坑形和栅格形三大类。

A. 平行脊纹形

平行脊纹形是指鳞片表面由向上凸起的平行脊脉结构组成，如图 8-33(a)所示。由图可知，白色部分是脊脉，脉与脉之间排布紧凑，间距较小，脉间结构形态不显著，横向交叉的肋状结构基本不可见或隐约见于脊脉根部。这类结构表面的平行脊脉近似等宽、等间距分布，脉间距与脉宽比值小于等于 1。图 8-33(a)给出了其三维简化模型，最具代表性蝴蝶鳞片是柳紫闪蛱蝶的亮紫色鳞片。

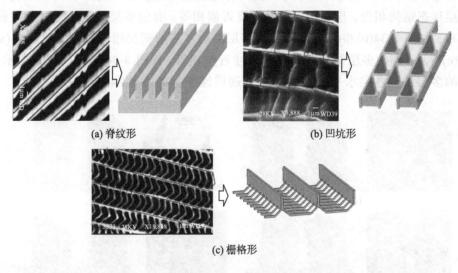

(a) 脊纹形　　　　　　　　　　　　　　(b) 凹坑形

(c) 栅格形

图 8-33　蝴蝶鳞片表面形态结构模型

B. 凹坑形

凹坑形是指整个鳞片表面呈现凹坑形，近似窗格状结构，表面分布有等间距平行分布的纵向平行脊脉和在相邻脊脉间的平行交错分布的横向短肋，且以相邻脊脉和短肋为侧壁，以鳞片表面为底面形成一个凹坑，如图 8-33(b)所示。具有这类结构的典型蝴蝶是绿带翠凤蝶。

C. 栅格形

栅格形是指鳞片表面的脊脉和横肋结构都十分显著，脊脉与横肋相交织将表面分割成栅格状, 如图 8-33(c)所示[17,21]。这类结构多见于蝴蝶的基层鳞片和色素色鳞片。

2) 蝴蝶鳞片横截面结构模型

通过对蝴蝶鳞片横截面结构分析, 发现蝴蝶鳞片的横截面结构呈规律分布, 按照结构的形态可以将其分成两类: 塔状结构和层状结构。

A. 塔状结构模型

塔状结构是指截面规律分布近似塔状或树枝状脊脉结构群, 脊脉与脊脉相互独立, 具有一定的间距。每一个纵向脊脉都分布有向两侧伸展的多层薄层结构, 如图 8-34(a)~(d)左侧图片所示, 图中三维地描述了单个塔状脊脉结构的多层薄片结构形状与分布位置;图 8-34(a)~(d)右侧图形象地给出了其相应的三维结构模型。从图 8-34 可以看出, 相邻塔状脊脉结构有的等间距纵向平行分布, 如图 8-34(a)、(b)、(d)所示的三种模型;有的两个一组, 相互倾斜相交成三角状分布, 如图 8-34(c)所示。每一纵向脊脉左右两侧都分布有平行多层结构, 各层形态结构相近, 层与层间距、厚度近似相等。有的多层结构左右两侧对称分布, 如图 8-34(b)和(d)所示;有的多层结构左右两侧交错分布, 如图 8-34(a)和(c)所示。有的多层结构各层水平尺寸近似相等, 如图 8-34(a)、(b)和(c)所示;有的多层结构各层水平尺寸从上到下逐层递增, 如图 8-34(d) 所示[17,21]。

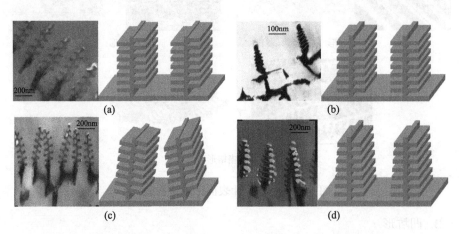

图 8-34　蝴蝶鳞片横截面塔状结构透射电镜分析图(左)和截面结构模型(右)

B. 层状结构模型

由蝴蝶鳞片横截面结构观察发现, 有的蝴蝶鳞片的横截面具有连续的平行分布的多层薄片层结构;有的多层结构近似水平平行分布;有的多层结构呈一定角度曲面平行分布。根据工程仿生设计理论, 可以将此类层状结构优化为如图 8-35 所示的结构模型。

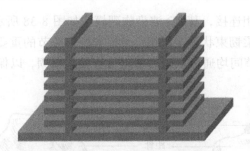

图 8-35　蝴蝶鳞片横截面层状结构模型

3) 蝴蝶鳞片变色耦合结构模型

通过分别对蝴蝶鳞片表面形态与横截面结构建模，发现蝴蝶结构色鳞片是具有周期性分布的多层薄膜耦合纳米结构。尽管不同颜色鳞片的多层膜结构形态、尺寸不同，但都由几丁质层和空气介质层交替规律分布组成。图 8-36 给出了蝴蝶鳞片耦合的两种结构模型。其中，模型 1 如图 8-36(a)所示，为凹坑形多层膜结构，表面规律分布凹坑形单元体，横截面呈周期性角度变化的层状多层薄片层结构。模型 2 如图 8-36(b)所示，为棱纹形多层膜结构，表面周期性分布塔状单元体，横截面呈周期性平行多层薄片层结构[17,21]。

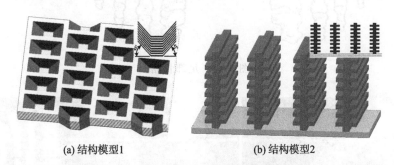

(a) 结构模型1　　　　　　　　　　　(b) 结构模型2

图 8-36　蝴蝶鳞片耦合结构模型

可见，通过建立蝴蝶翅膀鳞片耦合结构模型，可以揭示其翅膀鳞片耦合中各耦元间的相关性和层次关系，使耦元间复杂的耦联方式明晰化。

8.3.4　人体足部耦合系统仿真模型

1. 足部骨骼–肌肉耦合仿真模型[1,22-24]

1) 足部骨骼–肌肉耦合特性分析

A. 足部骨骼

足部的骨骼——足骨是人直立后负重、行走和吸收震荡的结构，人体足部共包含 7 块跗骨、5 块跖骨和 14 块趾骨，如图 8-37 所示[25]。足部各骨骼彼此间由关节和坚韧的韧带相连接，其 3D 渲染物理模型如图 8-38 所示[1,22]。韧带是连接骨与骨的短而宽的柔韧束状连接组织，发挥着稳定关节的重要作用。人体足部包含多个关节，各关节间均通过众多韧带进行连接和巩固，以保持其稳定性，如图8-39 所示。

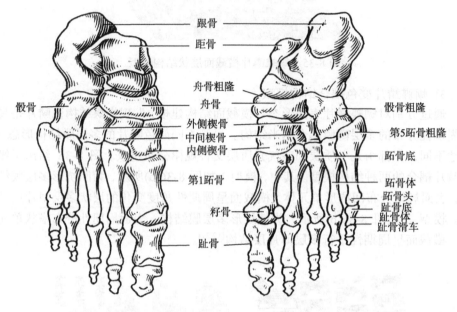

图 8-37　足部骨骼

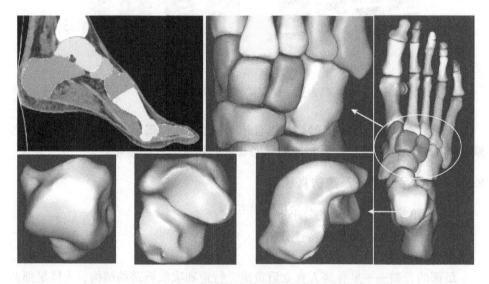

图 8-38　Mimics 处理得到的最终足部骨骼 3D 渲染物理模型

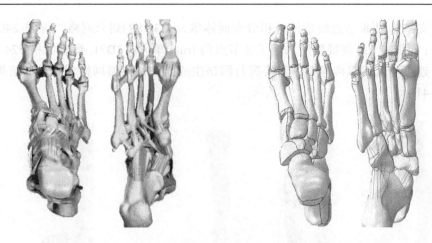

图 8-39　基于 truss 单元的韧带物理模型(右)与各韧带解剖学形态(左)

B. 足部肌肉

足部的肌肉及其肌腱，包括起于小腿以肌腱止于足及足趾的足外在肌和起于足止于足趾的足内在肌。足外在肌的肌腹位于小腿周围，肌腹大，行程远，肌腱走行方向各异，运动幅度大，肌力强，是足及足趾运动的主要动力肌。足内在肌的功能则主要是协调足外在肌的屈、伸肌之间的作用力，保持足在活动时的平衡和稳定。每块肌肉中间的部分称为肌腹，两端为肌腱；肌腱直接附着在骨骼上，非常坚韧，但本身没有收缩能力。肌腱本身是典型的致密结缔组织，由胶原纤维和腱细胞组成，胶原纤维呈平行排列，其走向与所承受的牵引力一致；许多纤维组成粗大的纤维束，并扭成绳索状，这使得肌腱既有很强的牢固性，又具有很大的抗牵引力作用。基于足部肌肉及肌腱在足部运动中的作用发挥特点，本节足部肌肉–骨骼耦合仿真模型主要涉及足部外在肌。使用 Slipring 连接单元构建足部12 条外在肌肉组织物理模型，如图 8-40 所示。

2) 足部骨骼–肌肉耦合模型有限元分析

A. 分析前处理

a. 单元选择与网格生成

模型的前处理操作均在 Abaqus 环境下完成。创建足部骨骼–肌肉模型的地面支撑，整个模型共包括 5 部分，分别为大腿骨(股骨)、小腿骨(腓骨、胫骨)、足部骨骼–肌肉系统、足底软组织及地面支撑。在后续仿真分析中，为了节省计算资源，大腿骨、小腿骨、地面支撑均被定义为离散性刚体，但在此亦需要对其进行网格划分。鉴于模型几何形状较复杂，模型中的大腿骨、小腿骨、足部骨骼、足底软组织均应用 4 节点三维应力四面体网格单元(C3D4) 进行网格划分，考虑到该单元的应用特性，将网格进行了一定程度的细化，共得到 383 951 个网格；

地面支撑选用 8 节点线形缩减积分六面体单元(C3D8R)划分网格，得到 240 个网格；而韧带、足底腱膜则采用了 2 节点的 truss 单元(T3D2)，得到网格 724 个；基于连接单元的肌肉模型不需要进行网格生成操作，模型网格划分最终结果如图 8-41 示。

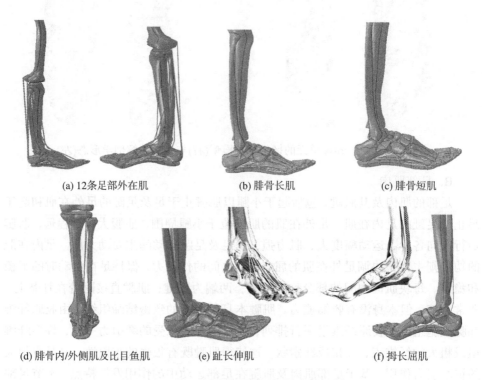

(a) 12条足部外在肌   (b) 腓骨长肌   (c) 腓骨短肌

(d) 腓骨内/外侧肌及比目鱼肌   (e) 趾长伸肌   (f) 拇长屈肌

图 8-40 基于连接单元的足部肌肉物理模型

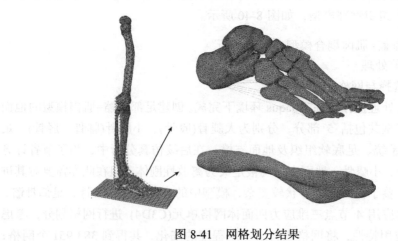

图 8-41 网格划分结果

b. 材料属性

本节研究中并未对各骨骼模型进行皮质骨、松质骨细分，而是根据二者所占的体积比[26]，对骨骼的材料参数(如杨氏模量、泊松比等)进行了统一定义。模型中各组成部分均视为均质、各向同性的线弹性材料，相关材料参数取自前人研究。本节将足部韧带、足底腱膜的材料密度视为与足底软组织相同，详细材料参数定义参见表 8-1。

表 8-1　模型材料属性

名称	弹性模量 E/MPa	泊松比 ν	密度 /(kg·m^{-3})	横截面积 /mm^2
大腿骨	7 300	0.3	1 500	—
小腿骨	7 300	0.3	1 500	—
足部骨骼	7 300	0.3	1 500	—
足底软组织	1.15	0.49	937	—
地面支撑	17 000	0.1	5 000	—
足部韧带	260	—	937	18.4
足底腱膜	350	—	937	290.7

c. 载荷、边界条件与接触

(1) 载荷设定

足部运动中足部肌肉–骨骼耦合系统中相互作用非常复杂，本节足部模型有限元分析选择了步态运动周期中的中立相(mid-stance phase)中期(foot flat)进行仿真计算，以对所建肌肉–骨骼模型进行校验。在足部运动中立相，多条足部外在肌发挥着重要作用。由于无法直接准确测量肌肉作用力，目前，文献中报道的肌肉力多是通过对众多肌肉物理参数(如肌肉横截面积、肌肉质量、肌肉纤维长度、肌肉长度等)在一定约束条件下的优化分析而得到。而肌肉物理参数主要取决于研究对象身体结构特征及性别，对于不同的研究对象，其变化差别较大。以下肢肌肉力为例，研究表明，对于健康人群，由于个体差异，相互之间下肢肌肉力幅值的差异可达到30%左右[27]。本节足部肌肉–骨骼模型中的各肌肉力取自引用率较高的前人研究[27-28]。研究中指出，人体足部在中立相时，发挥主要作用的足部外在肌以表 8-2 所示的 8 条肌肉组为主，而本节所建模型中的其他 4 条肌肉力作用在此阶段可以忽略。按照文献[27-28]，此时踝关节沿垂直方向载荷分量为2100N。值得指出的是，本节在肌肉建模时，按照解剖学特征将三头肌分解为内侧腓肠肌、外侧腓肠肌和比目鱼肌，故在仿真计算中也相应地把文献中三头肌肌力 550N 进行了均分，将相关的三条肌肉作用力分别定义为183N，所施加的足部外在肌作用力状况参见表 8-2。

表 8-2   中立相时足部外在肌肌肉载荷状况

肌肉名称	肌肉载荷(中立相)/N	肌肉名称	肌肉载荷(中立相)/N
腓肠肌内侧	183	胫骨前肌	—
腓肠肌外侧	183	趾长伸肌	—
比目鱼肌	183	第三腓骨肌	—
趾长屈肌	68	拇长伸肌	—
拇长屈肌	143	腓骨长肌	132
胫骨后肌	290	腓骨短肌	64

(2) 边界条件与接触设定

足部耦合有限元模型的边界条件按照正常行走步态中立相时人体足部所受到的外界实际约束状况进行定义与设置。分析中，地面支撑被定义为离散刚体，并在其刚体参考点上施加固定约束。而足部保持其自然状态，未施加任何额外运动约束。由于大腿骨与小腿骨并非主要关注部件，为节省计算资源，分别对二者施加了刚体约束并进行位置固定。

足部耦合模型仿真计算涉及了足底软组织与地面之间、足部骨骼之间、足部骨骼与足底软组织之间等多个面间的接触问题。其中，足部趾骨、足底软组织之间分别建立束缚接触约束；将足部骨骼跖–趾关节处定义为无摩擦接触，以在跖骨头部与趾骨底部进行力的传递；将足部跟骨、跖骨头部下表面分别与足底软组织设定为无摩擦接触；足底软组织与地面支撑之间被定义为摩擦接触，输入摩擦系数为 0.6。

B. 计算结果与对比分析

经过多次收敛性计算测试，将计算时间设置为 2.4ms，此时得到的地面反力垂直方向分量为 516N，与文献[27]中立相中期地面反力的计算结果 511N 基本保持一致。下面通过分析计算模型足底压力分布、足部骨骼应力、足部韧带及足底腱膜作用，对所建足部骨骼–肌肉耦合模型进行对比校验。

a. 足底压力对比分析

如图 8-42(a)所示为步态周期中立相足部肌肉–骨骼模型计算得到的足底应力分布(t =2.4ms)。由图可知，足底后部足跟处应力最大；足底前部跖趾关节下方应力次之，且以第 1、5 跖骨头部下方区域为主。鉴于受试者在常速行走运动中立相中期受到的地面反力垂直分量约为 300N，因此，选取计算模型地面反力亦为相同值时刻(t =2.1ms)进行足底应力分布模式比较，如图 8-42(b)和(c)所示。通过比较可知，t = 2.1ms 瞬时的足底应力分布与 t = 2.4ms 时刻的相似，且与试验测试足底压力分布模式基本吻合。此时刻，计算模型足后部最大应力为 0.21MPa，足前部跖趾关节下方区域最大应力为 0.16MPa；试验测试足后部最大压力为 0.12MPa，足前部为 0.05MPa。造成这种幅值差异的原因主要有以下两方面。首先，是计算模型的驱动力，并非受试者本身的试验测试数据，虽然将计算值与试验值二者进行比较的前提是地面反力垂直方向分量值均为 300N，但由于个体之间运动方式和力学传递模式的不同，必然会导致足底压力值的差异，因而此时对整体足底压力分布模式的比较就显得更有意义；其次，计算模型中，足底软组织被赋予线弹性材料属性，而非接近实际的非线性黏弹材料，使得足底软组织在与地面支撑作用过程中接触面积减小，如图 8-42(b)和(c)所示，造成计算模型足底应力值偏大。

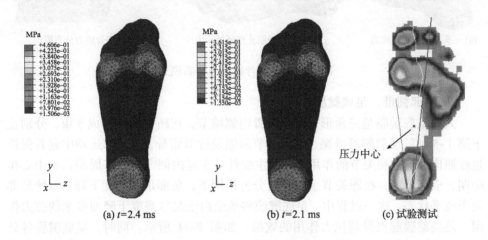

(a) t=2.4 ms　　　　　　(b) t=2.1 ms　　　　　　(c) 试验测试

图 8-42　足底压力分布模式比较

b. 足部骨骼应力分布分析

通过足部耦合仿真模型可以方便地对足部骨骼应力进行研究。计算模型中的各肌肉力以连接单元载荷方式施加在足部骨骼节点上，使得相应区域产生一定程度的局部应力集中现象，如图 8-43(a)和(b)所示，影响了相应骨骼的应力分布显示。本节选取受此影响较小的骨骼——跖骨(1st~5th)进行分析。在步态周期中立相足部受力过程中，踝关节力通过距舟关节、舟楔关节、跟骰关节等向足前部骨骼进行传递，其中，距舟关节、舟楔关节为主要承重部位，相应地，足前部第 1~3 跖骨要承受较大的作用力[27,29-30]。这在本节计算模型中体现为第 1 跖骨跖面外侧、第 2 跖骨背脊中间部位率先产生较大应力，第 4、5 跖骨背脊内侧较大应力紧随其后，第 3 跖骨应力较小，应力分布模式如图 8-43(c)所示；同时，这从图 8-42 足底压力分布图也有所体现。文献[27]计算得到中立相足部第 1~3 跖骨最大应力为 3.65MPa，本节计算模型得到的相应结果为第 1 跖骨 5.7MPa，第 2 跖骨 4.0MPa，第 3 跖骨 1.75MP，分布区域除第 1 跖骨外，其他两跖骨基本一致，尤以第 2 跖骨为完全吻合。值得指出的是，本节足底软组织材料为线弹性材料，与文献[27]

中的足部模型的非线性足底软组织相比，其应力缓释作用稍弱，使得足底与地面间的作用力较多地被传递至足部骨骼，造成整体骨骼应力稍大。

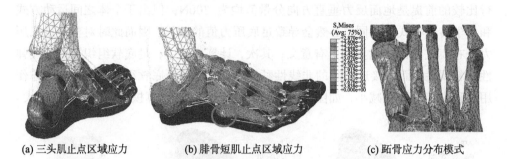

(a) 三头肌止点区域应力　　　(b) 腓骨短肌止点区域应力　　　(c) 距骨应力分布模式

图 8-43　足部骨骼应力分布模式

C. 足部韧带、足底腱膜作用分析

人体足底腱膜呈三角形，起于跟骨内侧结节，在距骨头处分成 5 束，分别止于第 1~5 趾的屈肌腱纤维鞘、跖趾关节两侧及近节跖骨，在足部运动中起着保护足底肌肉、肌腱和关节的作用，并且主要针对于足内侧[25]。步态周期运动中立相中期，全足承重，在踝关节垂直方向分力作用下，足部足弓高度下降，以使足部处于放平状态。这一过程中，足底腱膜将承受由于足弓高度下降而带来的拉力作用，足底腱膜起点受到拉力作用的效果，如图 8-44 所示。同时，足底腱膜各分支受拉伸长，伸长量因各分支受力不同而相异，本节计算模型得到的中立相中期足底腱膜各分支伸长量，如图 8-45 所示。由图可知，以第 1~5 跖骨为序，各相应足底腱膜分支伸长量呈逐渐递减规律分布。第 1 跖骨分支伸长量最大，为 1.9mm；第 2 跖骨分支次之，为 1.85mm，这在一定程度上也再次验证了在中立相中期，足前部骨骼承重过程中，第 1、2 跖骨及包括两者的足部内侧纵弓为此时相的主要负重单位。与足底腱膜相类似，在步态周期中立相中期由于足部横、纵足弓高度的下降及距下关节内翻、足旋后运动趋势，使得足部跖骨在横截面内(足部内外侧)产生一定程度的扩张，由此，足部跖骨底深横韧带，如图 8-46(a)

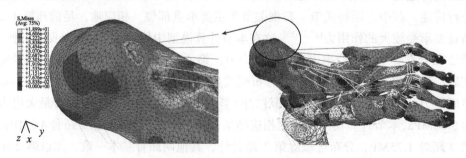

图 8-44　足底腱膜作用效果

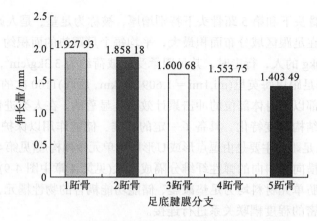

图 8-45　计算模型中足底腱膜分支伸长量比较

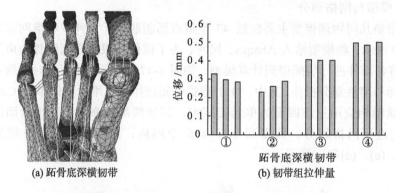

(a) 跖骨底深横韧带　　　　　　(b) 韧带组拉伸量

图 8-46　计算模型中跖骨底深横韧带的作用效果

所示，沿内外侧方向发生微量拉伸，本节计算模型得到的各跖骨间深横韧带组拉伸量比较，如图 8-46(b)所示。由图可知，第 3~4、4~5 跖骨间深横韧带即韧带组③、④横向伸长较大，分别为 0.4 mm、0.5 mm；第 1~2、2~3 跖骨间韧带，即韧带组①、②横向伸长幅度较小，分别为 0.3mm、0.2mm 左右，因此，跖骨底深横韧带的变化符合此时足部运动特征。

　　综上所述，通过各类计算结果分析与对比验证可以得出，本节所构建的人体足部骨骼-肌肉模型各组成部分(如韧带、肌肉、骨骼、软组织等)在数值仿真计算中均能很好地发挥各自的作用，该模型能够合理、有效地对足底压力分布、足部骨骼应力及足部韧带、腱膜作用进行预测、评估与显示，可为仿生机械设计、临床诊断、康复工程、医学仿真等领域研究提供一定的参考。

　　2. 足跟垫减震、储能功能耦合仿真模型[1,22-24]

　　1) 足跟垫减震、储能功能耦合特性分析

　　人体足底脂肪组织被纤维束分成许多海绵状的皮下脂肪垫，这种脂肪垫在足跟部、第 1 跖骨头下和第 5 跖骨头下特别增厚，被称为足垫，是人站立时的主要着力点。足垫在足跟区域分布面积最大，平均每个足跟垫的面积约 $23cm^2$。对于一个体重为 70kg 的人，行走时，其足跟承受的载荷约为 $3.3kg/cm^2$，跑步时则增至 $6kg/cm^2$；若足跟以每英里(mi,1mi = 1.609 344km，后同)1160 次的频率触地[31]，其对足部及足部以上身体部位的冲击累计效应是显著的。在人类进化历程中，人体足垫的组织结构高度特化，具备了一定的减震、储能作用以保护人体。

研究表明，足跟垫主要是由逗点形或 U 形脂肪单元排列构成(见第 4 章中图 4-8)，脂肪单元间被横向和斜向的弹性纤维分隔成网状(见第 4 章中图 4-9)，因此，纤维网状结构和脂肪单元材料均为足垫减震、储能功能耦合的物性耦元，其通过交叉结合这种较紧密的程度耦联关系进行连接。

2) 足跟垫减震、储能功能耦合模型有限元分析

A. 模型与网格划分

足跟垫几何物理模型主要包括 43 个逗点形脂肪单元及弹性纤维网状结构，如图 4-9 所示。将模型输入 Abaqus，同时，为了模仿足跟垫受到跟骨约束及地面作用，将各部件进行装配得到计算模型，如图 8-47(a)所示。之后，对各部件进行单元选择与网格划分操作，其中，43 个脂肪单元选择了三维六面体单元(C3D8R)；纤维网状结构应用三维四面体单元(C3D4)；其他两部件亦应用三维六面体单元(C3D8R)进行网格划分，共得到 677 406 个网格，各部件网格划分结果如图 8-47(b)、(c)、(d)和(e)所示。

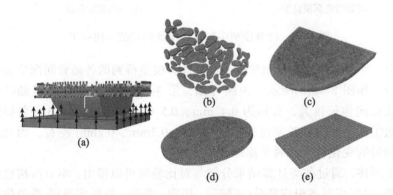

图 8-47   计算模型及各部件网格划分结果

B. 材料属性与边界条件

模型中的弹性纤维网状结构被赋予线弹性材料属性(同前文足部骨骼-肌肉耦合有限元模型中足底软组织材料，见表 8-1)；脂肪单元则被赋予非线性超弹性材料，这种材料属性是基于足部软组织的材料属性试验研究而得到[32]，如表 8-3所示，并被用于足部有限元模型分析[3]。该材料的应力应变非线性关系用应变势

能二次多项式进行表达：

$$U = \sum_{i+j=1}^{2} C_{ij}(\overline{I}_1 - 3)^i (\overline{I}_2 - 3)^j + \sum_{i=1}^{2} \frac{1}{D_i}(J_{el} - 1)^{2i} \tag{8-19}$$

式中，U 为参考体积的单位应变势能；C_{ij}、D_i 为材料常数，取值如表 8-3 所示；$\overline{I}_1$、$\overline{I}_2$ 为第一、第二偏应变不变量，定义为

$$\overline{I}_1 = \overline{\lambda}_1^{\,2} + \overline{\lambda}_2^{\,2} + \overline{\lambda}_3^{\,2} \tag{8-20}$$

$$\overline{I}_2 = \overline{\lambda}_1^{\,(-2)} + \overline{\lambda}_2^{\,(-2)} + \overline{\lambda}_3^{\,(-2)} \tag{8-21}$$

其中，偏拉力定义为

$$\overline{\lambda}_i = J_{el}^{\,-1/3} \lambda_i \tag{8-22}$$

式中，J_{el} 为弹性体积比；λ_i 为主拉力。

　　用于模拟跟骨约束的简化部件被赋予线弹性骨骼材料参数，以及地面支撑部件材料属性，参见表 8-1。对足垫模型上方部件施加固定约束，如图 8-47(a)所示，地面支撑定义在计算时间内上移 3mm 的位移边界条件，模仿足部被动受力作用。本节对两种情况进行了仿真计算，计算(Ⅰ)中的模型中不包括 43 个脂肪单元，仅有纤维网状结构部件、地面支撑、简化骨骼部件；计算(Ⅱ)则包含所有部件，两次计算的约束及边界条件完全一致，计算时间设为 1.5ms。在计算(Ⅱ)中，定义了 43 个脂肪单元与纤维结构、跟骨模型(简化)之间的多个面–面接触关系。

表 8-3　足底软组织超弹性材料模型参数

参数	C_{10}	C_{01}	C_{20}	C_{11}	C_{02}	D_1	D_2
取值	0.085 56	−0.058 41	0.039	−0.023 1	0.008 51	3.652 73	0

　　注：C_{ij}、D_{ij} 单位分别为 N·mm^{-2}、mm^2·N^{-1}。

C. 计算结果与分析

　　为了叙述方便，本节将计算(Ⅰ)、计算(Ⅱ)中的足跟垫模型分别称为模型Ⅰ、模型Ⅱ。由图 8-48 可知，两模型中的纤维网状结构均为主要承重产生变形部位。可以看出，模型Ⅰ中，应力分布面较小，局限于各网格隔层之间，从而导致了该模型在外载荷作用下，网状隔层区域产生了局部较大应力，应力范围为 0.4~0.78MPa，甚至某些网格隔层出现了大变形，趋于破坏，如图 8-48(a)右侧截面所示；相比之下，模型Ⅱ应力分布面大，且整体分布较均匀，从网格隔层到足跟垫下方边界应力均匀过渡，如图 8-48(b)右侧截面所示，网状隔层区域应力最大，但幅值范围仅为 0.2~0.39MPa，比模型Ⅰ区域应力下降了 50%左右，从而能够更有效地分散外力、减震，起到保护人体足部及其以上部位免受局部高应力伤

害的作用。

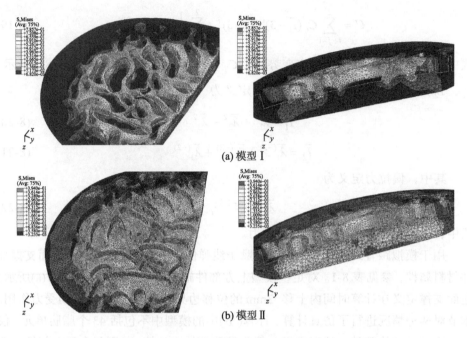

(a) 模型Ⅰ

(b) 模型Ⅱ

图 8-48　两次仿真计算分别得到的足跟垫应力分布

　　图 8-49 为模型Ⅰ和模型Ⅱ计算中足跟垫产生的应变能曲线，由图可知，两模型应变能曲线规律一致，只是最终幅值不同。模型Ⅰ、模型Ⅱ受载荷作用过程中分别产生了 1.499J、1.722 J 的应变能，显示了两模型在吸收、储存外力做功能力的差异。相比模型Ⅰ，模型Ⅱ吸收外力做功提高了 14.8%，其储能能力更强。究其原因，在于脂肪单元的加入，在外力作用下，脂肪单元更易于产生形变吸收外力做功，如图 8-50 所示，使得足跟垫能够在纤维网状结构吸能的基础上，整体储能能力得到提升。

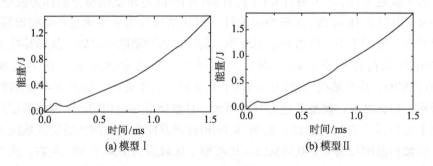

(a) 模型Ⅰ

(b) 模型Ⅱ

图 8-49　两次仿真计算中的足跟垫应变能比较

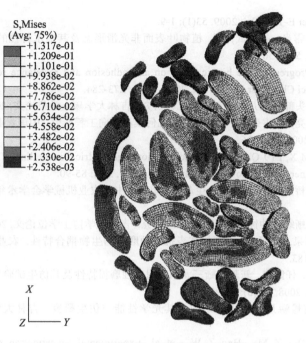

图 8-50 耦合模型中的脂肪单元应力分布

综上所述，通过仿真模型分析可知，人体足部足跟垫减震、储能功能的展现是其内部纤维网状结构和非线性脂肪单元材料耦合的结果。在功能展现过程中，网状结构加固了整个足垫系统，并主要承重，各细小的脂肪单元分布于结构隔层之中，借助自身易产生形变的特性，对通过纤维网状结构传递进来的作用力进一步进行有效吸收、隔断或分散，在步态周期运动中实现足垫的减震、储能功能。

参 考 文 献

[1] 钱志辉. 人体足部运动的有限元建模及其生物力学功能耦合分析. 吉林大学博士学位论文, 2009.
[2] Cheung J T, Zhang M, An K N. Effects of plantar fascia stiffness on the biomechanical responses of the ankle-foot complex. Clin Biomech, 2004, 19 (8): 839-846.
[3] Cheung J T, Zhang M, Leung A K, et al. Three-dimensional finite element analysis of the foot during standing-a material sensitivity study. J Biomech, 2005, 38 (5): 1045-1054.
[4] Cheung J T, Zhang M. Parametric design of pressure-relieving foot orthosis using statistics-based finite element method. Med Eng Phys, 2008, 30 (3): 269-277.
[5] 周飞, 吴志威, 王美玲, 等. 淡水螃蟹螯的结构及力学性能研究. 中国科技论文在线, 五星级精品论文(力学). http://wenku.baidu.com/view/8dod658a84868762caaed572.html.2008.
[6] 林建宾. 臭蜣螂鞘翅表皮结构、性能及仿生模型. 吉林大学硕士学位论文, 2009.
[7] Ren L Q, Liang Y H. Biological couplings: function, characteristics and implementation mode.

Sci China Ser E-Tech Sci, 2009, 53(1): 1-9.

[8] 王淑杰, 任露泉, 韩志武, 等. 植物叶表面非光滑形态及其疏水特性的研究. 科技通报, 2005, 21(5): 553-556.

[9] Ren L Q. Progress in the bionic study on anti-adhesion and resistance reduction of terrain machines. Sci China Ser E-Tech Sci, 2009, 52(2): 273-284.

[10] 许亮. 野猪头部三维几何模型逆向工程研究. 吉林大学硕士学位论文, 2006.

[11] 李建桥, 许亮, 崔占荣. 野猪头部三维几何模型逆向工程研究. 中国农业工程学会学术年会论文集, 2005, 232-236.

[12] Xu L, Lin M X, Li J Q, et al. Three-dimensional geometrical modelling of wild boar head by reverse engineering technology. J Bionic Eng, 2008, 5(1): 85-90.

[13] 许亮, 李建桥, 崔占荣, 等. 仿生起土铲初探. 中国农业机械学会学术年会论文集, 2006: 735-739.

[14] 高峰. 沙漠蜥蜴耐冲蚀磨损耦合特性的研究. 吉林大学博士学位论文, 2008.

[15] 高峰, 任露泉, 黄河. 沙漠蜥蜴体表抗冲蚀磨损的生物耦合特性. 农业机械学报, 2009, 40(1): 180-183.

[16] 高峰, 黄河, 任露泉. 新疆岩蜥三元耦合耐冲蚀磨损特性及其仿生试验研究. 吉林大学学报(工学版), 2008, 38 (3): 86-90.

[17] 邱兆美. 蝴蝶鳞片微观耦合结构及其光学性能与仿生研究. 吉林大学博士学位论文, 2008.

[18] Ren L Q, Qiu Z M, Han Z W, et al. Experimental investigation on color variation mechanisms of structural light in *Papilio maackii* Ménétriès butterfly wings. Sci China Ser E-Tech Sci, 2007, 50(4): 430-436.

[19] 韩志武, 邬立岩, 邱兆美, 等. 紫斑环蝶鳞片的微结构及其结构色. 科学通报, 2008, 53(22): 1-5.

[20] Han Z W, Wu L Y, Qiu Z M. Microstructure and structural color in wing scales of butterfly *Thaumantis diore*. Chinese Sci Bull, 2009, 54(4): 535-540.

[21] 邱兆美, 韩志武. 蝴蝶鳞片微观结构与模型分析. 农业机械学报, 2009, 40(11): 193-196.

[22] Qian Z H, Ren L, Ren L Q. A 3-dimensional numerical musculoskeletal model of the human foot complex. The 6th World Congress on Biomechanics, Singapore, 2010, 31: 297-300.

[23] Qian Z H, Ren L, Ren L Q. A coupling analysis of the biomechanical functions of human foot complex during locomotion. J Bionic Eng, 2010, 7(S1): 150-157.

[24] Ren L, Howard D, Ren L Q, et al. A phase-dependent hypothesis for locomotor functions of human foot complex . J Bionic Eng, 2008, 5(3): 175-180.

[25] 张发惠, 郑和平. 足外科临床解剖学. 合肥: 安徽科学技术出版社, 2003.

[26] 张明, 张德文, 余嘉, 等. 足部三维有限元建模方法及其生物力学应用. 医用生物力学, 2007, 22(4): 339-344.

[27] Gefen A, Megido-Ravid M, Itzchak Y, et al. Biomechanical analysis of the three-dimensional foot structure during gait: a basic tool for clinical applications. J Biomech, 2000,122 (6): 630-639.

[28] Jacob S, Patil K M, Braak L H, et al. Stresses in a 3-D two arch model of a normal human foot. Mech Res Commun, 1996, 23(4): 387-393.

[29] Rodgers M M. Dynamic foot biomechanics. J Orthop Sports Phys Ther, 1995, 21(6): 306-316.

[30] Hughes J, Clark P, Linge K, et al. A comparison of two studies of the pressure distribution

under the feet of normal subjects using different equipments. Foot Ankle, 1993, 14(9): 514-519.

[31] 邝适存, 郭霞. 肌肉骨骼系统基础生物力学. 北京: 人民卫生出版社, 2008.

[32] Lemmon D, Shiang T Y, Hashmi A, et al. The effect of insoles in therapeutic footwear: a finite element approach. J Biomech, 1997, 30(6): 615-620.

...tical nd man-mad surface using different lengthscales and wavele, 1992, 15(6): 617-620.

赵华, 李旭东, 郭志光, 等. 仿生材料研究进展. 材料导报, 1999 (7): 5-8.

53. Cassie A B D, Baxter S. Wettability of porous surfaces. The resistance of diphasic surfaces against wetting by water [J]. Transactions of the Faraday Society,...

第 9 章　仿生耦合建模

9.1　仿生耦合模型

9.1.1　仿生耦合模型含义

仿生耦合模型，即根据学科专业领域或工程实际的需求，运用仿生学理论，对生物耦合模型进行模拟与改造，从而构建的凝炼了生物耦合模型基本原理和核心内容的仿生模型。

仿生耦合模型，既要对生物耦合模型进行模拟、提炼，也要对欲仿生的各种技术要求进行集中展现。它是仿生技术、仿生产品或仿生系统研发与设计的基本依据，是生物耦合转化为仿生耦合制品的技术桥梁。

仿生耦合模型蕴含和展现的不仅仅有生物耦合的重要信息，特别是生物耦合的基本原理，还有工程技术需求的种种信息，尤其是有时还会有仿生耦合制品的技术雏形(影)。显然，建立仿生耦合模型是耦合仿生的关键环节。

9.1.2　仿生耦合模型类别

仿生耦合模型可以取各种不同的形式，不存在统一的分类原则。本书依据生物耦合模型的表现形式，可以相应地将仿生耦合模型分为仿生耦合物理模型、仿生耦合数学模型、仿生耦合结构模型和仿生耦合仿真模型等。

1. 仿生耦合物理模型

仿生耦合物理模型，即运用物理学原理与方法构建的仿生模型，模型主要反映各耦元与功能间的机械运动、力、声、光、电、磁、热等物理关系；或运用相似学原理，直接对生物耦合物理模型进行的仿生实物建模，而此时模型所展现的是具有实际物理内涵的仿生模型，既相似于生物耦合原型，但又更集中凸显主要耦元与生物功能之间的物理关系。仿生耦合物理模型是对生物耦合模型的仿生转化、改造和提炼，是进行仿生耦合物理制品设计与制造的基本依据。

仿生耦合物理模型有实体模型和类比模型，其中，仿生耦合实体模型即对生物耦合物理模型的实物仿生模拟，是最基本、最初步的模拟，但却是最关键的原理性模拟。例如，蚊类等具有刺吸式口器，且绝大多数种类雌蚊的口器适于刺吸血液，从开始插入到吸血结束整个过程是在人们毫不知情的情况下完成的，如图 9-1 所示。研究发现，蚊子口器下颚呈薄壁中空的管状结构，外表面有规则排列的锯齿形非光滑形态，这种特殊的结构与锯齿形非光滑形态相耦合，如图 9-2(a) 所示[1]。蚊子口器的管状结构，具有质量小、强度大的优点；同时，外表面锯齿形非光滑形态，使口器与寄主之间的接触面积减小，并且在其接触表面存在一些空穴，产生空气膜，减小了肌肉组织与口器壁面的粘附，降低摩擦系数，进而减小了摩擦力。此外，口器刺入的过程中，非光滑形态使相对口器表面移动的寄主组织接触界面产生与前进方向垂直的微振，寄主组织不断受到垂直界面的正反两向力的交互作用；微振的产生加速了组织液体的逸出，添加到空穴中去，增加了润滑的效果，摩擦系数减小，致使摩擦阻力降低，减少了对神经的刺激，可降低寄主疼痛感。

(a) 口器外观　　　(b) 口器正面示意　　　(c) 刺吸状态　　　(d) 吸取血液过程

图 9-1　蚊子口器及刺吸状态

 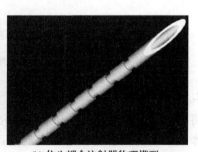

(a) 蚊子口器　　　　　　　　(b) 仿生耦合注射器物理模型

图 9-2　蚊子口器及仿蚊子口器仿生耦合注射器物理模型

　　蚊子口器耦合减阻降痛功能，为无痛注射器的仿生研究与设计提供了天然的生物蓝本。提取蚊子口器特殊结构与锯齿形非光滑形态相耦合的信息，并选取医学常用的 6 号针头(针直径 0.6mm，长度为 37mm)为工程研究对象，将二者有机结合并建立其仿生耦合实物模型[2-4]，如图 9-2 所示。

仿生耦合类比模型是通过比较分析不同功能生物耦合的特征规律，提取仿生需要的比拟和类推信息，并将其整合移植或模拟到工程研究对象中，构建出仿生物理模型。仿生类比模型的建立，关键在于寻找合适的类比对象，把生物耦合中的一些复杂的、模糊不清的耦元或耦联关系与其他耦合或技术工程中已知的信息相比较，寻找它们之间的相似性/同一性，揭示其共同遵循的规律，构建类比物理模型。应当指出的是，仿生耦合类比模型构建过程中，不仅要寻找合适的类比对象，还必须注意比拟和类推出的信息在与工程研究对象相结合后的负效应。

第 5 章所述长耳鸮体表耦合具有吸声降噪功能[5,6]，根据相似性理论，可以进行仿生类比，即长耳鸮体表覆羽和绒毛层可类比为微缝板(微缝板具有吸声特性)；长耳鸮皮肤真皮层与皮下空腔可类比为柔性微穿孔板与空腔。通过长耳鸮体表耦合信息与工程微缝板吸声特性信息相类比并结合，建立仿生耦合类比物理模型，如图 9-3 所示。

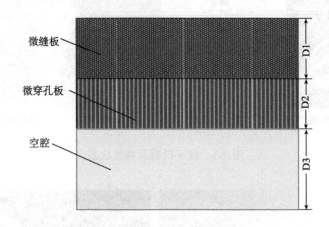

微缝板

微穿孔板

空腔

图 9-3　仿生耦合吸声类比模型

2. 仿生耦合数学模型

将提取的生物耦合信息与工程研究对象有机结合，并对其二者的相互关系和特性作出必要的整合与凝炼，而后运用适当的数学工具描述，得到的数学结构即为仿生耦合数学模型。与生物耦合数学模型一样，仿生耦合数学模型可以是一个或一组代数方程、微分方程、差分方程、积分方程或统计学方程，也可以是它们的某种适当的组合；同时，亦可采用代数、几何、拓扑、数理逻辑等描述。这样可以定量或定量与定性相结合地描述生物耦合信息与工程研究对象相结合所构建的仿生耦合中的各耦元的特征，还可以揭示出各耦元在未解决的工程技术问题中的运行机制与作用规律。

3. 仿生耦合结构模型

仿生耦合结构模型是对生物耦合结构模型的仿生模拟，是进行仿生耦合设计与制备的原理性依据，是仿生耦合制品的基本架构。

仿生耦合结构模型实际上是根据耦元间的相关性，把复杂、多样的耦联方式转化为直观的结构关系，构建出便于分析和应用的结构模型。例如，将图 9-3 中的微缝板、微穿孔板和空腔具体化为构件，也可构建成仿生耦合结构模型，如图 9-4 所示[5]。仿生耦合结构模型描述和表征出了仿生耦合中各耦元的结构关系，是定性或定量地分析各耦元间耦联方式及仿生耦合特征规律和功能原理的直观、有效的方法。

图 9-4　耦合仿生吸声结构模型

4. 仿生耦合仿真模型

仿生耦合仿真模型，即运用仿生学原理，将生物耦合模型进行计算和仿真处理，或直接将生物耦合仿真模型进行仿生转化，构建能对工程技术问题进行有效仿生求解的基础原理和基本架构。

在构建仿生耦合仿真模型时，首先，要全面分析仿生耦合信息，构建仿生耦合物理模型、数学模型或结构模型，这是建立仿生耦合仿真模型的基础环节，然后，将其已建立的仿生耦合物理、数学或结构模型转化成适合计算机处理的形式，对其进行仿真分析；或直接对生物耦合仿真模型进行仿生处理。当所研究的系统造价昂贵、试验的危险性大或需要很长的时间才能了解系统参数变化所引起的后果时，建立仿真模型进行仿真分析是一种特别有效的研究手段。例如，飞行器的风洞试验测试费用是非常昂贵的，如果采用飞行器模型进行风洞试验，不但耗费大量资金，同时，要保证风洞试验系统的稳定也要花费大量人力、物力和时间。但如果先利用仿真模型，在计算机上进行仿真分析，获得的数据可为真实风洞测试提供有价值的参考和依据。因此，对仿生耦合模型进行仿真分析，不仅方便、灵活，而且也是经济的。

通过仿真分析可以复现仿生耦合模型与环境介质相互作用过程中各耦元变量变化的全过程。在仿生耦合制品的设计阶段，为了寻求最优结构或最佳参数集，也常常需要对仿真模型进行反复多次仿真实验，这可以方便地通过修改、完善或变换仿真模型来寻找最优的设计方案。因此，对仿生耦合系统进行仿真分析，是一种既经济、方便，又十分有效的手段。

例如，对上述图 9-3 建立的仿生耦合吸声模型进行仿真分析，首先建立一端装有耦合仿生吸声结构的三维封闭方盒模型，如图 9-4 所示。假设耦合仿生吸声层的多层结构模型中有多处介质边界，对于边界条件的处理如下：在固体与固体边界，如微缝板与微穿孔板之间，其边界条件是法向和切向应力分别连续、各方向质点位移分别连续；在流体与固体边界，如微缝板与空气或微穿孔板与空气之间的界面，边界条件是固体中的法向应力与空气中声压大小相等、符号相反；在固体与空气边界，如微缝板内的空腔表面或微穿孔板层后界面，近似为自由边界。此外，考虑到微缝板中的切形变的损耗较大，将微缝板作为具有一定内损耗的弹性介质来考虑，通过将微缝板的杨氏模量和切变模量分别表示成复数来对其内损耗加以描述。然后，将三维模型传递到有限元分析软件 COMSOL 中，进行单元中网格划分，得到有限元模型如图 9-5 所示[5]。图中的模型共划分了 605 686 个单元、149 933 个节点。设

图 9-5　耦合仿生吸声结构模型网格划分

置材料属性——空气的声速为 340m/s、密度为 1.225kg/m³，而后进行声模态计算。从计算结果中取 10 阶声模态频率进行分析，如表 9-1 所示。

表 9-1　耦合仿生吸声三维模型模态分析

模态序号	频率/Hz	模态序号	频率/Hz
1	152.335	6	1448.926
2	346.538	7	2011.795
3	428.756	8	2133.957
4	595.336	9	2297.437
5	1036.489	10	2466.772

　　通过仿真分析可知，设计的耦合仿生吸声体系具有良好的声波削弱作用。在声反射面处的声压分布与耦合仿生吸声结构关系紧密，经耦合仿生吸声结构吸收后，反射回的声波的声压明显降低；从图 9-6 中可以看出，不同频段的声波反射后的声压级图颜色显示不同，耦合仿生吸声结构在高频段的声吸收能力较强；而在低频段，其也具有一定的吸声性能，但效果不理想[5]。因此，尚需进一步研究拓宽耦合仿生吸声结构声能吸收频域。可见，对仿生耦合模型进一步构建仿真模型，进行仿真分析，可以快速、有效地探寻其与环境介质相互作用时所展现的功能特征，从而可以方便地修改、完善或变换仿真模型，以寻找最优的仿生耦合设计方案。

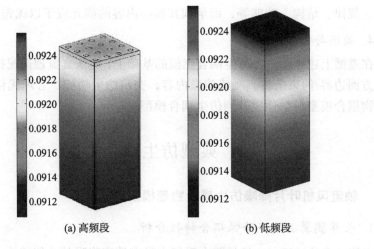

(a) 高频段   (b) 低频段

图 9-6   耦合仿生吸声模型声模态振型

9.2   仿生耦合建模原理

仿生耦合建模的依据、一般原则、构建方法和主要步骤与生物耦合建模基本一致,详见 8.2 节。但是,生物耦合与仿生耦合是在不同的领域里建模,建模的初级目标也不同。生物耦合建模,实质上是在生物学领域进行,研究分析的对象是生物,建模的目的是通过分析生物耦合特征、结构及其功能实现过程,揭示生物耦合机理,从而探寻掌握生物耦合变化规律,以提取有用的生物耦合信息,便于仿生建模和应用。而仿生耦合建模,实质上是在生物学与技术科学的交集域内,即在应用生物学或仿生学领域里进行,研究分析的对象是仿生耦合的信息及其载体,亦即融合生物耦合与工程技术问题二者信息的载体,而建模的目的是为仿生技术或产品的设计与制造提供原理的、结构的或功能的基础依据。

1. 基础性原理

仿生耦合建模基于生物耦合,以生物耦合模型为基础,丝毫不能偏离这一基础,否则,仿生耦合模型即是无源之水、无本之木,不能实现真正的耦合仿生。

2. 工程技术性原理

仿生耦合模型不同于生物耦合模型的关键在于,其充分融入了仿生技术或仿生产品的各项需求,能真实体现工程技术的影像。不能很好地反映工程技术需求的模型,不是欲建的仿生模型。

3. 核心性原理

仿生耦合模型必然包含生物耦合和仿生技术或仿生产品的核心内容,如核心原理、规律、结构、功能等，而承载其核心内容的耦元应予以优先重点考虑。

4. 凝炼与提升原理

在遵循上述原理进行仿生耦合建模的基础上，应认真梳理选配拟建仿生模型的多方面边界/约束条件，凝炼建模内容，突出仿生功能，合理优化建模过程，将生物耦合模型科学地提升到仿生耦合模型。

9.3　典型仿生耦合模型

9.3.1　轴流风机叶片降噪仿生耦合物理模型

1. 长耳鸮翼羽消声降噪耦合特性分析

由第 5 章论述可知，长耳鸮在飞行中具有消声降噪的功能特性，是其羽毛端部锯齿状非光滑形态、羽毛间条纹结构、翼独特构形及羽毛的高柔性等因素耦合作用的结果[5-7]。其中，锯齿状非光滑形态是消声降噪的主耦元，条纹结构是消声降噪的次主耦元[7]。长耳鸮体表羽毛消声降噪的耦合信息，对风机叶片降噪的仿生设计及在空气介质中运动的物体的消声降噪都具有参考价值。

2. 长耳鸮翅膀与风机的空气动力相似性分析

仿生耦合建模是运用模仿的手段，将生物耦合的某些特征赋于研究对象之中，使研究对象与生物在这些特征上具有某种程度的相似性。因此，进行相似分析是仿生耦合建模的基础环节。研究发现，风机叶片与长耳鸮翅膀的空气动力学特征具有相当高的相似性。长耳鸮的翅膀前缘对原有的空气流层产生冲击，这个部位会产生冲击阻力和冲击噪声。风机叶片的前缘同样对原有的空气流层产生冲击，也会产生冲击力和冲击噪声。长耳鸮翅膀的下表面受到空气的压力，这个压力与其重力相平衡；同时，翅膀下表面的空气还要流动，这种具有相当压力的流动空气可以产生摩擦噪声和涡流噪声。叶片的前表面和风机的轴线有一定的偏转角度，这样叶片旋转时给空气一定的动力，使空气不断地被压缩加速。这样，具有相当压力的空气流过叶片表面时，可以产生摩擦噪声和涡流噪声。在长耳鸮翅膀的边缘，气流会改变原有的速度和压力，将从翅膀的下表面边界层脱离，这个过程会产生很多涡旋，从而产生涡流噪声。在叶片的边缘，气流也是要改变原有的速度和压力，同样地，在这个部位会产生很多涡旋，也会发生涡流噪声[7]。

因此，根据几何相似性理论，提取主要耦元信息，抽象出相似的形态、结构和尺寸，将其赋于风机叶片中。长耳鸮翼羽锯齿形态和条纹结构赋予风机叶片的抽象表述分别如图 9-7 和图 9-8 所示[7]。

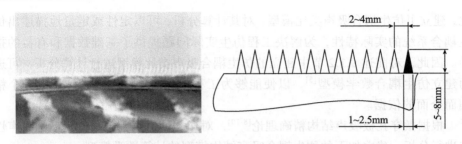

图 9-7　长耳鸮羽毛端部锯齿形态的抽象

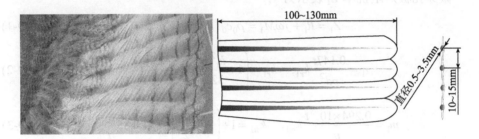

图 9-8　长耳鸮羽毛间条纹结构的抽象

3. 物理模型构建

通过运动学与气动力学特性分析，运用仿生学原理，可以把长耳鸮翅膀边缘的锯齿形态和翅膀表面的条纹结构仿制于风机叶片模型上，即把长耳鸮体表覆羽生物耦合的两个耦元特征抽象成为风扇正压力面的条纹结构和风扇叶片边缘的锯齿形态。形态和结构的耦合形成了风机叶片模型的仿生耦合特征，如图9-9 所示[7]。

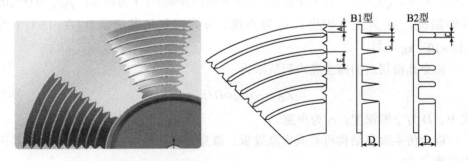

图 9-9　仿生耦合特征在风机叶片上的重构

9.3.2　仿生耦合吸声数学模型

在前述 9.1.2 节中，论述了长耳鸮体表覆羽、绒毛、真皮层、空腔及皮下组织共同作用，构成多层次的形态与结构相互耦合的吸声降噪系统，并运用仿生类比，建立了仿生耦合吸声类比模型。对其计算分析，可以定性或定量地描述出仿生耦合系统的实际特性，为解决工程仿生实际问题提供了基础数据和有益的指导。因此，对前述 9.1.2 节中建立的仿生耦合吸声类比模型进行计算分析，可进而建立仿生耦合数学模型[5]，以便能够为工程仿生吸声结构的设计提供一个精细而全面的依据。

根据微穿孔板吸声结构精确理论[8-10]，对建立的仿生耦合结构模型的吸声性能进行分析，建立如下的仿生耦合吸声结构模型的计算数学模型。

微穿孔板声阻抗率 Z_1 表示为

$$Z_1 = R_1 + j\omega M_1 = \rho_0 c_0 \left(r_1 + j\omega m_1 \right) \tag{9-1}$$

$$r_1 = \frac{0.147t}{pd^2} k_{r1}, \quad k_{r1} = \left(1 + \frac{k_1^2}{32}\right)^{1/2} + \frac{\sqrt{2}}{8} \frac{k_1 d_1}{t} \tag{9-2}$$

$$m_1 = \frac{0.294 \times 10^{-3} t}{p} k_{m1}, \quad k_{m1} = 1 + \left(9 + \frac{k_1^2}{2}\right)^{-1/2} + 0.85 \frac{d_1}{t} \tag{9-3}$$

式(9-1)至式(9-3) 中，$k_1 = d_1 \sqrt{f_0/10}$；d_1 为微穿孔直径；f_0 为入射声波频率；t 为微穿孔板厚度；p 为穿孔总面积占全板的百分比；ρ_0 为空气密度；c_0 为声速；ω 为声波角频率。

微缝板声特性与微穿孔板相似，其阻抗率 Z_2 为

$$Z_2 = R_2 + j\omega M_2 = \frac{12\eta t}{d_2^2} \sqrt{1 + \frac{k_2^2}{18}} + j\omega \rho_0 t \left(1 + \sqrt{25 + 2k_2^2}\right) \tag{9-4}$$

式中，$k_2 = d_2 \sqrt{f_0/10}$，d_2 为微缝宽；f_0 为入射声波频率；t 为板厚；$\rho_0 c_0$ 为空气的特性阻抗，ρ_0 为空气密度；c_0 为声速；η 为空气的黏滞系数(在 15℃下为 $1.86 \times 10^{-5} \ \text{kg}/\text{m}^3$)。

微穿孔板层后的薄空腔声阻抗率为

$$Z_D = -j \text{ctg} \omega D / c_0 \tag{9-5}$$

式中，D 为空腔深度；c_0 为声速。

耦合仿生吸声结构可看成由微缝板、微穿孔板和板后空腔串联形成，其声阻抗率 Z_b 为

$$Z_b = Z_1 + Z_2 + Z_D \tag{9-6}$$

耦合仿生吸声结构的相对声阻抗率为

$$Z = \frac{Z_b}{\rho_0 c_0} = r_b + j\omega m_b \tag{9-7}$$

$$r_b = \frac{0.147t}{pd^2}\left[\left(1+\frac{k_1^2}{32}\right)^{1/2}+\frac{\sqrt{2}}{8}\frac{k_1 d_1}{t}\right]+\frac{12\eta t}{\rho_0 c_0 d^2}\sqrt{1+\frac{k_2^2}{18}} \tag{9-8}$$

$$m_b = \frac{0.294\times10^{-3}t}{p}\left[1+\left(9+\frac{k_1^2}{2}\right)^{-1/2}+0.85\frac{d_1}{t}\right]+\frac{t\left(1+\sqrt{25+2k_2^2}\right)}{c_0}-\frac{\mathrm{ctg}\,\omega D}{\rho_0 c_0^2} \tag{9-9}$$

基于以上声阻抗率及微穿孔板吸声系数的计算方法，耦合仿生吸声结构在声波垂直入射时的吸声系数的计算公式为

$$\alpha = \frac{4r_b}{\left(1+r_b\right)^2+\left[\omega m_b-\cot\left(\dfrac{\omega D}{c}\right)\right]^2} \tag{9-10}$$

式(9-7)至式(9-10)中，r_b 和 ωm_b 分别表示相对声阻率及声抗率，由材料及微穿孔板和微缝板尺寸参数确定；其余各字符含义与前述相同。

根据生物体实测数据及相关工程设计要求，确定耦合仿生吸声模型各层计算参数。其中，微缝板层参数主要依据长耳鸮体表覆羽层相关数据设定，微穿孔板层参数为在真皮层实测数据基础上进行放大处理得到，薄空腔深度由微穿孔层厚度及生物实测数据得到。微缝板层：板厚与覆羽层平均厚度对应，选择 3mm；微缝宽度与羽片间微隙平均宽度对应，为 0.2mm；据羽片缝隙平均间距垂直于皮肤表面投影尺寸，确定微缝中心间距为 5mm，开缝率 3.5%。微穿孔板层参数：板厚1mm，穿孔直径为 0.3mm，孔间距 1.5mm，穿孔率为 2%。依据长耳鸮皮下薄空腔深度与真皮层厚度之间的比例关系，确定仿生吸声模型中薄空腔深度为 10mm。

应用 MATLAB 编程计算耦合仿生模型的吸声系数，结果如图 9-10 所示[6]。由图可知，耦合仿生模型吸声系数曲线计算值与试验值具有相似的随频率变化趋

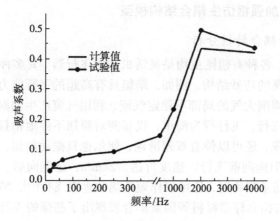

图 9-10　吸声系数理论计算值与试验值对比

势，模型理论值与试验结果比较吻合，各频段内吸声系数计算值与试验值之差为
0~0.1。这主要有两方面原因：一是由于建立的耦合仿生吸声模型作了更理想化
假设；二是在确定模型参数值时，为更合理地将理论模型转化成技术模型，进行
耦合仿生模型计算时采用了较大的空腔深度值。

对建立的仿生耦合吸声模型进行驻波管试验并与生物原型对比，结果表明，
耦合仿生吸声模型吸声能力明显强于生物原型，如图 9-11 所示[5]，这主要是由于
耦合仿生吸声模型同时融合了生物原型吸声特性与工程吸声结构特性，使其吸声
频带得到拓宽，并进一步增强了仿生耦合模型的高频吸声性能。从耦合仿生吸声
模型试验结果与生物原型的吸声特性曲线对比可以看出，耦合仿生吸声模型与生
物原型具有相近的特性趋势。

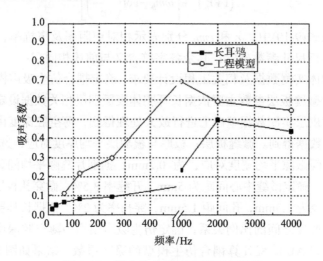

图 9-11 耦合仿生吸声模型吸声性能

9.3.3 飞机机身加强框仿生耦合结构模型

1. 蜻蜓翅膀耦合特性分析

在自然界中，各种有翅昆虫均是灵活机动的飞行器，其多种多样的飞行技巧
主要来源于其翅翼的巧妙结构。例如，蜻蜓具有高超的飞行能力，它通过翅翼的
振动产生不同于周围大气的局部不稳定气流，利用气流产生的涡流上升。蜻蜓能
在很小的推力下飞行，飞行行为简单，仅靠两对膜翅不停地拍打，飞行中常常轮
流振动前翅和后翅，还可以伸直双翅滑翔，偶尔也只振动前翅，而将一对后翅伸
展着[11]。蜻蜓不但能向前飞行，速度可达 72km/h，还能向后、向左右两侧飞行
和悬停，甚至在捕杀猎物时，还可以作短距离的垂直飞行[12]。蜻蜓膜翅通过特殊
的形态、巧妙的结构和轻柔材料等因素耦合展现出了超强的飞行能力和良好的力
学性能，为仿生工程提供了天然的生物模本。

蜻蜓膜翅重量为其自身总重量的 1%~2%，但在飞行中却表现出超强的稳定性和极好的承载能力[13]。研究发现，蜻蜓膜翅是由翅膜及支撑翅膜的沿翅翼纵向外伸的主翅脉和将主翅脉相互连接到一起的若干支翅脉组成，形成了一种坚固的类桁架结构[14-16]，如图 9-12 所示。由于蜻蜓膜翅中主翅脉起着梁的作用，承受着比支翅脉更大的力，主翅脉与支翅脉的交接处形成了 90°的夹角，减小了主翅脉的弯曲角度，而在膜翅的中央部分，支翅脉与支翅脉由于承受的力基本相同，所以夹角约为 120°。蜻蜓膜翅的薄膜状表皮由一种网格状的纤维构成，如图 9-13(a)所示[17]，纤维在某些区域排列较规则，相互垂直交错，纤维单元对角地支撑翅膜，这种排列可以提高邻近翅脉的抗弯曲性和扭曲度，同时，还可使翅室在各个方向同时抵抗负载。网格状纤维结构是翅膜表面蜡质层的一部分，去掉表面蜡质层的翅膜是一种均质材料，如图 9-13(b)所示[18]。蜻蜓前后膜翅横截面呈无规则的皱褶状，如图 9-14 所示，主翅脉位于皱褶的最高点和最低点，并由支翅脉和翅膜连接，形成一种空间立体结构，并且皱褶从膜翅基部到末端、从前缘到后缘逐渐减小，这种皱褶状结构能够提高弯曲刚度和挠性，以承受飞行中的负载，对超轻型翅翼的稳定性至关重要。蜻蜓翅脉具有中空结构，且翅脉的不同位置的横截面表现为不同的形状[19]，如图 9-15 所示。因此，蜻蜓膜翅通过形态、结构、材料、构形等耦元以特定耦联方式耦合，在强度、变形、振动和稳定等特性方面都展现出明显的优越性。

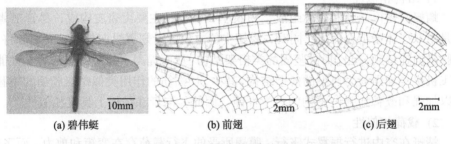

(a) 碧伟蜓   (b) 前翅   (c) 后翅

图 9-12   碧伟蜓及其前后翅

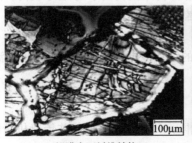

(a) 翅膜表面纤维结构   (b) 去掉表面蜡质层后的翅膜

图 9-13   蜻蜓翅膜

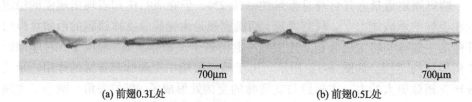

(a) 前翅0.3L处   (b) 前翅0.5L处

图 9-14 碧伟蜓前翅横截面

 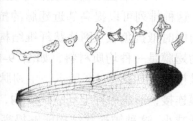

(a) 前缘翅脉横截面形状   (b) 不同位置翅脉的横截面形状

图 9-15 蜻蜓翅脉横截面照片

2. 蜻蜓翅膀与飞机机身加强框相似性分析

1) 结构相似性

蜻蜓膜翅由翅膜和翅脉组成，翅膜厚 2~5μm，主要由表皮构成，尽管很薄，却是由双层体壁组合而成；同时，膜翅中的主翅脉沿翅翼纵向外伸，支翅脉将主翅脉横向连接到一起，形成坚固的类桁架结构，从而提高了超薄翅膜的力学性能。而飞机机身加强框为典型的薄壁结构，其中，加强筋的作用类似蜻蜓膜翅的翅脉，可以加强和改善加强框结构的力学性能。因此，二者在结构上具有相似性[20]。

2) 载荷相似性

蜻蜓在空中进行振翼式飞行，膜翅所受的飞行载荷存在弯矩和剪力。而飞机机身加强框受到机翼、尾翼和起落架等部件传来的剪力和弯矩等载荷，传递到机身蒙皮的也是剪力流。因此，二者具有载荷相似性[20]。

3) 功能相似性

蜻蜓膜翅要抵制由于飞行载荷引起的结构变形，而机身加强框也要满足一定的刚度要求以维持机身不变形。因此，二者具有功能相似性[20]。

3. 结构模型构建

飞机机身加强框的主要作用是承受框平面内的集中载荷并传给机身蒙皮。可见，它是一个在集中外载与机身壳体提供的支反剪流作用相平衡的一个平面结构。它的质量比较大，设计的好坏对机身的结构质量有很大影响。蜻蜓膜翅与飞机机身加强框的结构具有一定的相似性，因此，我们提取决定蜻蜓膜翅耦合中主翅脉与支翅脉构成的桁架的结构耦元和网格形态耦元等，将其应用到飞机机身加强框的设计当中[20]。

(1) 仿效蜻蜓膜翅主翅脉结构特征，在飞机机身加强框沿主应力和主要承载的方向布置主加强筋，主加强筋是飞机加强框的主要承力部分。

(2) 仿效蜻蜓膜翅主翅脉和支翅脉共同围成的由四边形、五边形和六边形形成的拓扑网格形态特征，在飞机加强框主承载加强筋区域之间布置多孔形的次加强筋。

(3) 仿效蜻蜓膜翅主翅脉与支翅脉交接处形成 90°夹角，而在膜翅的中央部分，支翅脉与支翅脉形成 120°夹角等特征。在加强框主加强筋相邻的区域或是加强框的边缘部分，次加强筋结构的方向应该与这些结构方向垂直，这样可以减小主加强筋的弯曲角度；而在加强框的中央部分，次加强筋之间由于承受的力基本相同，夹角约为 120°。

通过提取的蜻蜓膜翅耦合主要耦元特征信息，将其赋于飞机加强框中，建立飞机机身加强框仿生耦合结构模型，如图 9-16 所示。由该图可以清晰展示出飞机加强框仿生耦合中各耦元间的相关性和相互连接关系。

此外，对建立的飞机机身加强框仿生耦合结构模型进行仿真分析，可以进一步验证模型的功能特性[20]。在不同的飞行条件下，加强框可能承受对称载荷和非对称载荷。机身加强框受到的来自机翼、尾翼和起落架等部件传来的对称载荷或非对称载荷，本质上加强框都是纯剪切或弯剪组合两种工况，分别对两种工况进行仿真分析。仿真分析时，选用机身加强框结构件常用的 7075 铝合金材料，其性能参数如表 9-2 所示。静力学分析结果分别如图 9-17 和图 9-18 所示。结果表明，仿生耦合结构模型，无论从比强度方面，还是结构的承载效能方面，都优于原型。通过仿真分析可知，提取蜻蜓膜翅耦合信息应用于飞机机身加强框，构建的仿生耦合结构模型具有良好的承载效能。

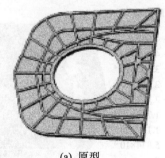
(a) 原型

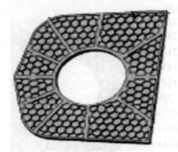
(b) 仿生耦合结构模型

图 9-16　飞机加强框结构模型

表 9-2   7075 铝合金性能参数

密度/(g·cm⁻³)	极限拉伸强度/MPa	弹性模量/GPa	泊松比
2.7	500	70	0.3

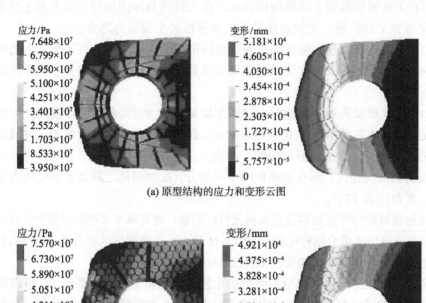

(a) 原型结构的应力和变形云图

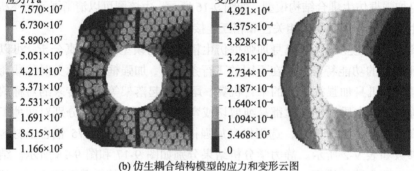

(b) 仿生耦合结构模型的应力和变形云图

图 9-17   纯剪切工况下加强框原型和仿生耦合模型的静力分析

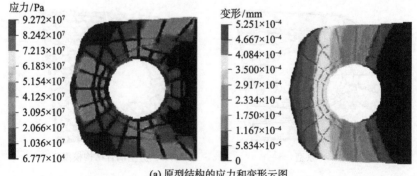

(a) 原型结构的应力和变形云图

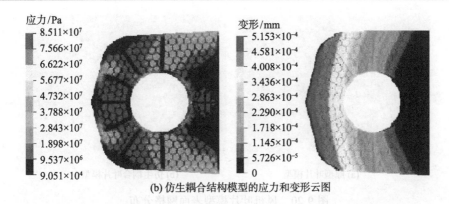

应力/Pa

- 8.511×10⁷
- 7.566×10⁷
- 6.622×10⁷
- 5.677×10⁷
- 4.732×10⁷
- 3.788×10⁷
- 2.843×10⁷
- 1.898×10⁷
- 9.537×10⁶
- 9.051×10⁴

变形/mm

- 5.153×10⁻⁴
- 4.581×10⁻⁴
- 4.008×10⁻⁴
- 3.436×10⁻⁴
- 2.863×10⁻⁴
- 2.290×10⁻⁴
- 1.718×10⁻⁴
- 1.145×10⁻⁴
- 5.726×10⁻⁵
- 0

(b) 仿生耦合结构模型的应力和变形云图

图 9-18　弯剪组合工况下加强框原型和仿生耦合模型的静力分析

9.3.4　轴流风机叶片降噪仿生耦合仿真模型

对上述 9.3.1 节建立的仿生耦合轴流风机叶片物理模型进行仿真分析。风机叶片原型为宁波九龙电讯电机有限公司生产的型号为 200FZY2-D 的轴流风机叶片。仿真分析时，先将物理模型导入 Solidworks2007，再利用 Cosmosfloworks2007 进行内部流场数值模拟，如图 9-19 所示[7]。

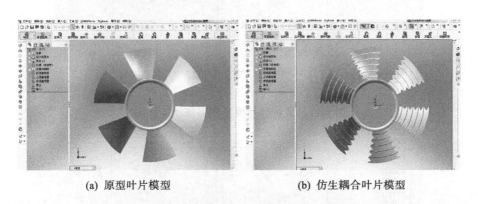

(a) 原型叶片模型　　　　　　　　　　(b) 仿生耦合叶片模型

图 9-19　风机叶片物理模型数值模拟

通过局部初始化网格，完成网格划分，系统根据设定的参数自动生成合适的网格。图 9-20 展示了原型风机叶片模型与仿生耦合叶片模型表面的网格分布情况。

对风机叶片进行流场分析，如图 9-21 和图 9-22 所示的风机叶片模型流动迹线图。通过设定不同的参数，可得到清晰明显的流动迹线并可观察到其流动动画，从而更好地认识和分析风机叶片模型周围的流场特点。

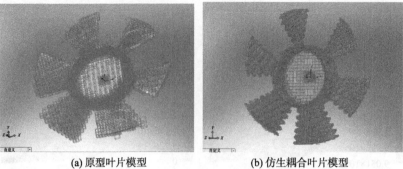

(a) 原型叶片模型   (b) 仿生耦合叶片模型

图 9-20　风机叶片模型表面网格分布

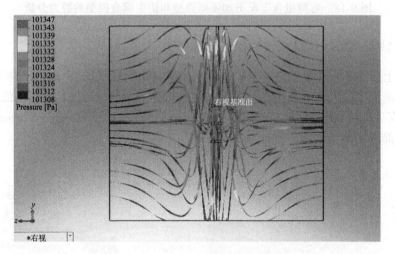

图 9-21　风机叶片模型压强流动迹线图

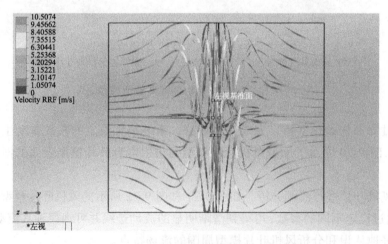

图 9-22　风机叶片模型速度场流动迹线图

图 9-21 所示的是风机叶片模型的右视图，从图中可以看出，当气流流经风机叶片模型表面时，产生了扰动流，影响了来流的稳定性，使风机表面压力脉动加剧，从而产生了风机噪声[7]。

风机叶片模型的速度场分析亦采用了流动迹线图。从图 9-22 可以看出，空气以变化的速度向风机四周流出，但是由于叶片的旋转，给空气带来了一定的旋转速度分量，以致在叶片的周围出现了小漩涡。气流流经叶片时，叶片的转动产生了垂直于叶片表面的相对速度，因而叶轮叶尖处的流动速度要高于叶根处的流动速度[7]。特别强调的是，在叶片低压面产生了旋涡，气体涡流噪声往往是风机噪声的主要来源。

利用 Cosmosfloworks2007 对仿生耦合风机叶片模型及原型风机叶片模型进行模拟分析。在转速 1000r/min 时，模拟值与试验值对比见图 9-23。图中 0 号为原型风机叶片模型，1~12 号分别为设计的 12 种仿生耦合风机叶片模型。数值模拟结果表明，大多数仿生耦合风机叶片模型的全压值高于原风机叶片模型，说明将长耳鸮体表翼羽耦合中的两个耦元赋于风机叶片中，设计的仿生耦合叶片获得了较好的增效效果。此外，从图 9-23 也可以明显观察到，虽然试验值与仿真模拟值存在较大的差异，但曲线的基本趋势是保持一致的。这说明通过仿真分析可以很好地分析风机性能及其流场流动特点。通过仿真分析与性能测试证明，仿生耦合风机叶片不仅能降噪，而且还能增加效率[7]。

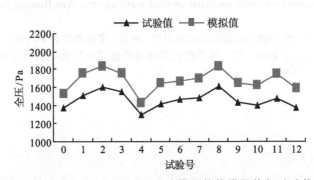

图 9-23 转速 1000r/min 时风机叶片模型数值模拟值与试验值对比

参 考 文 献

[1] 王京春，陈丽莉，任露泉，等. 仿生注射器针头减阻试验研究. 吉林大学学报(工学版)，2008, 38(2): 379-382.

[2] 王京春. 基于昆虫刺吸式口器的仿生耦合无痛针头的研究. 吉林大学博士学位论文，2008.

[3] 谷松涛. 基于昆虫刺吸式口器的仿生注射器研究. 吉林大学硕士学位论文，2008.

[4] 王京春，任露泉，赵华，等. 仿生注射针具痛感试验分析. 吉林大学学报(工学版)，2008,

S2:149-152.

[5] 孙少明. 风机气动噪声控制耦合仿生研究. 吉林大学博士学位论文, 2008.

[6] 孙少明, 任露泉, 徐成宇. 长耳鸮皮肤和覆羽耦合吸声降噪特性研究. 噪声与振动控制, 2008, 3: 119-123.

[7] 陈坤. 仿生耦合风机叶片模型降噪与增效研究. 吉林大学硕士学位论文, 2009.

[8] 马大猷. 微穿孔板的实际极限. 声学学报, 2006, 6: 481-484.

[9] 马大猷, 刘克. 微穿孔吸声体随机入射吸声性能. 声学学报, 2000, 4: 289-296.

[10] 马大猷. 热声学的基本理论和非线性 II——热声管中的非线性声波. 声学学报, 1999, 5: 449-462.

[11] Alexander D E. Unusual phase relationships between the forewings and hindwings in flying dragonflies. J Exp Biol, 1984, 109(1): 379-383.

[12] Olberg R M, Worthington A H, Venator K R. Prey pursuit and interception in dragonflies. J Comp Physiol A, 2000, 186(2): 155-162.

[13] Kesel A B, Philippi U, Nachtigall W. Biomechanical aspect s of the insect wing: an analysis using the finite element method. Comput Biology Med, 1998, 28 (4): 423-437.

[14] 赵彦如. 蜻蜓膜翅结构特征和纳米力学行为及仿生分析. 吉林大学博士学位论文, 2007.

[15] Tong J, Zhao Y R, Sun J Y, et al. Nanomechanical properties of the stigma of dragonfly *Anax-parthenope julius* Brauer. J Mater Sci, 2007, 42: 2894-2898.

[16] 张金. 三种昆虫膜翅结构仿生模型与纳米力学. 吉林大学硕士学位论文, 2008.

[17] Gorb S N, Kesel A, Berger J. Microsculpture of the wing surface in Odonata: evidence for cuticular wax covering. Arthropod Structure Development, 2000, 29(2): 129-135.

[18] Kreuz P, Arnold W, Kesel A B. Acoustic microscopic analysis of the biological structure of insect wing membranes with emphasis on their waxy surface. Ann Biomed Eng, 2001, 29(12): 1054-1058.

[19] 矢野鉄郎. トンボの翅の結節部の構造解析. 東京: 東京理科大学, 1989.

[20] 马建峰, 陈五一, 赵岭, 等. 基于蜻蜓膜翅结构的飞机加强框的仿生设计. 航空学报, 2009, 30(3): 562-569.

第 10 章　仿生耦合设计

10.1　仿生耦合设计的概念与内涵

10.1.1　仿生耦合设计的概念

仿生耦合设计主要包括产品研发 5 个方面内容(实际功能优化、实际性能优化、工艺优化、生产制造与试验、产品修改与升级)中的 2 个，即实际功能优化和实际性能优化，对应于产品研发 5 个阶段(概念设计、详细设计、工艺制定、生产制造、修改与升级)中的 2 个，即概念设计和详细设计。

为满足经济建设、科学研究和社会发展的需求，人们对预定的目标通过创造性思维，进行一系列的规划(计划)、分析和决策，产生载有相应的文字、数据、图形等信息的技术文件，以取得最满意的经济效益，这就是设计。可以说，设计是一个广义的概念，人类一切有目的的活动，若预先制定实施方案，则即蕴含设计之意，它是众多领域中人类活动的一项基本活动。仿生耦合设计与其他各种各样的设计门类相比，其学科交叉和创新的特征更为鲜明。

从广义上讲，仿生耦合设计是指为了满足工程技术需求，提取生物耦合信息，通过构思、分析、规划、决策和创造等技术手段，将其与工程研究对象相结合，构建出一个具有自身能量消耗最低化、环境适应最佳化和功能展现最优化的人工系统方案的一系列实践过程，即把从生物界获得的生物耦合信息变成有望能解决工程技术问题的具体方案的实践活动。从狭义上讲，仿生耦合设计是指将生物耦合信息与工程研究对象相结合，运用仿生学原理，制定和编制出具体的方案、图纸、数据、文档等，以制造出一个满足工程技术需求的人工技术系统。

例如，在农业生产中，起垄铲是耕整联合作业机、整地起垄机、施肥机等农业机具的重要触土部件之一，在垄作栽培、播种、施肥及排水等农用机械中有着广泛的应用。但由于起垄过程阻力大，无疑会增加作业机械的能耗。因此，合理优化起垄部件结构及工作方式以减小牵引阻力、降低耕整作业中的能耗，是农业工程的实际需求。土壤动物在长期进化过程中逐渐形成了优异的脱附减阻功能[1]。因此，可以在自然界中选择通过生物耦合具有优异脱附减阻功能的生物原型，将其耦合信息与起垄铲相结合，设计仿生耦合起垄铲。野猪生来就具有拱土的遗传特性，如图 10-1 所示。经过长期进化、优化，使其面部在与土壤进行接触时，具有优良的脱附减阻功能[2-3]。野猪所具有的这种拱土觅食的行为学特性，与起垄器铲面的触土特性极为相似。因此，我们选取野猪头部作为设计起垄器铲面的生物模本。

(a) 自然界中的野猪   (b) 野猪拱土觅食

图 10-1   自然界中的野猪拱土觅食

由第 8 章的研究可知，野猪头部特殊构形与形态相耦合，与土壤进行接触作用时，具有降低与土壤间阻力的功能。根据所获取的野猪头部耦合减阻功能的生物学特征数据，以工程实际应用中的起垄器铲面的尺寸、规格等为基础，设计仿生耦合起垄器铲面[4-5]。采用正交试验的方法，对普通起垄器在不同拖拉机工作档位、不同灭茬机工作状态、不同土壤含水量的情况下，进行了室内土槽的土壤阻力试验，测出土壤对起垄器阻力的数据，为仿生耦合起垄器铲面的设计提供重要的工程学数据。

普通起垄器铲面形状大多为锥体，如图 10-2(a)所示，主要线型元素为直线。与土壤接触时，由直线线型构成平直曲面的触土面与土壤作用，缓冲较小、作用力较大。触土面的侧面两翼虽然也能起到分离土壤、减少土壤堆积的作用，但是由于两侧面也是由直线线型构成的平直曲面，且与触土面的过渡不圆滑，因此，使得这种普通起垄器铲面受到的土壤阻力较大。将野猪头部特殊构形和曲面形态等特征数据(见图 8-10)赋于起垄器铲面的设计中，以野猪头部的脊线为仿生起垄器铲面的设计中线，选取特征素线所构成的曲面为仿生起垄器铲面的曲面，设计出的仿生耦合起垄器铲面的模型，如图 10-2(b)所示[4]。

根据普通起垄器阻力试验得出的工程数据和约束条件，对设计出的仿生耦合起垄器进行有限元模拟分析，如图 10-3 和图 10-4 所示。分析结果表明，仿生起垄器铲面在起垄前进的同时，能够使起垄器铲面两翼周围更多的土壤受到应力的作用，有效地向两侧分离，减小了土壤在起垄前进方向上的积累、滞留，降低了起垄前进的阻力；从应力的大小来看，仿生起垄器铲面在起垄时所受应力比普通起垄器铲面所受应力低，如图 10-5 所示[4-5]。可见，根据野猪头部耦合减阻特性设计的仿生耦合起垄器铲面的工作性能要优于普通起垄器铲面。

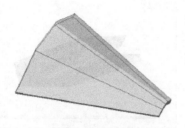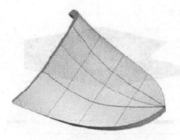

(a) 普通起垄器铲面　　　　　　　　(b) 仿生耦合起垄器铲面

图 10-2　普通起垄器铲面和仿生耦合起垄器铲面

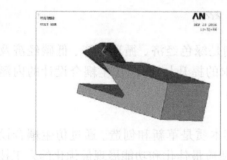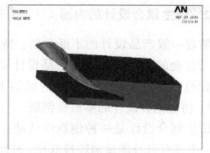

(a) 普通起垄器　　　　　　　　(b) 仿生耦合起垄器

图 10-3　起垄器铲面与土壤作用的实体模型

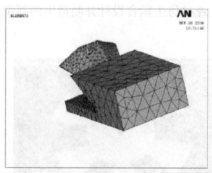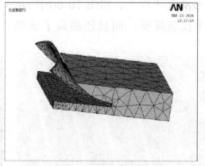

(a) 普通起垄器　　　　　　　　(b) 仿生耦合起垄器

图 10-4　起垄器铲面与土壤作用的网格图

　　上述野猪头部生物耦合信息提取、普通起垄器阻力试验得出的工程数据和约束条件、设计仿生耦合起垄器铲面的具体方案及其有限元模拟分析等一系列实践,皆是起垄器仿生耦合设计的重要内容,但仿生耦合设计的核心是仿生耦合制品的设计方案。

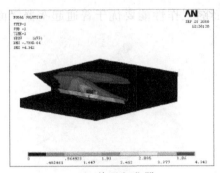
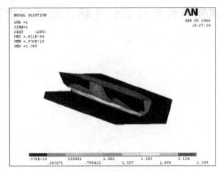

(a) 普通起垄器　　　　　　　　　　(b) 仿生耦合起垄器

图 10-5　起垄器铲面与土壤作用产生的三维等效应力图

10.1.2　仿生耦合设计的内涵

随着一般产品设计的不断创新，特别是绿色经济、循环经济、低碳经济及经济与社会的可持续发展对产品设计要求的提升与深化，仿生耦合设计的内涵和外延也在不断变化，其基本内涵如下。

1) 仿生耦合设计的本质是创新

仿生耦合设计是一种创新性活动，其本质是革新和创造。通过仿生耦合设计，一个具有自身能量消耗最低化、环境适应最佳化和功能展现最优化的人工技术系统被创造出来。正如前面章节所述，长耳鸮体表各羽毛间的条纹结构与羽毛端部锯齿非光滑形态是其消声降噪耦合的主要耦元[6-7]，如图 10-6(a)所示，将其模拟于风机叶片上，如图 10-6(b)所示[6]。通过仿生耦合设计并制造出的新型风机叶片不仅能降噪，而且还提高了效能。

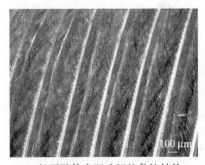

(a) 长耳鸮体表羽毛间的条纹结构　　　　　(b) 仿生耦合风机叶片

图 10-6　长耳鸮体表羽毛间的条纹结构与仿生耦合风机叶片

2) 仿生耦合设计的核心是转化生物的优异功能

仿生耦合设计是把自然界中生物所具有的与环境相适应的卓越功能转化为

生产力的重要手段。自古以来，自然界就是人类各种技术思想、工程原理及重大创新、发明的源泉，许多工程技术难题在生物界获得圆满解决。仿生耦合设计把生物经过亿万年进化所具有的最佳适应性系统与原理模拟到工程技术中，设计出满足工程技术要求的仿生耦合方案和技术系统，实现具有功能性、创新性、高技术性、绿色、环保、可持续性的仿生目标。同时，仿生耦合设计有望提升工程仿生的高技术含量和创新水平，提高仿生效能，增加工程仿生技术与产品的市场竞争力。

3) 仿生耦合设计的关键是研发先进的技术系统

仿生耦合设计是研发形态–结构–材料等多元耦合与功能一体化的先进技术系统的重要途径。通过仿生耦合设计所创建的技术系统应能实现预期的仿生功能，满足预定的要求，同时，应是给定条件下的仿生"最优解"。例如，在风机的发展过程中，一方面，要求风机向着低噪声方向发展；另一方面，要求风机具备良好的性能，达到高效节能和改善环境的目的。因此，通过仿生耦合设计风机叶片时，对设计出的仿生耦合风机叶片[图 10-6(b)]选择锯齿宽度 A、条纹形状 B、条纹宽度 C、条纹深径比 D、条纹间距 E5 个因素，并选用 $L_{12}(3^1 \times 2^4)$ 混合正交表进行试验，以获得仿生耦合最佳的设计参数集[6]。

4) 仿生耦合设计的主要目标是创造新产品

随着时代的发展、科学技术的进步，人们的需求及自然环境、经济环境和社会环境都快节奏地不断变化。因此，要适应种种变化，就要不断创新设计，创造新产品。仿生耦合设计正是以实际需求为目标，在一定设计原则的约束下，运用先进的设计原理、方法和手段创建造满足实际需求的新产品的活动。

10.2　仿生耦合设计准则

仿生耦合设计不仅要遵循一般产品设计的准则，还要遵循仿生耦合设计的准则。

10.2.1　生物耦合功能有效实现准则

实现特定的功能是仿生耦合设计的最终目标，仿生耦合设计过程中的一切技术手段和方法，实际上都是针对设计出的仿生耦合产品 1 系统的功能而进行的。生物耦合功能有效实现准则，即拟设计出的仿生耦合产品 1 系统必须有效实现生物耦合所具有的生物功能，达到预期的功能目标。仿生耦合设计应严格遵循这一准则，要切实将生物耦合功能有效实现放在设计的核心地位，为有效实现特定的生物功能而设计。

10.2.2 耦元权重准则

仿生耦元对仿生耦合功能的有效实现贡献不同，有重轻之序。耦元权重准则，即根据仿生耦元的权重次序，着重模拟对仿生耦合功能有效实现贡献最大、起主要作用的耦元，然后在此基础上再进行其他耦元的构建。在多元耦合仿生设计时，通常以主耦元作基；但根据实际工况需要，有时也利用次主耦元作基。

10.2.3 耦合仿生最优化准则

耦合仿生最优化准则，即在仿生耦合设计过程中，对仿生耦合中全部耦元、耦联进行逐一的、全面的优化；在仿生耦合设计最后阶段，对整个仿生耦合进行全域统筹处理，实现全域最优化。

10.2.4 生物耦合与仿生技术集成/有机融合准则

生物耦合与仿生技术有机融合准则，即将生物耦合信息与先进的仿生技术有机结合，进行仿生耦合设计。在同一个仿生耦合设计中，采用不同的仿生技术，设计出的仿生耦合产品的功能是存在一定差异的。只有将生物耦合信息与仿生技术有机融合，才能更有效地实现仿生设计的功能要求，产生更好的仿生效能。

10.3 仿生耦合设计方法

仿生耦合设计方法是实现设计仿生耦合方案的手段、途径，其种类较多。选择正确的方法，有利于提高设计质量和缩短设计周期。本节简要介绍仿生耦合设计常用的几种方法。

10.3.1 仿生耦元序贯优化设计

在生物模本的耦合分析及仿生耦合模型中，已辨识的各耦元对生物耦合功能的重要程度是仿生耦合设计的基本依据。

所谓仿生耦元序贯优化法，即根据仿生耦元的重要性次序，先重后轻，依次进行仿生耦合设计的方法。序贯设计时，首先设计并优化主耦元，其次，设计优化次主耦元，再次设计优化相对次要的仿生耦元，依照顺序，一个个进行，直至完成仿生耦合中全部耦元的设计与优化。最后，要统筹对各耦元进行全面设计与优化。例如，在自洁表面的仿生耦合设计时，先设计优化非光滑形态，再设计微—纳复合结构，最后进行表面低能化处理。

但在实际的工程仿生产品耦合设计中，当考虑工艺、工装、成本等因素时，有时需要适当调整仅依据耦元重要程度的设计次序。例如，在仿生犁壁设计时，显然，非光滑形态是主仿生耦元[8-9]，但为了降低成本、方便加工，就得改变原犁壁曲面形状，即构形耦元，此时，就先进行构形耦元的设计与优化。

应当指出的是，各仿生耦元在被设计优化时，多是局域优化，尚需在设计的最后阶段，结合耦联的设计优化，对整个仿生耦合设计进行全局优化。

10.3.2　仿生耦元并行优化设计

对生物模本的耦合分析中，已辨识的耦元重要程度序列，尽管在仿生耦合模型中可能有所调整，而实际上，仿生耦元对仿生耦合功能的有效实现确实还是有重轻之序的。但在仿生耦合设计时，由于设计理念、技术约束或工程需求，有时暂不考虑仿生耦元的重轻之序，而是同时考虑若干仿生耦元在一定条件下的设计优化，此即仿生耦元并行优化设计。例如，根据仿生耦合吸声模型[10]进行仿生耦合吸声装置设计时，拟同时考虑形态(微缝表面)、结构(微缝板 + 微穿孔板)和材料(空腔介质)三个耦元，并运用吸声动力学原理，在不同声级吸收频率下，进行吸声装置的设计优化。设计时，亦可同时考虑各耦联的影响。

需要注意的是：①在设计过程中，应尽可能地给予重要仿生耦元更多的关注；②有时并行设计并非全域优化，应在设计最后阶段进行全域统筹处理，尽量实现全域最优化；③在仿生耦合结构模型中，拟应更多地采用并行设计，或从仿生耦合的整体上去把握设计及其优化。

10.3.3　仿生耦元序贯并行交融设计

在三元以上复杂的仿生耦合设计过程中，有时既要运用序贯法，同时，又要运用并行法，两法交融使用，并与各耦联设计一起，实现局域到全域的全程设计优化。

多元仿生耦合中，不仅仿生耦元对仿生功能实现的重要程度不同，其性质、特性也可能相异较大，加之具体设计的种种不同技术要求，因此，需要科学有效地将不同耦元有机组合或合理排序，以便序贯与并行交融地进行耦合仿生设计与优化。

例如，在对流体介质中的流动体仿生减阻研究中，仿生耦合减阻表面的设计拟考虑运动体的特殊曲面(流线型、仿生减阻构形等)、形态(微米级种种非光滑等)、微-纳或纳-纳米结构(绒突、菜花等仿生结构)、弹/柔性层(仿生弹性壁或柔性层)、减阻材料(低表面能、低粘附、低摩擦系数等)等 5 个耦元。考虑到制造时工艺、工装的优化，显然，仿生耦合中构形与形态、结构/特性与材料，拟采用并行设计为主，而后再将并行设计结果进行序贯处理。这种设计方案将各仿生耦元始终在全域范围内进行各自设计参数的最优化处理，而且，耦联的设计优化能与耦元的设计紧紧融为一体。

尚需指出，在同一个多元仿生耦合设计中，不同的设计观念、设计方法，采用不同的工艺制造技术，或不同的技术要求与工程需求，并行的组合、序贯的设定及其交融方式，都需要根据具体情况与设计的最优化要求而适宜变化。

上述设计方法主要是仿生耦合领域具有自主特点的设计概念与方法，至于一般产品设计常用的重要方法[11-12]，如计算机辅助设计、虚拟设计、有限元法、模块化设计和试验优化设计等，也是仿生耦合设计不可或缺的设计方法。下面的章节结合仿生耦合设计具体事例，分别简要予以介绍。

10.3.4　计算机辅助设计

计算机辅助设计是指在仿生耦合设计中，利用计算机作为工具，帮助设计者进行设计的一切适用技术的总和[13]。计算机辅助设计是仿生耦合设计中最常用的设计方法之一。在设计过程中，设计者和计算机各尽所长，设计者可以进行创造性的思维活动，构思工作原理、拟定设计方案等，并将设计思想和计划经过综合、分析，转换成计算机可以处理的物理模型、数学模型等。计算机辅助设计过程中，设计者可以评价设计结果、控制设计过程，计算机根据设计者的要求，进行分析、计算和存储信息，完成设计信息的管理、模拟、优化、绘图和其他的数值分析任务。显然，计算机辅助设计可以在仿生耦合设计的各个阶段发挥有效的作用。

10.3.5　虚拟设计

虚拟设计是近 20 年来发展起来的一门新技术，它是由多学科先进知识形成的综合系统技术，其本质是以计算机支持的仿真技术为前提，在产品设计阶段实时地、并行地模拟出产品开发全过程及其对产品设计的影响，预测产品性能、产品制造成本、产品的可制造性、产品的可维护性和可拆卸性等，从而提高产品设计的一次成功率，以达到产品开发周期成本的最小化、产品设计质量的最优化、生产效率的最高化[14]。对于复杂的、高成本的仿生耦合/系统，在仿生耦合设计阶段多采用虚拟技术，通过计算机建立仿生耦合/系统的数字模型，用数字化形式来代替实际系统进行静态和动态性能分析。虚拟设计出的仿生耦合/系统，实际上只是数字模型，设计者可随时对其进行观察、分析、修改及更新，能够在仿生耦合设计的初级阶段对整个系统进行完整的分析，不断改进，直至获得最优的仿生耦合设计方案。

例如，水黾能在水面上停留并可快速滑行和跳跃，受水黾启发，人们对研制在水面这一非结构环境下能快速移动的仿生水黾机器人产生了浓厚兴趣。水黾有 6 条细长的腿，如图 10-7 所示，中腿最长，在水黾滑行和跳跃运动时起划水、分水的作用；后腿较长，滑行时起支撑身体作用，并且在水黾转弯时也起辅助作用；前腿稍短一些，也起一定的支撑作用。水黾腿部是由按同一方向排列的多层微米尺寸的针状刚毛组成，如图 10-8(a)、(b)和(c)所示，直径范围从 2μm 到几百纳米左右,长度大约为 50μm,刚毛表面形成螺旋状的纳米沟槽,如图 10-8(d)所示[15]。研究发现,水黾腿上刚毛表面的沟槽结构产生空隙,当压在水面上时,水分子不能浸到空隙里面,就会压在腿表面上,而在缝隙形成空气压力腔,使刚毛在水面上的压力增大,从而使水黾腿在水面上具有较大的浮力[15]。因此,水黾的腿可以压在水面上而不会扎入水里,并能够支撑身体在水面上自由地停留、行走、快速滑移和跳跃等。

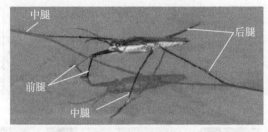

图 10-7 水黾

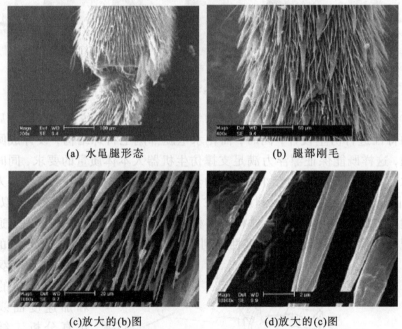

(a) 水黾腿形态   (b) 腿部刚毛

(c)放大的(b)图   (d)放大的(c)图

图 10-8 水黾腿表面刚毛及其表面沟槽结构

通过对水黾运动方式的研究可知,当水黾滑行运动时,其前后 4 条腿保持与水面接触,主要起支撑作用,依靠两条中腿在水面上划动实现其水面滑行运动;当向前运动时,如图 10-9(a)所示,水黾的前后 4 条腿保持与水面接触,左右两条驱动腿按相同的运动规律前后划动,不同时刻运动位置相同,这样就能保证水黾平衡地向前运动；当水黾拐弯时，如果向左拐弯，水黾前后 4 条腿起支撑作用，不脱离水面，并且后腿在转弯时也起一定辅助作用，右驱动腿向后划动,左驱动腿保持不动或向前划水,这样就实现了水黾的向左拐弯运动，如图 10-9(b)所示；同理，水黾也可以实现右拐弯[15]。在垂直水面上，水黾腿不刺破水面而是对水面产生压水作用，形成椭圆形运动轨迹。因此，设计的仿水黾机器人两条中间腿的运动轨迹应是椭圆形。

(a) 水黾前进运动分解图

(b) 水黾向左拐弯运动分解图

图 10-9　水黾前进运动和拐弯运动分解图

　　在上述分析基础上，提取水黾生物学信息并简化，模仿水黾 6 腿布局和中腿驱动特性进行仿生设计，同时，简化水黾腿部刚毛特殊结构，设计成圆柱形飘浮腿，这样既能保证漂浮力满足支撑仿生机器人本体质量的要求，同时又使其在水面划行运动时阻力较小。通过初步设计，制定出的仿生水黾机器人的方案，如图 10-10 所示。此时，利用 Pro/E 软件对仿生水黾机器人进行虚拟设计，整机建模，如图 10-11 所示，这样能够检验设计尺寸的正确性，同时，通过虚拟装配能够检验机构设计的合理性。利用 ADAMS 软件，对虚拟设计的仿生水黾机器人双腿驱动机构运动的速度和加速度曲线进行仿真分析，结果表明，左右驱动腿速度和加速度具有相同的变化规律和大小[15-16]，如图 10-12 所示。仿真结果证明，

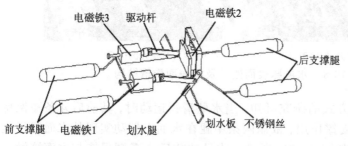

图 10-10　仿生水黾机器人结构设计方案

通过虚拟设计的仿生水黾机器人左右驱动腿能够保持平衡的运动特性,可以使其平衡地向前运动,具有良好的运动性能。

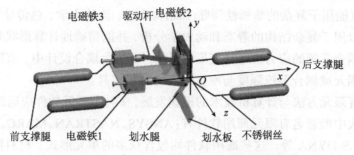

图 10-11　仿生水黾机器人虚拟整机模型

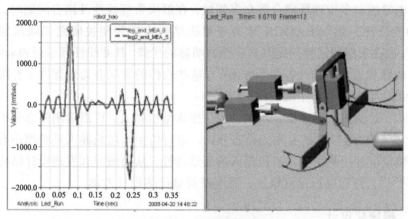

(a) 左右驱动腿速度曲线分析比较

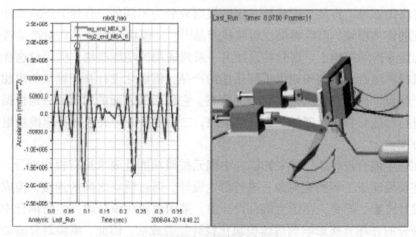

(b) 左右驱动腿加速度曲线分析比较

图 10-12　仿生水黾机器人左右驱动腿速度和加速度曲线分析

10.3.6　有限元法

有限元法是以计算机为工具的一种现代数值计算方法，该方法在仿生耦合设计中，不仅能用于复杂的非线性问题(如结构力学、流体力学、热传导等)的求解，而且还可以用于复杂结构的静态和动力学分析，并能精确地计算形状和结构复杂的耦元或耦合系统的应力分布与变形。因此，在仿生耦合设计中，有限元法是分析和计算耦元或耦合系统强度与刚度的有力分析工具。

随着有限元方法与计算机技术的迅速发展，多种有限元软件应运而生。目前，较流行的大中型著名有限元商用软件有：ANSYS、NASTRAN、MARC、ABAQUS、ADINA、LS-DYNA 等。这些通用软件均包含众多的单元形式、材料模型及分析功能，只是各有侧重，如 ANSYS 注重应用领域的拓展，目前其分析模块覆盖了流体、电磁场和多物理场耦合等众多领域，在解决常规线性及耦合问题时，具有较好的性价比；而 ABAQUS 致力于解决结构力学和相关研究领域深层次实际问题，故在求解非线性问题时具有非常明显的优势，其非线性涵盖材料非线性、几何非线性和边界非线性等多个方面[17]。这些软件的发展有力地促进了有限元法在复杂的仿生耦合设计中的应用。

例如，对前述采用虚拟技术设计的仿生水電机器人，可以运用模态分析动力学理论和 ANSYS 软件的有限元模态分析，进行仿生水電机器人系统模态有限元分析，确定设计出的仿生水電机器人的振动特性，从而研究和发现设计结构的薄弱环节[15-16]，然后进行反复修正，直至获得最优的设计方案。

10.3.7　模块化设计

模块化思想是将某一产品按一定的规则分解为不同的、有利于产品设计制造及装配的许多模块，而后将模块组装成产品[18-20]。模块化设计是在对产品特性预测、功能分析的基础上，划分并设计出一系列通用的功能模块，然后对这些模块进行选择和组合，从而构建出不同功能的产品。模块化设计基于模块的思想，将一般产品设计任务转化为模块化产品方案。它包括两方面的内容：一是根据设计要求进行功能分析，合理创建出一组模块；二是根据设计要求将特定模块组合成产品方案。

在仿生耦合设计中，将生物耦合中耦元按照功能性要求进行模块划分，然后将这些模块赋于工程研究对象，进行仿生设计，通过模块之间的连接，构成仿生耦合设计方案。但是，在仿生耦合设计中，采用模块化设计时，生物耦合中耦元模块划分的好坏直接影响到后续模块化设计是否成功。因此，模块划分前必须对生物耦合及其工程研究对象进行全面、系统的功能分析。

10.3.8 试验优化设计

试验优化从不同的优良性出发，合理设计试验(包括产品设计)方案，有效控制试验干扰，科学处理试验数据，全面进行优化分析，直接实现优化目标，已成为现代优化理论与技术的一个重要方面，也是仿生耦合设计的一个重要方法[21]。

例如，采用正交试验优化法设计风机降噪方案，并将风机叶片原型模型和仿生耦合风机叶片模型进行对比试验[6]。

1) 确定试验指标

对轴流风机叶片模型的仿生耦合试验优化设计，目的是通过气动噪声试验寻求仿生耦合最优设计方案，以达到降低风机噪声的目的。因此，将评价噪声的基本量 A 声级作为试验指标。

2) 试验因素

影响风机噪声的因素很多，从典型无声飞行鸟类长耳鸮的关键特征出发，研究锯齿形态与条纹结构对风机气动噪声的影响，并优选出最优降噪设计方案。因此，固定相同的试验条件，选择锯齿形态的宽度、条纹结构的形状、条纹结构的宽度、条纹结构的深径比、条纹结构的间距作为试验因素。

3) 试验水平

试验主要考察耦元条纹结构与锯齿形态对风机叶片气动噪声的影响。综合考虑相似性与工程技术等因素，最终确定锯齿宽度因素三个水平，其他四个因素每个因素两个水平。试验因素水平见表 10-1。

表 10-1 仿生耦合轴流风机叶片模型的气动噪声试验因素水平

因素 水平	A 锯齿宽 /mm	B 形状	C 宽度 /mm	D 深径比	E 间距/mm
1	2	V 形	1	1	6
2	3	U 形	1.5	2	10
3	4				

4) 方案编排

试验采用正交试验方法，选取了 5 个试验因素，即锯齿宽度 A、条纹形状 B、条纹宽度 C、条纹深径比 D、条纹间距 E。除 A 选择三个水平，其余因素均选择两个水平，不考虑各因素之间的交互作用，故选用 $L_{12}(3^1 \times 2^4)$ 混合正交表，正交试验方案见表 10-2。通过正交试验可以考察这 5 个因素的变化规律，分析其对风机叶片模型气动噪声的影响。

表 10-2 正交试验方案

试验号	因素	A 锯齿宽 /mm	B 形状	C 宽度 /mm	D 深径比	E 间距 /mm
1		(1)2	(1) V 形	(1)1	(1)1	(1)6
2		(1)2	(1) V 形	(1)1	(2)2	(2)10
3		(1)2	(2) U 形	(2)1.5	(1)1	(2)10
4		(1)2	(2) U 形	(2)1.5	(2)2	(1)6
5		(2)3	(1) V 形	(2)1.5	(1)1	(1)6
6		(2)3	(1) V 形	(2)1.5	(2)2	(2)10
7		(2)3	(2) U 形	(1)1	(1)1	(1)6
8		(2)3	(2) U 形	(1)1	(2)2	(2)10
9		(3)4	(1) V 形	(2)1.5	(1)1	(2)10
10		(3)4	(1) V 形	(1)1	(2)2	(1)6
11		(3)4	(2) U 形	(1)1	(1)1	(2)10
12		(3)4	(2) U 形	(2)1.5	(2)2	(1)6

5) 试验结果

5 种转速下，12 种仿生耦合风机叶片模型与原型风机叶片模型的 A 声级噪声值测量结果如图 10-13 所示。图中，0 号为原型风机叶片模型，1~12 号分别为正交试验设计中的 12 种仿生耦合风机叶片模型。

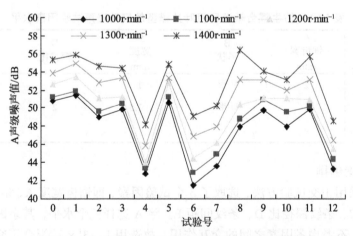

图 10-13 不同转速风机叶片模型 A 声级噪声值

6) 极差分析

依据正交表的综合可比性，利用极差分析法可非常直观、简便地分析试验结果，确定因素的主次和最优组合。极差分析计算结果见表 10-3。

表 10-3　正交试验结果极差分析

试验号	因素					气动噪声峰值/dB				
	A	B	C	D	E	转速 1000 r·min⁻¹	转速 1100 r·min⁻¹	转速 1200 r·min⁻¹	转速 1300 r·min⁻¹	转速 1400 r·min⁻¹
1	2	V 形	1	1	6	51.4	51.8	53.4	54.9	55.9
2	2	V 形	1	2	10	49.0	49.6	51.1	52.8	54.6
3	2	U 形	1.5	1	10	49.8	50.5	51.2	53.3	54.4
4	2	U 形	1.5	2	6	42.8	43.4	44.0	45.8	48.2
5	3	V 形	1.5	1	6	50.6	51.2	52.8	53.3	54.8
6	3	V 形	1.5	2	10	41.5	42.9	44.4	46.9	49.1
7	3	U 形	1	1	6	43.6	44.9	46.1	47.9	50.3
8	3	U 形	1	2	10	47.9	48.8	50.4	53.1	56.4
9	4	V 形	1.5	1	10	49.7	50.9	51.1	53.1	54.1
10	4	V 形	1	2	6	47.9	49.5	51.1	52.0	53.1
11	4	U 形	1	1	6	49.8	50.2	50.9	53.1	55.7
12	4	U 形	1.5	2	6	43.3	44.3	45.5	46.5	48.6
$\bar{y}_{j1}$	48.3	48.35	48.27	49.15	46.6	转速 1000 r·min⁻¹				
$\bar{y}_{j2}$	45.9	46.2	46.28	45.4	47.95	主次因素：D，B，C，A，E				
$\bar{y}_{j3}$	47.68					优水平：D_2，B_2，C_2，A_2，E_1				
R_j	1.25	1.53	1.41	2.66	0.96	最优组合：$D_2B_2C_2A_2E_1$				
$\bar{y}_{j1}$	48.83	49.32	49.13	49.92	47.52	转速 1100 r·min⁻¹				
$\bar{y}_{j2}$	46.95	47.02	47.2	46.42	48.82	主次因素：D，B，C，A，E				
$\bar{y}_{j3}$	48.73					优水平：D_2，B_2，C_2，A_2，E_1				
R_j	0.98	1.63	1.37	2.49	0.92	最优组合：$D_2B_2C_2A_2E_1$				
$\bar{y}_{j1}$	49.93	50.65	50.5	50.92	48.82	转速 1200 r·min⁻¹				

续表

试验号	因素					气动噪声峰值/dB				
	A	B	C	D	E	转速 1000 r·min⁻¹	转速 1100 r·min⁻¹	转速 1200 r·min⁻¹	转速 1300 r·min⁻¹	转速 1400 r·min⁻¹
$\bar{y}_{J2}$	48.43	48.02	48.17	47.75	49.85	主次因素：D, B, C, A, E				
$\bar{y}_{J3}$	49.65					优水平：D_2, B_2, C_2, A_2, E_1				
R_J	0.78	1.87	1.65	2.25	0.73	最优组合：$D_2B_2C_2A_2E_1$				
$\bar{y}_{J1}$	51.7	52.2	52.3	52.6	50.07	转速 1300 r·min⁻¹：				
$\bar{y}_{J2}$	50.08	49.95	49.82	49.52	52.05	主次因素：D, C, B, E, A				
$\bar{y}_{J3}$	51.18					优水平：D_2, C_2, B_2, E_1, A_2				
R_J	0.84	1.60	1.76	2.19	1.41	最优组合：$D_2C_2B_2E_1A_2$				
$\bar{y}_{J1}$	53.3	53.62	54.35	54.22	51.83	转速 1400 r·min⁻¹：				
$\bar{y}_{J2}$	52.65	52.27	51.53	51.67	54.05	主次因素：C, D, E, B, A				
$\bar{y}_{J3}$	52.88					优水平：C_2, D_2, E_1, B_2, A_2				
R_J	0.34	0.96	2.00	1.81	1.58	最优组合：$C_2D_2E_1B_2A_2$				

通过极差分析，由表 10-3 可以看出，因素 D、C 与 B 为影响仿生耦合风机叶片模型气动噪声的主要因素。当风机叶片模型转速处于 1000 r/min、1100 r/min 和 1200 r/min 时，主次因素的顺序均为 D>B>C>A>E，最优组合也均为 $D_2B_2C_2A_2E_1$。而当风机转速增大时，因素的主次发生了微小的变化：当风机转速为 1300r/min 时，主次因素的顺序为 D>C>B>E>A；转速为 1400 r/min 时，主次因素的顺序为 C>D>E>B>A。虽然，随着转速的变化，影响因素的重要性发生了变化，但最优水平并没有发生变化。虽然得到最优组合，但其并不出现在正交试验中[6]。

7) 方差分析

正交试验方差分析的结果见表 10-4。由表 10-4 可知，当风机转速为 1000r/min 和 1100 r/min 时，因素 A 的 F 值小于 $F_{0.25}(2,5)=1.85$，而因素 C 与 E 的 F 值都小于 $F_{0.25}(1,5)=1.69$，也就是说，因素 A、C、E 的显著性水平都大于 0.25，此时，这些因素的偏差平方和与自由度都要归入误差的偏差平方和与自由度。同理，当风机转速为 1100 r/min 和 1200r/min 时，因素 A 和 E 的显著性水平大于 0.25，故同样将这些因素的偏差平方和与自由度都要归入误差的偏差平方和与自由度。当风机转速为 1400r/min 时，因素 A 和 B 的显著性水平大于 0.25，故将因素 A 和 B 的偏差平方和与自由度都要归入误差的偏差平方和与自由度。这样，误差的偏差平方和与自由度发生了变化，进行方差分析，得到的结果如表 10-5 所示。

表 10-4　DPS 数据处理系统正交试验方差分析处理结果

转速/ (r · min⁻¹)	方差来源	平方和	自由度	均方和	F 比
1000	A	12.005 0	2	6.002 5	0.627 7
	B	13.867 5	1	13.867 5	1.450 1
	C	11.800 8	1	11.800 8	1.234 0
	D	42.187 5	1	42.187 5	4.411 6
	E	5.467 5	1	5.467 5	0.571 7
	误差	47.814 2	5	9.562 8	
	总和	133.142 5			
1100	A	8.901 7	2	4.450 8	0.530 3
	B	15.870 0	1	15.870 0	1.891 0
	C	11.213 3	1	11.213 3	1.336 1
	D	36.750 0	1	36.750 0	4.379 0
	E	5.070 0	1	5.070 0	0.604 1
	误差	41.961 7	5	8.392 3	
	总和	119.766 7			
1200	A	5.101 7	2	2.550 8	0.269 1
	B	20.803 3	1	20.803 3	2.194 4
	C	16.333 3	1	16.333 3	1.722 9
	D	30.083 3	1	30.083 3	3.173 2
	E	3.203 3	1	3.203 3	0.337 9
	误差	47.401 7	5	9.480 3	
	总和	122.926 7			
1300	A	4.001 7	2	2.000 8	0.254 1
	B	14.740 8	1	14.740 8	1.872 4
	C	18.500 8	1	18.500 8	2.350 0
	D	28.520 8	1	28.520 8	3.622 7
	E	11.800 8	1	11.800 8	1.498 9
	误差	39.364 2	5	7.872 8	
	总和	116.929 2			

续表

转速/ (r · min⁻¹)	方差来源	平方和	自由度	均方和	F比
1400	A	0.801 7	2	0.400 8	0.053 9
	B	5.333 3	1	5.333 3	0.716 6
	C	23.520 0	1	23.520 0	3.160 0
	D	19.253 3	1	19.253 3	2.586 8
	E	14.963 3	1	14.963 3	2.010 4
	误差	37.215 0	1	7.443 0	
	总和	101.086 7	5		

表 10-5　正交试验结果方差分析

转速/ (r · min⁻¹)	方差来源	平方和	自由度	均方和	F比	显著水平
1000	B	13.867 5	1	13.867 5	1.619 0	0.25
	D	42.187 5	1	42.187 5	4.925 4	0.1
	误差	77.087 5	9	8.565 3		
	总和	133.142 5	11			
1100	B	15.870 0	1	15.870 0	2.127 1	0.25
	D	36.750 0	1	36.750 0	4.925 8	0.1
	误差	67.146 7	9	7.460 7		
	总和	119.766 7	11			
1200	B	20.803 3	1	20.803 3	2.987 6	0.25
	C	16.333 3	1	16.333 3	2.345 6	0.25
	D	30.083 3	1	30.083 3	4.320 3	0.1
	误差	55.706 7	8	6.963 3		
	总和	122.926 7	11			
1300	B	14.740 8	1	14.740 8	2.137 6	0.25
	C	18.500 8	1	18.500 8	2.682 9	0.25
	D	28.520 8	1	28.520 8	4.136 0	0.1
	误差	55.166 7	8	6.895 8		
	总和	116.929 2	11			
1400	C	23.520 0	1	23.520 0	4.340 4	0.1
	D	19.253 3	1	19.253 3	3.553 1	0.1
	E	14.963 3	1	14.963 3	2.761 4	0.25
	误差	43.350 1	8	5.418 8		
	总和	101.086 7	11			

　　通常把显著性水平 $\alpha \leqslant 0.1$ 的因素定为显著性因素。由表 10-5 可知，条纹的深径比在 5 种转速下均为影响仿生耦合风机叶片模型气动噪声的显著性因素。随

着风机转速增大到 1400r · min⁻¹ 时，条纹的宽度也成为影响气动噪声的显著性因素。这说明，随着转速的增大，条纹宽度对仿生耦合风机叶片模型气动噪声的影响也越来越大。

通过以上分析可知，对于仿生耦合风机叶片模型，锯齿形态的尺寸与条纹结构尺寸及形状对其气动噪声的影响并不完全一致。与锯齿形态相比，条纹结构对风机叶片模型气动噪声的影响更为突出[6]。综合分析，可得以下结果。

(1) 仿生耦合轴流风机叶片模型具有显著的降噪效果。

(2) 条纹结构与锯齿形态均对仿生耦合轴流风机叶片模型的气动噪声产生影响，但条纹结构的影响大于锯齿形态的影响。

(3) 条纹结构的尺寸是影响风机叶片气动噪声的首要因素。当条纹结构深径比为 2，条纹宽度较大时，降噪效果比较明显。

(4) 条纹结构的形状虽然对风机叶片模型的气动噪声有较大的影响，但不是主要因素。因此，在工程应用中可以不只拘泥于 U 形或 V 形，可根据工程需要选择合适的条纹表面结构。从优化结果来看，U 形的风机叶片模型效果最好，其主要原因是 U 形条纹结构较为平缓，有利于减小条纹内的低速涡对壁面的冲击力。

(5) 锯齿形态对风机叶片模型的气动噪声影响不如条纹结构的影响大，但也是不可忽视的一个因素。从优化的水平看，较小的锯齿形态尺寸会产生较好的降噪效果。

10.4　仿生耦合设计过程

在仿生耦合设计要求转化为工程实际应用系统的过程中，每一步都可能有许多设计自由度，同时，也存在着不断变化的限制条件。仿生耦合设计的实质是通过转换，寻求恰当的设计性能。仿生耦合设计各个步骤之间都存在复杂的关系，因此，转换过程是一个分阶段、分层次、由局部到全局、逐次寻优、逐步改进、逐渐完善，最后达到设计要求的过程。从系统论的观点出发，仿生耦合设计过程在一定意义上讲也是一个具有工程背景和技术性质的系统，其一般可分为仿生耦合设计计划、原理方案设计和技术设计等三个阶段，即仿生耦合设计的准备阶段、概念设计阶段和详细设计阶段。

10.4.1　仿生耦合设计计划

仿生耦合设计的第一步就是仿生耦合系统的规划，明确仿生耦合的设计目的、任务与技术要求，全面做好需求性分析、生物模本耦合特性分析、相似性分析、可行性分析等，提出详细的设计任务书，作为仿生耦合原理方案设计、技术设计的依据。

1. 需求性分析

任何产品的设计与开发都是从对某些需求的识别开始的。在仿生耦合设计计划时，首先，应进行需求性分析，主要包括功能需求、性能需求、环境需求、可靠性需求等；然后，逐步细化和分析需求，需要设计什么样的耦合产品才能满足需求，并将其信息综合成要设计的耦合产品的初步逻辑模型；最后，对初步构思的耦合产品的正确性、完整性和清晰性及其他需求给予全面评价。

2. 生物模本耦合特性分析

为了更好地设计仿生耦合产品，根据工程问题的具体需求和对拟设计的耦合产品的初步构思，需要在生物界优选具有类似耦合功能的生物耦合模本。以机械系统为例，无论是运动表面、工作表面，还是结构表面，在其与环境介质(固、液、气或多相)的相互作用中，都会不同程度地遇到粘附问题。例如，外物对机械和各种器具表面的粘附，灰尘对雷达天线的附着，能源、交通、航海、航空乃至军事等领域中运载工具与装备的运动件、摩擦副的粘着等。为了解决粘附这一问题，我们考虑选择荷叶、苇叶等植物叶片及昆虫翅膀为生物模本，由第 5 章的分析可知，这些生物模本都具有防粘的功能[22-25]。

又如，与上述例子相反，在工程领域有很多系统需要适当的粘附或附着力。这些粘着问题也一直困扰着许多技术领域，例如，同/异质材料界面的连接、爬壁机器人的附着装置甚至医学工程的手术粘合等。针对这一工程需求，可以考虑选择苍耳等植物及蚂蚁、苍蝇、螽斯、壁虎、蜘蛛等动物足部为生物模本[26-27]，进行仿生设计。例如，在螽斯的足垫耦合中，足垫表面呈现特殊的非光滑形态，由 3~7μm 的近似六边形结构单元构成，单元之间由沟槽隔开，其内部由几丁质纤维和蛋白质构成的杆状体结构支撑，并充满血淋巴，如图 10-14 所示[28-29]。在无载荷的自由状态下，杆状体与足垫表面呈一定角度($\alpha=45°\sim70°$)。当足垫承受载荷时，杆状体向一侧倾倒，使得足垫接触变形的综合刚度大幅度降低，增加了生物体表的柔顺性，使其具有更强的变形能力，以适应与不同尺度粗糙表面的紧密贴合，增加接触面积，提高附着能力。可见，螽斯足垫通过不同的形态、结构、材料的耦合所呈现的超强附着能力，为人类设计附着装置提供了重要的生物模本。

3. 相似性分析

在仿生耦合设计计划中，在需求性和生物耦合特性分析后，需进行相似性分析，即从生物耦合功能、特性、约束、品质等多个方面分析和评价各种生物模本

与工程产品间的相似程度，从中优选出最合适的生物耦合模本，以保证仿生耦合
模拟和设计的有效性。

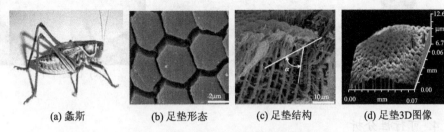

(a) 螽斯　　　　　(b) 足垫形态　　　　　(c) 足垫结构　　　　(d) 足垫3D图像

图 10-14　螽斯及其足垫形态和结构

例如，通过对风机叶片和长耳鸮翅膀进行相似性分析可知，风机叶片和长耳
鸮的翅膀的空气动力学特征具有相当高的相似性。因此，可以提取长耳鸮翅膀耦
合降噪特征，设计仿生耦合风机叶片，以实现风机降噪的目的[6-7]。

又如，具有中等以上展弦比的直机翼，由梁的凸缘承受弯矩，梁和纵墙的腹
板承受剪力，翼盒闭室承受扭矩，肋传递空气动力到翼盒，是最典型的小型机翼
结构形式，如某小型机翼翼型为 NACA23012，其基本结构如图 10-15 所示。借
鉴自然界中生物的优异承力性能，将有助于提高机翼结构效率[30]。在自然界中，
鸟翼结构适用于高飞低速度，通过扑动产生升力，鸟翼采用空心长骨、轻巧柔韧
的羽毛和适于飞行的肌肉，巧妙进行生物耦合，使得鸟翼能够自由旋转并承受各
种飞行外载；昆虫翅膀是一种长链聚合物壳质，由翅膜、翅脉组成，与鸟翼的功
能相类似；植物叶片虽然不产生升力，但分布在叶片上的叶脉能承受自重、风载
等，如图 10-16 所示。从承受载荷这一功能来看，这些生物结构与小型机翼的承
力功能都具有相似性[30]。因此，从中选择最合适的生物耦合模本，对仿生耦合设
计至关重要。

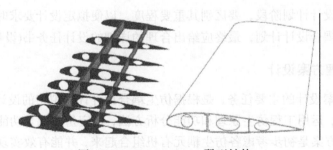

图 10-15　NACA23012 翼型结构

值得一提的是，相似性分析应在相似理论指导下进行，分析过程中，不仅需
要进行理论分析、数学试验，有时还需要进行模型试验。

　　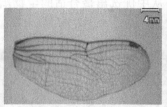　　

　　　(a) 雕雁翼　　　　　　　　　(b) 黄蜻翅　　　　　　　　(c) 植物叶片

图 10-16　典型生物骨架结构

4. 可行性分析

可行性分析是指在仿生耦合设计计划阶段，对拟设计的仿生耦合方案实施的可行性、有效性进行技术论证和经济评价，以保证该方案技术上合理、经济上合算、实际操作上可行。可行性分析是仿生耦合正式设计的重要环节，其主要分析内容是耦合产品设计的必要性、功能上的优异性、经济上的合理性、技术上的先进性和环境适应性及制造条件的可能性与可行性。其可行性分析的主要步骤基本上同于一般工程产品设计的分析，但仿生耦合设计时，先要注意仿生模拟的可行性。

5. 设计要求的拟定

通过需求性分析、生物模本耦合特性分析、相似性分析及可行性分析后，要对拟设计的仿生耦合产品拟定明确合理的设计要求。基于仿生耦合产品功能提出的设计参数和制造、使用成本等方面的制约条件是设计需求的基本依据。因此，在仿生耦合设计计划阶段，应全面、合理地使设计要求明晰并尽量使之数量化。应当特殊关注的是，反映基本功能的要求，一定要列为设计的基本要求，而对制约条件可分为必达要求和附加要求(希望达到的要求)。必达要求对仿生耦合设计给出严格的约束，只有满足这些要求的设计方案才是可行方案；而附加要求则体现了对设计目标的追求，只有较好地满足这些要求的方案才是较优的方案。因此，在仿生耦合设计计划阶段，要区别其重要程度，以便拟定设计要求时给予适当的权值。仿生耦合设计计划，最终应给出合理的详细的设计任务书(设计要求表)。

10.4.2　原理方案设计

原理方案设计的主要任务，是根据仿生耦合设计计划拟定的设计任务书，遵循设计要求，运用工程仿生原理和功能分析方法，拟定仿生耦合功能实现的原理方案。原理方案是初步考虑各仿生耦元有机组合起来，并能有效实现特定功能的原理构架。由于是在设计的初期阶段，它不可能很具体，但它却构造出了设计方案的基本骨架，实现对仿生耦合产品特征、功能、性能、结构、尺寸、形状的定性和定量相结合的清晰描述。原理方案设计是进行后续设计的技术基础。

功能分析是仿生耦合设计中探寻原理方案的重要途径。首先，确定仿生耦合产品的总功能；然后，将总功能分解到各个耦元上，并用功能结构来表达各分功能之间的耦联关系。功能分析过程是初步探寻功能原理设计方案的过程，这个过程往往不是一次能够完成，而是随着设计的深入而需要不断修改和完善。同一功能，可以选用不同的工作原理来实现。因此，在仿生耦合设计中，设计原理方案时，应根据实际工况，寻求适宜的耦元间作用机制，从而使仿生耦合产品的设计功能展现最佳。

10.4.3 技术设计

技术设计的主要任务是将已确定的仿生耦合的功能原理方案具体化，即以设计要求的仿生耦合产品的功能和性能为目标，运用各种先进的设计方法和优化手段，具体设计出仿生耦合产品的全部详细结构，选定各个仿生耦元所需材质和各耦联的相关参数，最后，绘制和编写能表达上述信息的设计图纸与相关技术文件。技术设计的主要内容包括定性分析和定量计算两个方面，其中，定性分析是指确定整个仿生耦合及各个耦元的结构形态等；定量计算是指按设计功能要求，选择耦元的材料，并通过计算与分析，合理确定耦联的主要参数。在这一阶段中，仿生耦合与各个耦元的材料及有关结构参数等的确定密切相关，常需同时进行，反复调整，得到若干个技术方案，再分别经过分析和评价，选出最优的技术方案。最后，将优化出的技术设计方案变成具体实施的技术文件，即仿生耦合产品的工作图、连接图、造型效果图、设计说明书、工艺文件等有关技术文件。在技术设计阶段，还要考虑能否容易通过现有的生产技术制造出满足精度要求的仿生耦合产品，且制造成本低、效率高等；同时还要考虑是否有适当的检测技术对设计制造出的仿生耦合产品进行相关的测试，以评价设计和制造的技术水平。

10.4.4 仿生耦合设计评价

在仿生耦合设计中，设计进程的每一个阶段都有相对独立的问题的解决过程，都存在多解，都需要评价并进而最优化。

1. 评价目标

评价的依据是评价目标，评价目标制定合理与否是保证评价的科学性的关键，评价目标来源于设计所要达到的目的，它可以在设计任务书或设计要求中获取[31]。仿生耦合设计评价内容一般包括以下 4 个方面的内容。

1) 技术性

技术性主要围绕预定功能要求进行，评价仿生耦合/系统设计方案在技术上的可行性、先进性，能否满足预定功能要求及其满足程度，如耦合系统的各项功能指标、寿命、可靠性、安全性、环保性及使用维护性等。

2) 经济性

经济性主要围绕经济效益进行评价，其目的是在满足功能要求的前提下，尽可能降低耦合产品的造价，提高经济效益，如成本、利润、实施方案的措施费用及其他经济耗费等。

3) 社会性

社会性主要评定设计方案实施后可能产生的社会效益和影响。例如，能否解决具有科学和应用背景的典型工程技术问题；能否符合节能环保，实现设计与制造具有低能耗和良好环境适应性，达到高效节能及绿色制造目标；能否有利于资源开发和新能源的综合利用；能否推动科技进步，促进相关工程领域自主创新、技术进步等。

4) 优良性

优良性主要围绕设计方案的优良性进行评价，其目的是实现仿生耦合设计全域最优化，以产生更好的仿生效能。

通过对仿生耦合设计总目标的分析，选择设计要求和约束条件中最重要的几项作为评价目标。同时，根据各评价目标的重要程度分别设置加权系数，加权系数越大，重要性越高，各目标加权系数之和常取为1。

2. 评价方法

对仿生耦合设计的评价有多种方法，常用的有如下几种。

1) 经验评价法

在仿生耦合设计的各个阶段，如果方案不多，问题不太复杂时，可以根据评价者的经验，采用简单的评价方法，对方案定性地简略评价，如采用淘汰法，经过分析直接去除不能达到主要目标要求的方案或不相容的方案。

2) 数学分析法

运用数学工具对设计方案进行分析、推导和计算得到定量的评价参数，这种方法在评价工程中应用比较广泛，如评分法、技术经济评价法及模糊评价法等。

3) 试验评价法

对于一些比较重要的方案环节，采用分析计算仍然不能确准时，应通过模拟试验或样机试验对方案进行试验评价，采用这种方法得到的评价参数准确性更大些，但是成本较高。

4) 类比评价法

根据已知设计方案的评价参数，对类似设计方案进行评价。采用类比评价法时，待评价的仿生耦合设计方案与类比方案必须在同一层次进行比较评价，其评价结论必须由试验来检验；待评价方案与类比评价方案之间共有属性越多，则类比评价结论的可靠性越大。

5) 综合评价法

运用多个评价指标对仿生耦合设计方案进行评价，即将多个指标转化为一个能够反映仿生耦合设计方案全局情况的指标来进行评价。评价过程不是逐个指标顺次完成的，而是通过一些特殊方法将多个指标的评价同时完成；且在综合评价过程中，一般要根据指标的重要性进行加权处理，以保证评价的科学性；然后，对经过处理后的指标再进行汇总，计算出综合评价指数或综合评价分值。

<h2 style="text-align:center">参 考 文 献</h2>

[1] Ren L Q. Progress in the bionic study on anti-adhesion and resistance reduction of terrain machines. Sci China Ser E-Tech Sci, 2009, 52(2): 273-284.

[2] Xu L, Lin M X, Li J Q, et al. Three-dimensional geometrical modelling of wild boar head by reverse engineering technology. J Bionic Eng, 2008, 5(1): 85-90.

[3] 李建桥, 许亮, 崔占荣. 野猪头部三维几何模型逆向工程研究. 中国农业工程学会学术年会论文集, 2005: 232-236.

[4] 许亮. 野猪头部三维几何模型逆向工程研究. 吉林大学硕士学位论文, 2006.

[5] 许亮, 李建桥, 崔占荣, 等. 仿生起土铲初探. 中国农业机械学会学术年会论文集, 2006: 735-739.

[6] 陈坤. 仿生耦合风机叶片模型降噪与增效研究. 吉林大学硕士学位论文, 2009.

[7] 任露泉, 孙少明, 徐成宇. 鸮翼前缘非光滑形态消声降噪机理. 吉林大学学报(工学版), 2008, 38(S2): 126-131.

[8] 李建桥, 任露泉, 刘朝宗, 等. 减粘降阻仿生型壁的研究. 农业机械学报, 1996, 27(2): 1-4.

[9] 李建桥, 李忠范, 李重焕, 等. 仿生非光滑犁壁规范化设计. 农机化研究, 2004, 6: 119-121.

[10] 孙少明, 任露泉, 徐成宇. 长耳鸮皮肤和覆羽耦合吸声降噪特性研究. 噪声与振动控制, 2008, 3:119-123.

[11] 王凤岐, 张连洪, 邵宏宇. 现代设计方法. 天津: 天津大学出版社, 2004.

[12] 陈屹, 谢华. 现代设计方法及其应用. 北京:国防工业出版社, 2004.

[13] 孙江宏. 计算机辅助设计. 北京: 水利水电出版社, 2009.

[14] 陈定方. 虚拟设计. 北京: 机械工业出版社, 2007.

[15] 高铁红. 仿水龟机器人机构及性能分析研究. 河北工业大学博士学位论文, 2008.

[16] Gao T H, Yu C J, Qi J B, et al. The kinematic analysis of a novel parallel machine tool with 3-HSS structure. Materials Science Forum, 2006, 522-523: 797-800.

[17] 江见鲸. 有限元法及其应用. 北京: 机械工业出版社, 2006.

[18] 张立彬. 微小型农业机械产品可重构模块化——设计方法及其应用. 北京：科学出版社, 2007.

[19] 童时中. 模块化原理设计方法及应用. 北京: 中国标准出版社, 2000.

[20] 贾延林. 模块化设计. 北京: 机械工业出版社, 1993.

[21] 任露泉. 试验设计及其优化. 北京: 科学出版社, 2009.

[22] Fang Y, Sun G, Cong Q, et al. Effects of methanol on wettability of the non-smooth surface on butterfly wing. J Bionic Eng, 2008, 5(2): 127-133.

[23] 弯艳玲, 丛茜, 王晓俊, 等. 蜻蜓翅膀表面疏水性能耦合机理. 农业机械学报, 2009, 40(9): 205-208.

[24] 王淑杰, 任露泉, 韩志武, 等. 植物叶表面非光滑形态及其疏水特性的研究. 科技通报, 2005, 21(5): 553-556.

[25] Feng L, Li S H, Li Y H, et al. Super-hydro phobie surfaees: from natural to artifieial. Adv Mater, 2002, 14: 1857-1860.

[26] Autumn K, Liang Y A, Hsieh S T, et al. Adhesive force of a aingle gecko doot-hair. Nature, 2000, 405: 681-684.

[27] Kesel A B, Martin A, Seidi T. Getting a grip on spider attachment: an AFM approach to microstructure adhesion in anthropods. Smart Mater Struct, 2004, 13: 512-518.

[28] Scherge M, Gorb S N. Using biological principles to design MEMS. J Micromech Microeng, 2000, 10: 359-364.

[29] Goodwyn P P, Peressadko A, Schwarz, et al. Material structure, stiffness, and adhesion: why attachment pads of the grasshopper (*Tettigonia viridissima*) adhere more strongly than those of the Locust (*Locusta migratoria*) (Insecta: Orthoptera). J Comp Physiol A, 2006, 192: 1233-1243.

[30] 岑海堂, 陈五一. 相似分析在结构仿生设计中的应用研究. 机械设计与研究, 2007, 23(5): 12-15.

[31] 简召全, 冯明, 朱崇贤. 工业设计方法学. 北京: 北京理工大学出版社, 2002.

第 11 章　仿生耦合功能产品的设计与制造

11.1　仿生耦合脱附减阻功能产品的设计与制造

针对地面机械脱附减阻的种种实际需求,作者所在研究团队模拟土壤动物高效脱附减阻原理,运用各种单元仿生和多元耦合仿生的理论与技术,结合地面机械的不同类型及其工作装置和触土部件的结构特点和作用方式,制定了不同类型仿生脱附减阻功能产品的设计准则,研制多种类型多个品种的仿生脱附减阻部件,已在农业,建筑,矿山和电力等多个工程领域的多种黏湿介质条件下实际应用[1-4]。应用结果表明,这些仿生耦合部件结构简单,使用方便,且成本低,脱附减阻效果好。

11.1.1　仿生耦合深松铲的设计

1. 仿生耦合深松铲设计计划

深松作业可以改善土壤层结构,提高土壤的孔隙度,降低耕作底层土壤的密度,增强蓄水保墒能力,改善农作物的根系生长条件,促进增产增收。深松铲是常用的机械耕作部件之一,优化其构形、结构等参数,以改善松土效果,减小工作阻力,是深松部件有待解决的关键技术难题。

传统深松铲的结构一般由铲柄和铲尖构成[5],如图 11-1 所示,其中,按照深松铲铲尖的结构形状,又可将其分为凿形、箭形和双翼形等深松铲。深松铲耕作时,处于工作最底端的深松铲尖切开坚硬的底层土壤;铲柄的功能除与机架连接、支撑铲尖的工作负荷外,处于土壤中的铲柄工作段前部的刃口还负责切开前端的土壤层,以保证耕作的连续性。因此,深松铲的结构设计应实现以下目标。

(1) 在满足对土壤的耕作深度和耕作质量要求(如有效地铲松破碎深松铲上部土壤或犁底层不翻土等)的前提下,最大限度地降低工作阻力。

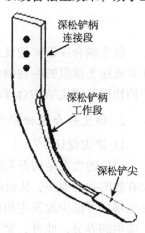

深松铲柄连接段

深松铲柄工作段

深松铲尖

图 11-1　深松铲示意图

(2) 铲尖应具有锐利的刃口、较高的强度、合理的结构尺寸和可靠的安装位置，以保证耕作质量、且有较低的能源消耗和制造经济性，并具有一定的使用寿命；铲柄的结构应能与现有的机架结构和铲尖安装实现平顺连接，保证足够的强度以承受耕作过程中土壤的作用载荷，尽可能减少耕作过程中工作段对前方土壤的切割阻力，保证上部土壤层的稳定性。

自然界中，土壤中许多动物，特别是挖掘动物、洞穴动物，如蝼蛄、田鼠、穿山甲等，在长期与土壤环境相互作用过程中，其爪趾逐步进化形成了特殊的几何曲线构形和多种楔形结构，不仅能有效挖掘，而且具有脱附减阻功能，这为深松铲几何形状及力学性能的优化提供了重要的生物学基础[1]。其中，田鼠是土壤洞穴动物中生存能力最强的群体之一，它的掘洞本领为自身的生存创造了机会，使其栖息地遍布广大田野、山林、村庄甚至城市。对田鼠的爪趾形态、结构和掘洞过程分析发现，其爪趾的侧缘呈刃形结构，爪趾的前端具有铲形结构，并在顶点渐变成锥形，横向断面呈平缓的 U 形，U 形的槽口恰似刀的刃口，如图 11-2 所示。爪趾边缘轮廓曲线呈弧线形，曲线光滑且走势平缓，曲率半径变化最大的区段位于爪趾的末端附近[6]。田鼠爪趾变化曲率的触土曲线、U 形的断面结构、渐变锥形的爪趾前端等因素的耦合，能有效地减少挖掘阻力，呈现出超强的掘土、松土能力。

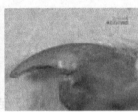

(a) 前爪　　　　　　(b) 爪趾　　　　　(c) 趾端　　　(d) 趾端横断面

图 11-2　田鼠前爪爪趾

仿生耦合深松铲的设计计划，就是在合理提取生物模本(田鼠、家鼠等)的爪趾有效松土减阻的生物耦合基础上，提出仿生耦合深松铲的设计概念与思想，即铲柄构形与铲尖结构合理耦合的仿生深松铲。

2. 仿生耦合深松铲原理与技术方案设计

1) 铲尖设计[2-3]

铲尖的功能是切开和破碎底层坚硬土壤，在不压实土壤的情况下，尽可能增大有效的扰动面积，从而起到松碎土壤的作用；铲尖的结构应使底层的土壤与上层土壤尽可能少地发生相对位置置换，以减少深层土壤中的水分散失和保持上层土壤中的养分；此外，铲尖还应具有良好的耐磨性、结构强度和切削性能等。

田鼠爪趾的尖部呈铲形并在顶点渐变成锥形，如图 11-2(c)所示，这种结构使爪趾在掘洞时便于插入土壤中，将土壤切碎、高效松土。因此，提取田鼠趾端结构参数，作为深松铲铲尖的设计依据。同时，为了保证深松铲耕作时不压实下部和侧面土壤，应使铲尖与地面的隙角 $\varepsilon \geqslant 3°$，如图 11-3(a)所示，铲尖侧面后端支撑部的宽度应小于前部切削刃的宽度。为了减少工作过程中的土壤阻力，铲尖应具有锋利的切削刃，正确、合理的安装位置，并在形态和结构上与铲柄平滑过渡及连接。在设计中，深松铲铲尖安装的切削角 α 的选择应考虑耕作速度、耕深及土壤种类等多种因素，经过试验研究表明[7]，一般切削角 α 在 20°~45°的范围内时，耕作部件工作时的阻力最小，如表 11-1 所示。

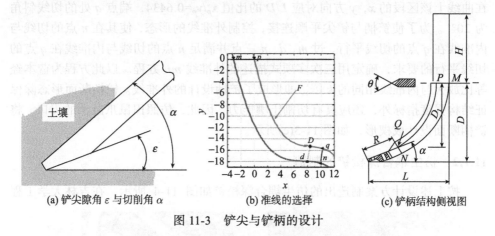

(a) 铲尖隙角 ε 与切削角 α　　　(b) 准线的选择　　　(c) 铲柄结构侧视图

图 11-3　铲尖与铲柄的设计

表 11-1　最小阻力切削角(刃角+隙角)的试验数据

土壤条件	砂壤土	沙土	重土壤	弱沙土	重壤土	黏土	泥炭土	弱黏沙土	实验室沙土
最小阻力切削角/(°)	20.30	35	35	45	40.45	40	35	45	20.30

2) 铲柄设计[2-3]

铲柄是深松铲工作的重要部件，深松铲作业时的工作阻力、松土范围、碎土性能等除受铲尖作用效果影响外，还受铲柄的影响。深松作业中，铲柄不仅维持铲尖正常的工作位置、传导破土的动力和进行导向，自身还必须切开前方的表层(上层)土壤以保证整个耕作机组在土壤介质中通过。因此，铲柄的工作阻力是非常大的。传统的深松铲铲柄一般采用直线、折线或圆弧过渡段结构连接铲尖和机架，由于对土壤的作用效果不佳或结构受力关系不合理导致耕作机具受土壤阻力较大。显然，铲柄的构形与结构设计应主要考虑如何为铲尖的安装提供合理的结构参数、良好的结构强度、平顺的连接关系及减少工作部件的工作阻力。通过理论分析和试验优化研究发现，当深松铲纵向尺寸在耕作深度范围内的水平长度(L)与深松铲的耕作深度(D)的比值(L/D)控制在 0.68~1.04 时，深松铲具有较明显的减阻性能,特别是当 $L/D=0.8$ 左右时,减阻效果最好。

在铲柄设计过程中,提取田鼠爪趾内轮廓曲线(触土曲线)参数,经等比放大,控制放大因子 k,使其等于深松铲设计耕深 D_1 与所选田鼠爪趾原始曲线区段的高度 Δy 的比值,即 $k=D_1/\Delta y$,由此所形成的放大影像保存了田鼠爪趾原始几何曲线的形态,用此影像曲线作为深松铲柄设计的触土曲线(内准线)。

外准线作为内准线的辅助曲线控制着铲柄整体结构的完整性,由于结构强度的要求,必须保证外准线和铲柄断面的合理形状。如图 11-3(b)所示的 pq 曲线为田鼠爪趾拟合曲线 F_3 中的一个区段($0 \leqslant x \leqslant 10.225\ 29$,$0.2272 \geqslant y \geqslant -15.664\ 33$),在曲线上该区段的 x,y 方向对应 L/D 的比值 $x_p/y_p=0.6434$,端点 q 处的切线斜角为 $20°$。为了使铲柄与铲尖平顺连接,控制外准线的形态,使其在 n 点的切线与内准线在 q 点的切线平行,过 m、d、n 三点并满足 n 点的切线与内准线在 q 点的切线平行的要求,确定用三次多项式描述的外准线 mn 方程。以此方程为蓝本经等比放大与内准线相同的 k 倍,即形成了铲柄设计的外准线。铲柄断面形态除保证结构强度指标外,还应具有切割土壤能力,因此,仿照田鼠爪趾上的刃口,将铲柄断面设计成楔形,如图 11-3(c)所示。

11.1.2　仿生耦合深松铲的制造

按上述设计方案制造出的仿生耦合深松铲如图 11-4 所示,在吉林大学工程

(a) 直线型准线深松铲-1

(b) 直线型准线深松铲-2

(c) 日本进口深松铲

(d) 仿生耦合深松铲

图 11-4　传统深松铲与仿生耦合深松铲

仿生教育部重点实验室土槽和在国田农业新技术试验区，将其与传统的和日本(岛根公司)进口的直线型深松铲进行深松对比试验[8]。在特定的土壤条件下，进行 4 种因素(*L/D* 比、准线类型、断面结构、铲尖结构)2 水平的试验分析，测量耕作阻力和观测深松过程土壤层的扰动情况。试验结果表明，触土准线的形态是影响耕作阻力的重要因素，通过提取田鼠爪趾耦合信息设计出的仿生深松铲比传统直线型深松铲减阻 19%，比日本进口深松铲减阻 6%~8%，如图 11-5 所示。

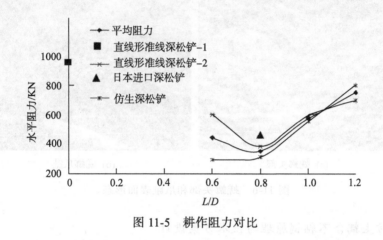

图 11-5　耕作阻力对比

11.2　仿生耦合自洁功能产品的设计与制造

11.2.1　仿生耦合不粘锅的设计

1. 仿生耦合不粘锅设计计划

我国是不粘炊具生产、出口、消费大国，市场潜力非常巨大，炊具市场被形容为我国家电业"最后一桶金"。目前，市场上销售的不粘炊具主要是在炊具的表面喷涂以聚四氟乙烯(PTFE)为主要原料的不粘涂层。随着科学研究的不断深入，近年来，研究人员发现，长期使用含有聚四氟乙烯涂层的不粘炊具，会对人体产生有害的影响。基于此，目前，国内外不粘炊具生产企业及科研机构正在加快新型无毒、环保、绿色的不粘锅的研发。

自然界中，许多生物通过表面形态、结构、材料等因素耦合，呈现出优异的自洁功能[9-15]，如蜣螂头部和爪趾表面呈凸包形非光滑形态，且表面覆盖脂质材料，如图 11-6 所示，二者耦合具有脱附防粘作用，这为人类构筑防粘自洁表面提供了天然的生物模本。

根据食物与不粘锅内胆表面的接触同生物非光滑体表与土壤等介质接触的相似性，同时考虑到制造工艺条件的限制，仅提取生物体表凸包型非光滑形态与材料两耦元的生物耦合信息，应用到不粘锅内胆的设计中，并通过粘附力测试和试验优化相结合的方法，优化出更加理想的凸包型非光滑形态与表面材料合理耦合。

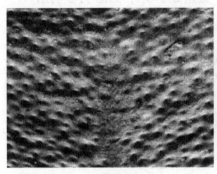 

(a) 蝼蛄头部　　　　　　　　　　(b) 蝼蛄爪趾

图 11-6　蝼蛄头部和爪趾表面形态

2. 仿生耦合不粘锅原理与技术方案设计

为了减少设计成本和提高设计效率，采用不粘锅内胆常用的铝合金材料制备粘附力测试样件来代替不粘锅内胆试验[16-17]。

1) 凸包型非光滑形态的优化设计

采用二次回归正交组合设计的方法进行了粘附力试验，由粘附力这一试验指标确定非光滑单元体球冠高度 z_1、球冠体投影直径 z_2 与相邻非光滑单元体中心距 z_3 三个试验因素，自然因素及其编码如表 11-2 所示，试验设计方案如表 11-3 所示，试验结果及统计计算如表 11-4 所示[16]。

表 11-2　自然因素及其编码表

x_j	$r(z_{1j})$	$1(z_{0j}+\Delta_j)$	$0(z_{0j})$	$-1(z_{0j}-\Delta_j)$	$-r(z_{1j})$	$\Delta_j=\dfrac{z_{2j}-z_{1j}}{2r}$	$x_j=\dfrac{z_j-z_{0j}}{\Delta_j}$
z_1	0.9	0.82	0.6	0.38	0.3	0.22	$x_1=\dfrac{z_1-0.6}{0.22}$
z_2	1.6	1.5	1.2	0.9	0.8	0.3	$x_2=\dfrac{z_2-1.2}{0.3}$
z_3	4	3.74	3	2.26	2	0.74	$x_j=\dfrac{z_3-3}{0.74}$

表 11-3 二次回归正交试验设计方案

因素试验号	z_1(球冠高度)	z_2(投影直径)	z_3(中心距)
1	1(0.82)	1(1.5)	1(3.74)
2	1(0.82)	1(1.5)	−1(2.26)
3	1(0.82)	−1(0.9)	1(3.74)
4	1(0.82)	−1(0.9)	−1(2.26)
5	−1(0.38)	1(1.5)	1(3.74)
6	−1(0.38)	1(1.5)	−1(2.26)
7	−1(0.38)	−1(0.9)	1(3.74)
8	−1(0.38)	−1(0.9)	−1(2.26)
9	r(0.9)	0(1.2)	0(3)
10	−r(0.3)	0(1.2)	0(3)
11	0(0.6)	r(1.6)	0(3)
12	0(0.6)	−r(0.8)	0(3)
13	0(0.6)	0(1.2)	r(4)
14	0(0.6)	0(1.2)	−r(2)
15	0(0.6)	0(1.2)	0(3)
16	0(0.6)	0(1.2)	0(3)
17	0(0.6)	0(1.2)	0(3)

表 11-4 试验结果及统计计算表

L	x_j										y_i
	x_0	$x_1(z_1)$	$x_2(z_2)$	$x_3(z_3)$	x_1x_2	x_1x_3	x_2x_3	$x_{1'}(x_1^2)$	$x_{2'}(x_2^2)$	$x_{3'}(x_3^2)$	(kPa)
1	1	1	1	1	1	1	1	1(0.314)	1(0.314)	1(0.314)	0.950
2	1	1	1	−1	1	−1	−1	1(0.314)	1(0.314)	1(0.314)	1.018
3	1	1	−1	1	−1	1	−1	1(0.314)	1(0.314)	1(0.314)	0.799
4	1	1	−1	−1	−1	−1	1	1(0.314)	1(0.314)	1(0.314)	0.69
5	1	−1	1	1	−1	−1	1	1(0.314)	1(0.314)	1(0.314)	0.566
6	1	−1	1	−1	−1	−1	−1	1(0.314)	1(0.314)	1(0.314)	0.539
7	1	−1	−1	1	1	−1	−1	1(0.314)	1(0.314)	1(0.314)	0.608
8	1	−1	−1	−1	1	−2	1	1(0.314)	1(0.314)	1(0.314)	0.909
9	1	r(1.353)	0	0	0	0	0	r^2(1.145)	0(−0.686)	0(−0.686)	0.811
10	1	−r(−1.353)	0	0	0	0	0	r^2(1.145)	0(−0.686)	0(−0.686)	0.978
11	1	0	r(1.353)	0	0	0	0	0(−0.686)	r^2(1.145)	0(−0.686)	0.817
12	1	0	−r(−1.353)	0	0	0	0	0(−0.686)	r^2(1.145)	0(−0.686)	0.882
13	1	0	0	r(1.353)	0	0	0	0(−0.686)	0(−0.686)	r^2(1.145)	0.888

L	x_j										y_i
	x_0	$x_1(z_1)$	$x_2(z_2)$	$x_3(z_3)$	x_1x_2	x_1x_3	x_2x_3	$x_{1'}(x_1^2)$	$x_{2'}(x_2^2)$	$x_{3'}(x_3^2)$	(kPa)
14	1	0	0	$-r(-1.353)$	0	0	0	0(−0.686)	0(−0.686)	$r^2(1.145)$	0.600
15	1	0	0	0	0	0	0	0(−0.686)	0(−0.686)	0(−0.686)	0.899
16	1	0	0	0	0	0	0	0(−0.686)	0(−0.686)	0(−0.686)	1.02
17	1	0	0	0	0	0	0	0(−0.686)	0(−0.686)	0(−0.686)	1.06
D_j	17	11.661	11.661	11.661	8	8	8	6.705	6.705	6.705	
B_j	14.308	0.783	−0.205	−0.027	0.707	0.131	0.325	−0.2870	−0.451	−0.83	
b_j	0.842	0.067	−0.018	−0.002	0.088	0.016	0.041	−0.042	−0.067	−0.125	
S_j	12.04	0.053	0.004	0	0.062	0.002	0.013	0.012	0.03	0.105	
F_j		3.082	0.211	0	3.662	0.125	0.774	0.718	1.78	6.13	
α_j		0.25			0.25					0.25	

由表 11-4 剔除不显著项，可得仿生不粘锅表面几何参数与粘附力之间的编码空间回归方程：

$$\hat{y} = 0.842 + 0.067x_1 + 0.088x_1x_2 - 0.125x_3'$$

将中心化处理公式及各因素编码公式代入编码空间回归方程，得到仿生不粘锅表面几何参数与粘附力间的自然空间回归方程：

$$\hat{y} = 0.435 - 1.291z_1 - 0.798z_2 + 1.37z_3 + 1.33z_1z_2 - 0.228z_3^2$$

经过寻优得到，当 $z_1 = 0.3$、$z_2 = 1.6$ 和 $z_3 = 2$ 时，在试验范围内粘附力最小值为 $\hat{y} = 0.3673\,\text{kPa}$[16]。

从图 11-7 可以看出，在试验范围内，在投影直径和中心距一定的情况下，随着仿生非光滑单元体投影直径的逐渐增加，粘附试件与米饭间的粘附力逐渐增大，二者之间形成线性比例的关系。

从图 11-8 可以看出，在试验范围内，在球冠高度和中心距一定的情况下，随着仿生非光滑单元体投影直径的逐渐增加，粘附试件与米饭间的粘附力逐渐增大，二者之间也成线性比例的关系。

从图 11-9 可以看出，在试验范围内，在球冠高度和投影直径一定的情况下，随着中心距的增加，粘附力逐渐增大；当中心距加大到 3mm 以后，其对粘附力的影响程度逐渐减小，粘附试件与米饭间的粘附力逐渐减小，二者之间成抛物线的关系。

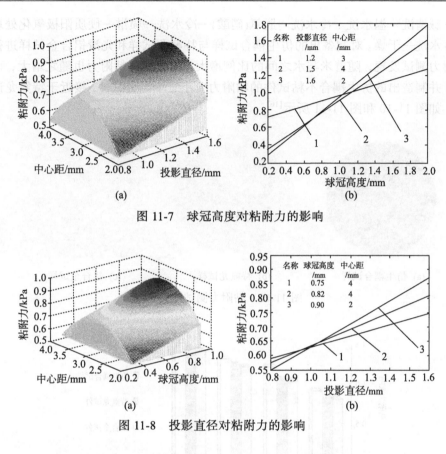

图 11-7　球冠高度对粘附力的影响

图 11-8　投影直径对粘附力的影响

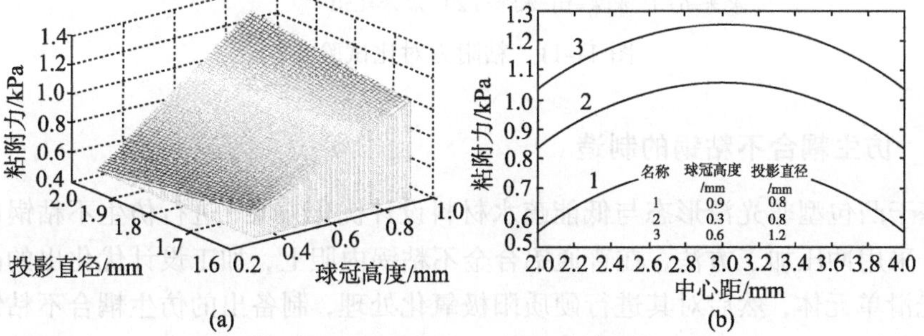

图 11-9　中心距对粘附力的影响

2) 表面材料低能化处理

将试验优化出的凸包型非光滑试样表面进行硬质阳极氧化处理，氧化试验的电流密度为 2~3A/dm², 电压为 50V, 电解液质量浓度为 210~270g/L, 温度为 −3~−6℃, 时间为 10~45min, 其具体的试验过程为：非光滑试样的制备—溶剂除油—碱清洗—温水洗—冷水洗—脱氧(硝酸)—冷水洗—喷淋—硬质阳极氧化处理—冷水洗—干燥。对制备出的仿生耦合试样与特氟龙试样和光滑铝合金试样进行粘附力测试发现，随着米与水之间的比例增大，所有试件粘附力也随之增大，而设计并制造出的仿生耦合不粘试件的粘附力要小于铝合金试件，接近于特氟龙试件，如图 11-10 和图 11-11 所示[16]。

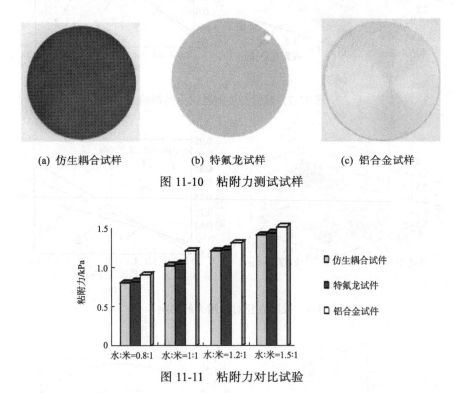

(a) 仿生耦合试样   (b) 特氟龙试样   (c) 铝合金试样

图 11-10   粘附力测试试样

图 11-11   粘附力对比试验

11.2.2   仿生耦合不粘锅的制造

基于凸包型非光滑形态与低能疏水材料设计优化方案，进行仿生不粘锅内胆制备。采用冲压加工方法，在普通铝合金不粘锅内胆上，加工设计优化出的凸包型非光滑单元体，然后对其进行硬质阳极氧化处理，制备出的仿生耦合不粘锅内胆成品如图 11-12 所示。对制造出的仿生耦合不粘锅与普通铝合金电饭锅、不锈钢电饭锅和特氟龙电饭锅进行实用性对比试验研究，试验方法依照自动电饭锅国家标准 GB8968—88 中的防粘性试验部分，其具体步骤如下：向内锅加入额定容积 50%的水，再按米与水的质量比为 1:2 向内锅加入普通大米，透过锅盖上开孔插入水银温度计使之触及锅底中央直径 50mm 范围内，施加额定电压进行煮饭，人工控制煮饭开关，当温度计读数达到 105℃ 时切断电源，10min 后取出内锅倒转，将饭倒出，直接用肉眼观察米饭与锅底粘附的情况。通过多次重复性试验表明，普通铝锅与不锈钢锅底部出现了大量的糊状物，而且还粘附有大量的米饭，如图 11-13(a)和(b)所示；仿生耦合不粘锅在内胆底面没有糊状物，而且在其底部附着的米饭量比前两者的都要少，如图 11-13(c)所示；仿生耦合不粘锅与特氟龙电饭锅的粘附情况如图 11-13(d)所示，二者底部表面的米饭附着情况相近，脱附率基本达到了相同的水平[16-17]。

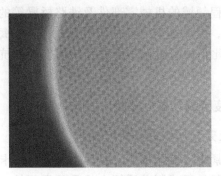

图 11-12　仿生耦合不粘锅内胆成品

可见，通过实用性试验，验证了设计并制造出的仿生耦合不粘锅在减粘脱附方面具有良好的效果，与特氟龙电饭锅相比，该产品在减粘脱附方面具有相近的水平。目前，此仿生耦合技术在国内炊具行业得到广泛应用，并取得了良好的经济效益。

(a) 普通铝合金电饭锅　　　　　　(b) 不锈钢电饭锅

(c) 仿生耦合电饭锅　　　　　　(d) 特氟龙电饭锅

图 11-13　不同类型电饭锅粘附情况

11.3　仿生耦合抗疲劳功能产品的设计与制造

材料承受交变循环应力或应变时，引起其局部结构变化和内部缺陷发展，使材料的力学性能下降并最终导致龟裂或完全断裂。车辆、航空、航海、电力、冶金、石油等众多工程领域的机械零部件及铁路桥梁等的主要构件，大多在循环变化的载荷下工作，疲劳是其主要的失效形式。我国每年由各种疲劳失效所造成的损失巨大。因此，提高机械零部件和结构构件的抗疲劳性能，是众多工程领域的迫切需求。

11.3.1　仿生耦合抗疲劳制动毂的设计

1. 仿生耦合抗疲劳制动毂的设计计划

毂式制动器结构紧凑、性能可靠、制动功率大，是卡车、大中型客车最常用的制动装置。制动毂是毂式制动系统中的重要零部件，其性能好坏直接影响到车辆的制动性能甚至安全性。根据制动原理，制动毂受到来自刹车片强大的压力和摩擦力的综合作用[18-19]，特别是当车辆在山区等复杂环境中运行时，由于制动力矩大、制动频繁，制动毂的负荷更大，经常提前失效，给汽车的安全行驶带来了极大隐患。灰铸铁材料具有价格低廉、铸造性能优良、易切削加工、耐磨性好等优点，被广泛应用于制造制动毂[20-21]。当汽车尤其是重载卡车制动时，巨大的摩擦功转化为热能被制动毂吸收，导致其工作表面温度迅速升高(持续制动时最高温度可达 600~700℃)，随后因金属导热，工作表面又被快速冷却[22]。频繁制动使制动毂经受反复加热和冷却，温度梯度的变化引起材料自由膨胀、收缩受到约束而形成循环应力或应变，最终在制动毂表面产生热疲劳裂纹，如图 11-14 所示，裂纹进一步扩展致使制动毂破裂[23]。因此，改善制动毂材料的抗热疲劳性能已成为提高制动毂使用寿命的首要问题。

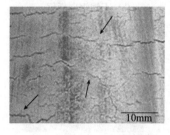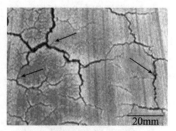

图 11-14　制动毂工作表面的热疲劳裂纹

在生物界寻找能够抵抗热疲劳，特别是热疲劳循环温度在 600℃ 以上的生物原型几乎不可能。由于裂纹是制动毂材料热疲劳失效的主要形式，所以，只要找到能够抵抗裂纹的萌生与扩展的生物体原型，了解该生物模本抗疲劳的机制与规律，就可以提取其形态、结构和材料等因素相耦合的信息，进行仿生耦合抗疲劳制动毂的设计。研究发现，植物叶片具有很强的抵御因风吹、雨淋而导致疲劳开裂的作用，这与其生物耦合现象紧密相关。植物的叶片由平行状、网络状或放射状分布的叶脉和连接叶脉的叶肉构成[24]。叶脉由维管束和机械组织组成，化学成分不同于叶肉细胞，它的质地强韧，犹如深嵌在叶片中的筋骨，起到支撑作用。叶肉由薄壁细胞组成，质地较软，填充在叶脉之间，有缓冲外界应力的作用。将植物叶片沿垂直于叶脉方向撕裂，观察裂纹扩展形貌，如图 11-15 所示，裂纹并非呈直线形扩展，其路径曲折，裂纹在叶脉与叶肉的结合处发生偏转[24]，这与贝壳珍珠层止裂机理十分相似。

图 11-15　植物叶片裂纹扩展形貌

又如，蜻蜓和蝴蝶的翅膀均由质地坚韧的翅脉和薄而柔软的翅膜构成，在飞行中，它们的两对翅膀保持平行伸展，前翅拍打翻腾空气，使空气产生快速旋转的小旋涡，后翅从涡流的自旋中获得能量，形成较大的升力[25-26]。据统计，蜻蜓翅膀每秒振动达 20~40 次，每小时能飞行 70km，在海上长途飞翔时，有些蜻蜓能持续飞行 1000km，具有超强的飞行耐力。研究发现，在飞行中起支配作用的蜻蜓和蝴蝶的翅膀，要经受交变应力的作用，抵御气流的摩擦，并且承受长途飞行疲劳。观察撕裂后的蜻蜓和蝴蝶翅膀发现，裂纹在扩展过程中，存在频繁偏转的现象，如图 11-16 所示[27]。以上植物叶片及蜻蜓与蝴蝶翅膀耦合止裂信息，为制动毂材料抗疲劳设计提供了重要的生物学模本。

在仿生耦合抗疲劳制动毂的设计中，提取植物叶片(叶脉与叶肉)和昆虫翅膀(翅脉与翅膜)硬软、刚柔相融合止裂、抗疲劳的生物耦合信息，应用到制动毂材料的设计中。

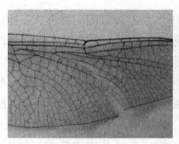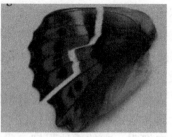

(a) 蜻蜓翅膀　　　　　　　　　　(b) 蝴蝶翅膀

图 11-16　蜻蜓和蝴蝶翅膀裂纹扩展形貌

2. 仿生耦合抗疲劳制动毂原理与技术方案设计

为了减少设计成本、提高设计效率且便于试验测试，采用卡车制动毂所用的普通灰铸铁(牌号为 HT200)为设计对象，在其上进行仿生耦合抗疲劳设计与测试[27-30]。

1) 采用激光熔凝技术设计

利用 DK7732 型电火花线切割机将制动毂材料切割成尺寸为$(40 \times 20 \times 6)\text{mm}^3$的待处理试样，仿生耦合处理在 2+2 维激光仿生制备系统上进行，如图 11-17 所示。激光仿生耦合处理时，将待处理试样平放在工作台上，固定出光位置，通过控制工作台位移，在待处理试样表面加工出如图 11-18 所示的点状、条纹状和网格状形貌。由于自身导热，激光扫描后，试样的表层局部发生熔化，随后快速冷却凝固[31]。在试样表层，激光处理区与母材构成了软硬交替的形态和材料的耦合。

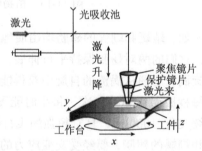

图 11-17　激光仿生制备系统与加工示意图

采用 X 射线衍射分别对仿生耦合试样和未处理试样进行相分析，如图 11-19 所示，由图可知，未处理试样组织成分由铁素体(α-Fe)、渗碳体(Fe_3C)和石墨(G)组成。仿生耦合试样处理部分的组织成分由马氏体(martensite)和残余奥氏体(γ-Fe)组成，可见，激光熔凝处理使单元体区的显微组织与原始铸铁母材截然不同。图 11-20(a)中呈月牙状的深色区域为仿生耦合单元体的断面，图 11-20(b)是图 11-20(a)

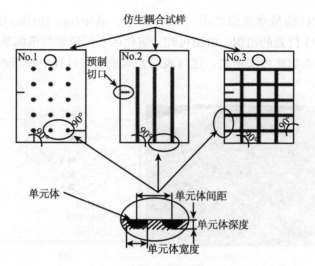

图 11-18　具有不同形状单元体的仿生耦合试样示意图

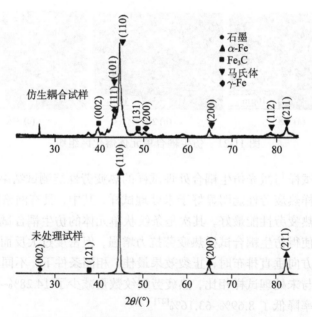

图 11-19　仿生耦合试样与未处理试样 XRD 分析

的模型图,由图可知,仿生耦合单元体沿深度方向由表及里分为两个区域,分别是熔化区和相变区。熔化区的母材在激光处理过程中完全熔化,随后以较快的冷却速度凝固;同时由于金属导热,熔化区周围的母材发生了固态相变,称为相变区。相变区含有的未熔石墨,导致局部热传导不均匀,造成了其不规则的微观轮

廓形貌。熔化区的显微组织如图 11-21 所示，其中(a)、(b)和(c)图分别对应图
11-20(b)中 1→3 位置的组织。由图可知，熔化区不同位置的组织基本相同，熔化
区表层的显微组织比内层粗大，这与表层金属液凝固过程中冷却速度较小有关。

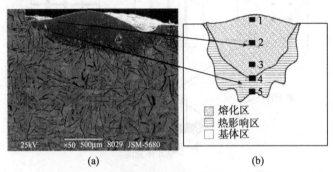

(a)   (b)

图 11-20　仿生耦合单元体断面形貌及模型

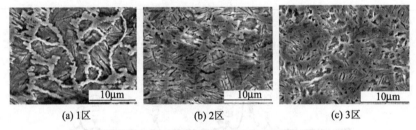

(a) 1区   (b) 2区   (c) 3区

图 11-21　仿生耦合单元体熔化区组织

　　对未处理试样与激光仿生耦合处理试样的热疲劳性能测试结果表明，激光仿
生耦合处理试样热疲劳性能明显好于未处理试样，其中，具有网格状单元体的仿
生耦合试样抗热疲劳性能最好，其次是条纹状单元体的仿生耦合试样。单元体适
度高密度分布使得仿生耦合试样热疲劳抗力增强，但密度过大反而减弱；当单元
体与裂纹扩展方向垂直排布时，止裂效果最佳。相同条件下，不同单元体形状的
仿生耦合试样与未处理试样相比，热疲劳裂纹数量减少了 14.28%~61.22%，热疲
劳裂纹扩展速率降低了 8.69%~63.16%[27]。

　　2) 采用激光合金化技术设计

　　激光合金化作为一种独特而新颖的表面改性技术，日益受到国内外的普遍重
视。利用激光高能量密度使母材表面熔化，同时加入合金元素，通过熔池对流运
动使合金元素向熔化区内扩散，待熔池凝固后形成以母材为基的合金层，从而达
到强化单元体的目的。利用激光合金化技术强化仿生耦合单元体时，采用预置粉
末法，将拌有粘结剂(醋酸纤维素丙酮溶液)的合金粉末(纯 Cr 粉)制成膏状，以条

纹状形式均匀涂抹在待处理试样表面，风干后，用游标卡尺测量涂层厚度，随后进行激光仿生耦合处理。由于预置涂层厚度的变化将严重影响熔化区合金粉末的含量与分布，因此，首先要对预置涂层厚度进行优化，预置涂层厚度见表 11-5。在预热 250°C 条件下，制备激光合金化仿生耦合试样，如图 11-22 所示[28]。通过考察合金元素含量、合金层的相组成、显微组织等特征，同时对比不同试样的抗热疲劳性能，得出最佳预置粉末涂层厚度，用于指导后续制动毂表面材料的设计。

表 11-5　预置粉末涂层厚度

试样编号	No.1	No.2	No.3	No.4	No.5	No.6
预置涂层厚度/mm	0.1	0.2	0.3	0.4	0.5	0.6

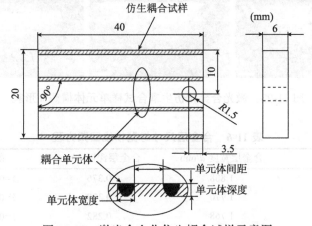

图 11-22　激光合金化仿生耦合试样示意图

图 11-23 为 No.1~ No.6 激光合金化仿生耦合试样单元体横截面形貌。激光合金化处理时，预置涂层与母材表层几乎同时熔化，涂层中的 Cr 粉末受重力、表面张力和激光压力的共同作用进入熔池，与熔化的母材构成合金，凝固后形成了单元体合金层，即图中白亮部分(A)。与此同时，由于金属导热，合金层周围形成一定厚度的相变区(T)，合金层与相变区形成了良好的冶金结合。由图 11-23 可知，单元体合金层轮廓均呈近似倒置的抛物线形。为了计算合金层的理论 Cr 含量，回归了合金层轮廓抛物线方程，结果列于表 11-6。合金层合金元素的含量是表征激光合金化程度的一个重要指标，因此，可以通过对比合金层的理论与实际 Cr 含量进行预置涂层厚度的初步优化。计算结果表明，当涂层厚度大于 0.3mm 时，随着涂层加厚，实际 Cr 含量始终在 25% 左右，基本不再增加，理论与实际 Cr 含量的差值越来越大。该现象表明，当涂层厚度大于 0.3mm 时，熔池尺寸的

影响效应显著，熔池过浅，造成对流运动变弱，相应地，熔化的 Cr 粉末只有部分得以进入熔池。基于上述试验结果可知，必然存在一个临界的涂层厚度，使得合金层合金元素理论含量与实际含量相差不大。在本设计中，该临界涂层厚度为 0.3mm，任何厚度大于 0.3mm 的涂层都将造成合金粉末的严重浪费。因此，在后续制动毂表面材料设计时，涂层厚度以小于或等于 0.3mm 为宜。

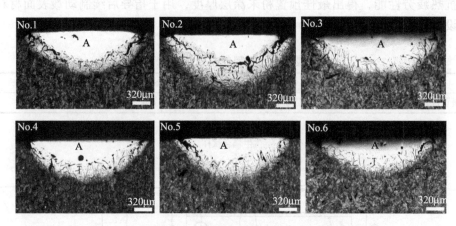

图 11-23   激光合金化仿生耦合试样单元体横截面形貌

表 11-6   合金层尺寸与抛物线回归方程

试样编号	合金层宽度 d/mm	合金层深度 h/mm	抛物线方程
No.1	1.808	0.376	$Y=0.460X^2-0.376$
No.2	1.770	0.320	$Y=0.408X^2-0.320$
No.3	1.768	0.282	$Y=0.361X^2-0.282$
No.4	1.770	0.264	$Y=0.337X^2-0.264$
No.5	1.638	0.245	$Y=0.365X^2-0.245$
No.6	1.618	0.188	$Y=0.287X^2-0.188$

将激光合金化(LA)仿生耦合试样与激光熔凝(LM)仿生耦合试样同时进行热疲劳试验，试样表面的热疲劳裂纹数量与长度如图 11-24(a)和(b)所示。结果表明，在相同热循环次数下，与 LM 仿生耦合试样相比，LA 仿生耦合试样表面裂纹数量较少，且随着预置涂层增厚(≤0.3mm)，裂纹数量呈减少趋势；同时，与 LM 仿生耦合试样相比，LA 仿生耦合试样表面裂纹长度较短，说明 LA 仿生耦合试样，特别是预置涂层较厚的 LA 仿生耦合试样具有更强的抵制热疲劳裂纹萌生能力[27]。

综上所述，采用激光 Cr 合金化技术强化单元体，能够进一步提高仿生耦合试样的抗热疲劳性能；在避免严重浪费合金粉末材料的条件下，适当增加预置 Cr 涂层厚度(≤0.3mm)，有利于增强仿生耦合试样的抗热疲劳性。

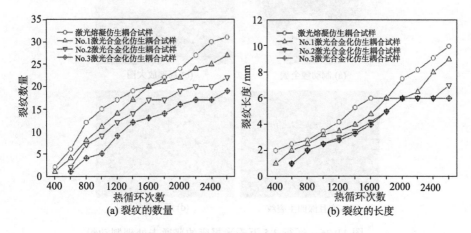

(a) 裂纹的数量　　　　　　　　　　　　　　(b) 裂纹的长度

图 11-24　热疲劳裂纹的数量与长度

11.3.2　仿生耦合抗疲劳制动毂的制造

将上述试验研究与测试分析所得到的最优化设计参数应用到卡车制动毂，采用激光仿生加工技术，对卡车制动毂进行表面处理[27]。

试验以斯太尔卡车专用制动毂为研究对象，材料为 HT200，由第一汽车集团铸造有限公司铸造二厂生产，制动毂实物如图 11-25 所示，毂身高 242mm，最大外径 466mm，最小外径 436mm，内径 398mm。制动毂的裂纹主要是垂直摩擦方向的纵向裂纹，如图 11-26 所示。抑制这种纵向裂纹的产生和扩展是提高制动毂寿命的关键，单元体的设置主要针对这种失效形式。仿生耦合制动毂的试制在 2+2 维激光仿生制备系统上进行，实施过程模拟如图 11-27 所示，加工参数选上述试验测试与优化所得参数[27]。共试制 4 只仿生耦合制动毂，具体耦合信息和处理工艺见表 11-7。

图 11-25　制动毂

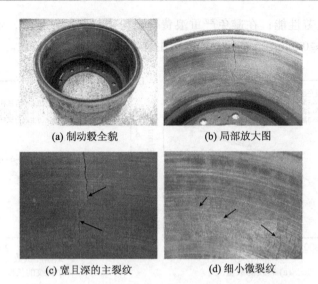

(a) 制动毂全貌   (b) 局部放大图

(c) 宽且深的主裂纹   (d) 细小微裂纹

图 11-26　运行 3.5 万千米报废的普通未处理制动毂

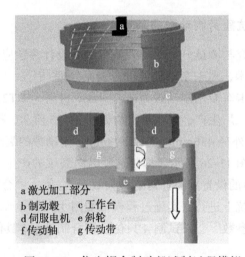

a 激光加工部分
b 制动毂　c 工作台
d 伺服电机　e 斜轮
f 传动轴　g 传动带

图 11-27　仿生耦合制动毂试制过程模拟

表 11-7　仿生耦合制动毂形态耦元参数与处理工艺

制动毂编号	单元体形状	单元体分布间距	单元体与摩擦方向夹角	处理手段
No.1	条纹	40mm	0°	激光熔凝
No.2	网格	60mm	45°/135°	激光熔凝
No.3	网格	40mm	0°/90°	激光熔凝
No.4	条纹	40/60mm	0°/45°	激光 Cr 合金化

　　仿生耦合制动毂装车试验在山东龙口龙矿运输车队的 2 辆斯太尔卡车上进行，每辆车前后轴各安装一只仿生耦合制动毂，其余全部安装普通未处理制动毂。龙矿车队主要承担运煤任务，车辆多在一级公路上行驶，平均时速 70km/h 左右。

　　运行结果表明，车辆制动过程无异响，仿生耦合制动毂能够满足车辆制动要求。当车辆运行 3 个月，行程约 3.5 万千米时，普通未处理制动毂提前报废，如图 11-26 所示，而仿生耦合制动毂一切正常，由图可知，普通制动毂制动表面存在深而且宽的主裂纹，主裂纹长度接近毂身高度；在整个制动带分布着很多不规则排列的细小裂纹，裂纹周围的基体有严重氧化现象，制动毂磨损较为严重。这样的制动毂已不能够满足高速重载条件下的使用要求，若继续使用，很容易发生突然破裂，造成刹车失灵，因此，予以更换。车辆继续运行，当行程达到 5.5 万千米后，检查仿生耦合制动毂，如图 11-28 和图 11-29 所示，此时，仿生耦合制动毂制动带上出现长度在 40~100mm 的热疲劳裂纹，且裂纹多位于相邻或相近单元体之间，其中 No.1 仿生耦合制动毂制动带上出现了沿轴向分布的较深的主裂纹，裂纹长度 100mm 左右，说明制动毂破坏比较严重；No.4 仿生耦合制动毂制动带上热疲劳裂纹最短、数量最少而且多分布在制动带上部，说明制动毂破坏较轻。考虑所有仿生耦合制动毂均未出现严重开裂现象，因此，继续随车运行。当车辆行程达到 7 万千米后，No.1~No.3 号仿生耦合制动毂报废，No.4 制动毂仍然可以继续使用，如图 11-30 所示[27]。可见，生产试验的结果和试验设计测试结果趋势相同。

图 11-28　运行 5.5 万千米的仿生耦合制动毂

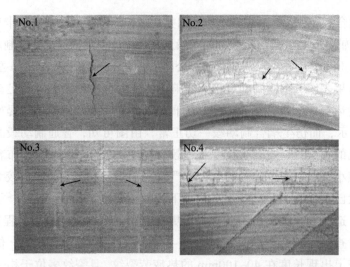

图 11-29   运行 5.5 万千米的仿生耦合制动毂热疲劳裂纹

图 11-30   运行 7 万千米的 No.4 仿生耦合制动毂

11.4   仿生耦合视频隐身变色功能材料的设计与制造

11.4.1   仿生耦合视频隐身变色功能材料的设计

蝴蝶表面具有明亮的结构色，且蝴蝶的这种结构色可以随光线的入射角度、填充介质的折射率及薄膜的厚度等不同而变化。通过对蝴蝶鳞片光学性能的研究可知，蝴蝶鳞片表面呈现的干涉色是凹坑、棱纹等非光滑表面形态、平行多层膜结构和几丁质低能材料三因素相耦合的结果[32-36]。将这一结构光学变色现象应用到物体表面，可以使物体颜色随环境色变化而变化，达到视频隐身。

将三种蝴蝶鳞片结构耦合变色模型简化成一维光子晶体结构进行模拟，如图 11-31 至图 11-34 所示[32-33,37-39]。用光学软件 Translight 设计了两类仿生耦合视频隐身变色材料：循环周期结构仿生耦合视频隐身变色材料和填充介质仿生耦合视频隐身变色材料。

(a) 柳紫闪蛱蝶

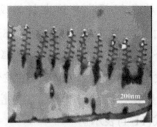
(b) 鳞片结构

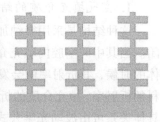
(c) 优化结构模型

图 11-31　柳紫闪蛱蝶紫色鳞片结构及优化结构模型

(a) 紫斑环蝶

(b) 鳞片结构

(c) 优化结构模型

图 11-32　紫斑环蝶蓝色鳞片结构及优化结构模型

(a) 绿带翠凤蝶

(b) 鳞片结构

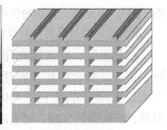
(c) 优化结构模型

图 11-33　绿带翠凤蝶蓝色鳞片结构及优化结构模型

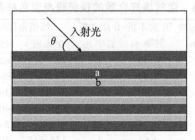
图 11-34　一维光子晶体结构模型

1. 空气填充介质的结构色视频隐身仿生材料设计[32]

这种结构是采用微纳加工技术，在透明材料内部形成空腔结构，上下表面封闭。当其中间空腔内填充介质是空气的时候，折射率为1；当填充其他气体或液体的时候，其折射率就会发生变化，从而使结构色发生变化。结构色的种类与材料的折射率、填充介质的折射率、材料层的厚度、空腔层的厚度及入射角度有关，具体关系可由波动光学公式(11-1)表示。

$$\lambda = 2\left(n_1 d_1 \cos\theta_1 + n_2 d_2 \cos\theta_2\right) \tag{11-1}$$

式中，λ 为反射光波长；n_1、n_2 分别为第一层、第二层物质折射率；d_1、d_2 分别为第一层、第二层物质厚度；θ_1、θ_2 分别为第一层、第二层物质入射角度。

从公式(11-1)可以看出，结构色的颜色与入射角度有着一定关系：当角度逐渐增大时，反射光波长逐渐减小；同样，当填充介质的折射率逐渐增大时，反射波长值也逐渐增大。当薄层厚度增加时，反射波长也逐渐增加，但是薄层尺寸一经确定，不能改变，所以，只可以通过改变填充介质折射率和入射角度来实现颜色效果的变化，如图 11-35 所示。因此，采用 Translight 设计了 6 种结构，具体尺寸、物质折射率及效果如表 11-8 所示，由该结构产生的反射效果如图 11-36 所示。

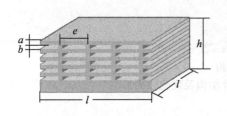

图 11-35　可变填充介质的结构色的仿生耦合视频隐身变色材料设计模型

由此可见，空气填充介质仿生耦合视频隐身变色样品，可以成功地实现蓝、绿、黄、红颜色的相互转变，尤其波长区间相近的颜色(如蓝色和绿色)之间，由于波长区间相邻(蓝色：420~490nm；绿色：490~580nm)，可以通过入射角度的调整，非常容易实现。对于波长变换区间较大的颜色变化，如从蓝色(420~490nm)到红色(700~780nm)之间的转换，相对来说较为困难，但是样品1，如图 11-36(a)所示，解决了该难题，实现了蓝色和红色之间的相互转换。

表 11-8　空气填充介质的视频隐身变色样品设计

编号	介质1厚度 w_1/nm	介质2厚度 w_2/nm	介质1折射率 n_1	介质2折射率 n_2	峰值范围/nm 0°入射	45°入射	颜色效果 0°入射	45°入射
1	250	100	1.40	1	423~477	625~806	蓝色	红色
2	200	350	1.40	1	403~431	694~红外	紫色	红色
3	300	100	1.50	1	510~581	396~490	绿色	蓝色
4	300	200	1.40	1	581~641	403~510	黄色	蓝色
5	200	150	1.50	1	416~471	568~833	蓝色	橙色
6	300	150	1.50	1	555~641	409~520	黄色	蓝色

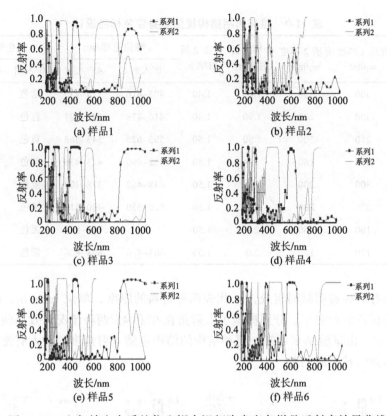

图 11-36　空气填充介质的仿生耦合视频隐身变色样品反射率效果曲线

2. 循环周期结构仿生耦合视频隐身变色材料设计[32]

在前述设计的 6 种通过改变角度和填充介质来改变颜色效果的样本,其薄层结构大都在几百纳米量级,尤其纳米量级的空腔结构给加工带来很大困难,因此,设计便于加工的多层固体薄膜变色光子晶体结构,如图 11-37 所示。图中,a、b代表两层不同的透明材料,t 为周期数,l 为样品的宏观尺寸。具体设计尺寸如表11-9 所示。采用 Translight 软件,设计了 8 种循环周期结构视频隐身变色样品,

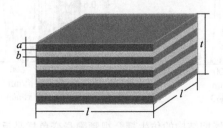

图 11-37　循环周期结构的仿生耦合视频隐身变色材料设计模型

表 11-9　循环周期结构视频隐身变色样品设计

样品编号	介质1厚度 w_1/nm	介质2厚度 w_2/nm	介质1折射率 n_1	介质2折射率 n_2	峰值范围/nm		颜色效果	
					0°入射	45°入射	0°入射	45°入射
1	300	200	1.80	1.40	403~416	714~735	紫色	红色
2	300	200	1.90	1.40	416~438	735~781	蓝色	红色
3	250	300	1.90	1.50	595~625	543~568	黄色	绿色
4	150	280	2.0	1.50	462~490	423~438	蓝色	淡蓝
5	300	200	2.0	1.50	438~462	378~409	蓝色	紫色
6	200	280	2.0	1.50	520~550	480~510	绿色	蓝色
7	100	160	2.0	1.50	无	735~833	无色	红色
8	120	120	2.0	1.50	403~416	694~806	紫色	红色

一个周期有两种透明材料组成，w 代表两种材料的厚度，单位 nm；n_1、n_2 分别代表两种材料的折射率，分别模拟了入射角在 0° 和 45° 两种情况，效果曲线如图 11-38 所示。由试验结果可知，每种结构的结构色随入射角度的增大有逐渐向短波长色彩方向转变的趋势。

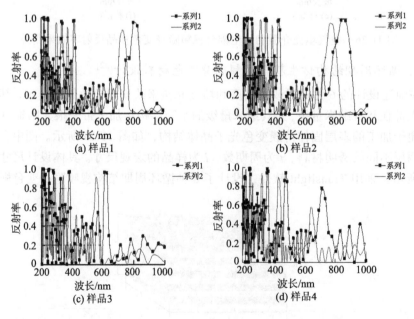

图 11-38　循环周期结构的仿生耦合视频隐身变色样品反射率效果曲线

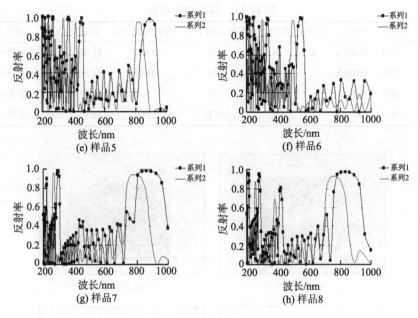

(e) 样品5　　　　　　　　　(f) 样品6

(g) 样品7　　　　　　　　　(h) 样品8

图 11-38 (续)

11.4.2 仿生耦合视频隐身变色功能材料的制造

根据三种蝴蝶鳞片的结构色形成机理，采用 Translight 软件设计两种视频隐身材料，一种是以空气或其他流体物质为填充介质的空腔变色材料，另一种是由两种透明或半透明的固体构成的一维光子晶体结构，然后采用磁控溅射方法和双光子聚合法制备仿生耦合视频隐身变色材料[32]。

1. 磁控溅射方法制造

磁控溅射方法是利用荷能粒子轰击固体表面(靶)，使固体原子(或分子)从表面射出进行表面改性的方法。磁控溅射设备为中国科学院沈阳仪器研制中心生产的 JGP450A 型多靶磁控溅射设备，采用纯 ITO (99.99%) 和有机玻璃作为溅射靶材，衬底为单晶硅片，选择 3 个结构尺寸制备，具体尺寸如表 11-10 和表 11-11所示，制造出的仿生耦合视频隐身变色材料的样品如图 11-39 所示。采用分光计积分球进行反射率光谱测量，其结构色效果与理论设计和分析的效果吻合[32]。

表 11-10　磁控溅射样品尺寸

样品号	介质1厚度 w_1/nm	介质2厚度 w_2/nm	介质1折射率 n_1	介质2折射率 n_2	峰值范围/nm 0°入射	峰值范围/nm 45°入射	颜色效果 0°入射	颜色效果 45°入射
1	200	280	2.0	1.50	520~550	480~510	绿色	蓝色
2	100	160	2.0	1.50	无	735~833	无色	红色
3	120	120	2.0	1.50	403~416	694~806	蓝色	红色

表 11-11　样品加工参数

样品号	材料一	材料二	靶位 1	靶位 2	溅射时间 t_1/s	溅射时间 t_2/s	基底	周期	颜色转变
1	ITO	PMMA	A	B	1887	1867	玻璃	3	无色~红色
2	ITO	PMMA	A	B	943	1067	硅片	3	无色~红色
3	ITO	PMMA	A	B	1132	800	硅片	3	蓝色~红色
4	ITO	PMMA	A	B	1132	800	硅片	5	蓝色~红色

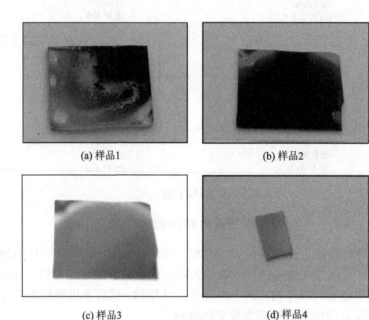

(a) 样品1　　　　　　　　　(b) 样品2

(c) 样品3　　　　　　　　　(d) 样品4

图 11-39　磁控溅射加工样品

2. 双光子聚合法制造

采用磁控溅射方法可加工出两种透光材料循环多层结构，但要得到空腔的三维微纳结构，即结构中的其中一层介质为空气层的一维光子晶体结构，该方法无法实现。双光子技术是近年发展起来的一种新型光聚合技术，它要求材料中引发光聚合的活性成分能够同时吸收两个光子，从而产生活性物质(自由基或离子)，引发聚合反应。

聚合设备为蓝宝石飞秒激光加工系统，利用飞秒激光双光子聚合法，制备多层折射率可变仿生视频隐身变色样品。采用的聚合物单体材料 SU8 光刻胶，制备了 3 种样品，具体尺寸及颜色效果如表 11-12 所示，制造出的样品如图 11-40 所示。对得到的样品进行光学测试，结果表明，0° 入射时，反射峰值在 490~520nm 区间，属于淡绿色；而当入射角度增大到 45° 时，反射峰值则在 641~675nm，属于红色，同样可以实现红色和绿色之间的颜色变化[32]。

表 11-12　双光子聚合制备样品的尺寸及颜色效果

样品编号	聚合层厚度 /nm	空腔厚度 /nm	峰值范围/nm		颜色效果	
			0°入射	45°入射	0°入射	45°入射
1	300	100	510~581	396~490	绿色	蓝色
2	300	150	555~641	409~520	黄色	蓝色
3	300	200	581~641	403~510	黄色	蓝色

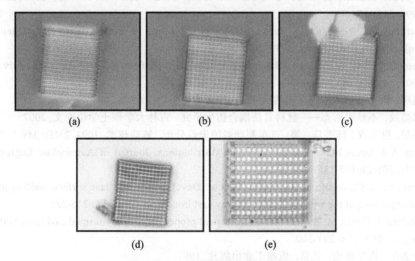

(a)　　　　　　　　(b)　　　　　　　　(c)

(d)　　　　　　　　(e)

图 11-40　双光子聚合加工样品

参 考 文 献

[1] Ren L Q. Progress in the bionic study on anti-adhesion and resistance reduction of terrain machines. Sci China Ser E-Tech Sci, 2009, 52(2): 273-284.

[2] 朱凤武, 佟金. 土壤深松技术及高效节能仿生研究的发展. 吉林大学学报 (工学版), 2003, 33(2): 95-99.

[3] 任露泉, 佟金, 李建桥, 等. 松软地面机械仿生理论与技术. 农业机械学报, 2000, 31(1): 5-9.

[4] Tong J, Ren L Q, Chen B C, et al. Characteristics of adhesion between soil and solid surfaces. J Terramech, 1994, 31(2): 93-105.

[5] 陈东辉. 典型生物摩擦学结构及仿生. 吉林大学博士学位论文, 2007.

[6] Tong J, Chen D H, Tomoharu Y, et al. Geometrical features of claws of house mouse musmusculus and biomimetic design method of subsoiler structure. Biosystem Studies, 2005, 8: 53-63.

[7] 曾德超. 机械土壤动力学. 北京: 科学技术出版社, 1995.

[8] 任露泉, 李建桥, 田丽梅. 地面机械仿生减粘降阻技术. 中国农业机械学会会议论文,

2006: 638-649.

[9] 王淑杰, 任露泉, 韩志武, 等. 典型植物叶表面非光滑形态的疏水防粘效应. 农业工程学报, 2005, 21(9): 16-19.

[10] 弯艳玲, 丛茜, 金敬福, 等. 蜻蜓翅膀微观结构及其润湿性. 吉林大学学报(工学版), 2009, 39(3): 732-736.

[11] Fang Y, Sun G, Cong Q, et al. Effects of methanol on wettability of the non-smooth surface on butterfly wing. J Bionic Eng, 2008, 5(2): 127-133.

[12] Ren L Q, Liang Y H. Biological couplings: classification and chara cteristic rules. Sci China Ser E-Tech Sic, 2009, 52(10): 2791-2800.

[13] 徐晓波, 任露泉, 陈秉聪, 等. 典型土壤动物体表化学成分的初步研究. 农业机械学报, 1990, 21(3): 79-83.

[14] Barthlott W, Neinhuis C. Purity of the sacred lotus, or escape from contamination in biological surfaces. Planta, 1997, 202: 1-8.

[15] Feng L, Li S H, Li Y S, et al. Super-hydrophobic surface: from natural to artificial. Adv Mater, 2002, 14 (24): 1857-1860.

[16] 葛亮. 仿生不粘锅粘附性能的研究. 吉林大学硕士学位论文, 2005.

[17] 郭蕴纹. 不粘锅形态——材料自洁耦合仿生研究. 吉林大学硕士学位论文, 2007.

[18] 苏勇, 叶天汉, 陈翌庆, 等. 汽车制动毂的失效分析. 铸造技术, 2004, 25(5): 349-352.

[19] Day A J. Drum brake interface pressure distributions. Journal of Automobile Engineering, 1991, 205(2): 127-136.

[20] Blarasin A, Corcoruto S, Belmondo A, et al. Development of a lase surface melting process for improving of the wear resistance of gray cast iron. Wear, 1983, 86: 315-325.

[21] Ebalard S, Cohen M. Structual and mechanical properties of spray formed cast iron. Mater Sci Eng A, 1991, 133: 297-300.

[22] 余志生. 汽车理论. 北京: 机械工业出版社, 1981.

[23] Pingxiu E. Thermal Stresses and Thermal Fatigue. Beijing: Defence Industry Publisher, 1984.

[24] 汪矛, 郑相如, 张志农. 叶脉的形态与结构. 生物学通报, 1998, 33(8): 10-12.

[25] Dudley R. Biomechanics of flight in neotropical butterflies: morphometrics and kinematics. J Exp Biol, 1990, 150: 37-53.

[26] Betts C R, Wootton R J. Wing shape and flight behavior in butterflies (Lepidoptera: Papilionoidea and Hesperioidea): a preliminary analysis. J Exp Biol, 1988, 138: 271-288.

[27] 佟鑫. 激光仿生耦合处理铸铁材料的抗热疲劳性能研究. 吉林大学博士学位论文, 2009.

[28] Zhou H, Tong X, Zhang Z H, et al. Thethermal fatigue resistance of cast iron with biomimetic non-smooth surface processed by laser with different parameters. Mater Sci Eng A, 2006, 428: 141-147.

[29] Tong X, Zhou H, Chen L, et al. Effects of content on the thermal fatigue resistance of cast iron with biomimetic non-smooth surface. Int J Fatigue, 2008, 30: 1125-1133.

[30] Tong X, Zhou H, Ren L Q, et al. Thermal fatigue characteristics of gray cast iron with non-smooth surface treated by laser alloying of Cr powder. Surf Coat Tech, 2008, 202: 2527-2534.

[31] Tong X, Zhou H, Zhang Z H, et al. Effects of surface shape on thermal fatigue resistance of biomimetic non-smooth cast iron. Mater Sci Eng A, 2007, 467: 97-103.

[32]　邬立岩. 仿蝴蝶鳞片微结构视频隐身仿生变色材料设计与制备. 吉林大学博士学位论文, 2009.

[33]　韩志武, 邬立岩, 邱兆美, 等. 紫斑环蝶鳞片的微结构及其结构色. 科学通报, 2008, 53(22): 1-5.

[34]　邱兆美, 韩志武. 蝴蝶鳞片微观结构与模型分析. 农业机械学报, 2009, 40(11): 193-196.

[35]　Ren L Q, Qiu Z M, Han Z W, et al. Experimental investigation on color variation mechanisms of structural light in *Papilio maackii* Menetries butterfly wings. Sci China Ser E-Tech Sci, 2007, 50(4): 430-436.

[36]　Vukusic P, Sambles J R. Photonic structures in biology. Nature, 2003, 424: 852-855.

[37]　Wu L Y, Han Z W, Qiu Z M, et al. The microstructures of butterfly wing scales in northeast of China. J Bionic Eng, 2007, 4(1): 47-52.

[38]　Han Z W, Wu L Y, Qiu Z M, et al. Structural colour in butterfly *Apatura ilia* scales and the microstructure simulation of photonic crystal. J Bionic Eng, 2008, 5: 14-19.

[39]　Han Z W, Wu L Y, Qiu Z M, et al. Microstructure and structural colour in wing scales of butterfly *Thaumantis diores*. Chin Sci Bull, 2009, 54(4): 535-540.

第 12 章　耦合仿生效能评价

12.1　多元耦合仿生效能

12.1.1　多元耦合仿生效能的提出

多元耦合仿生最终的目标是提高其仿生效能。目前，对于仿生技术和仿生产品的评价多采用单项效率指标，不足以反映多元耦合仿生达到预期目标的综合能力。评价的方法多限于同类产品的比较，难以进行横向、纵向的综合比较。多元耦合仿生最终成果多为工程仿生的理论、技术和产品，其特点是高风险、高收益。对其进行效能评价，既是对多元耦合仿生的整体水平的考察，又是对其存在的问题的诊断；同时，还是多元耦合仿生决策及产品推广的重要依据[1-2]。

在仿生实践中，大多使用单项指标评价仿生结果，如文献[3-4]对犁、推土铲等仿生产品均从单项指标(如油耗、犁耕阻力、推土铲阻力等)进行仿生效果的评价；文献[5]将推土铲与同类产品(较传统铲减阻 19%，较日本岛根公司的深松铲减阻 6%~8%)进行比较。以上文献均从某一指标强调了效果的提升，尽管文献[3]进一步对产品的工作质量进行了定性的说明，如具有良好的脱土性和耐磨性、耕作质量良好等，但仍不能全面地说明多元耦合仿生的综合成效。选取科学的方法、合理化指标体系对多元耦合仿生效能进行全面评估，是仿生方案设计、仿生技术与产品效能测度及仿生产品推广的重要环节。

目前，"效能"概念的使用频率日益上升，从"效率"到"效能"，不仅是文字差异，更是蕴涵着价值理念的创新。"效率"一般被界定为投入与产出之间的比率。对于给定的输入，如果能获得更多的输出，就提高了效率。类似地，对于较少的输入，能够获得同样的输出，同样也提高了效率。测定效率所用的概念及方法有成本函数法、生产函数法、工作荷载分析法等。这种效率理论侧重于系统自身的成效，而没有注重系统全面的结果与影响。效率评价的不足主要表现在"效率"是一种比值，本身不包含任何价值判断。为此，引入"效能"评价多元耦合仿生的成效，以期获得更全面的结果，为决策提供更有力的依据[1]。

12.1.2　多元耦合仿生效能的含义

文献分析表明，军事装备中对效能的研究比较深入，以作战效能概念居多。

其中，依据不同的研究目的、研究范围和需求，得出的效能定义不尽相同。文献[6-10]中，效能的概念主要有：①预期一个系统能满足一组特定任务要求程度的度量；②在规定的条件下达到规定使用目标的能力；③装备完成规定的任务剖面的能力大小；④在特定的条件下，武器系统被用于执行规定任务所能达到预期可能目标的程度；⑤武器系统效能归纳为作战能力与作战适宜性的综合；⑥美国工业界武器系统效能咨询委员会定义系统效能是一个系统预期达到一组特定的任务要求的程度的度量，是系统可用性、可信性与固有能力的函数。综合上述，效能是一个系统满足一组特定任务要求程度的能力(度量)，或者说是系统在规定条件下达到规定使用目标的能力。

工程仿生与军事装备有着很大的差别，从自身的结构、功能到使用环境、人员、目的都有明显不同。台湾学者认为，"效率指产出与投入之间的比较情况，着重数量层面；效能则指目标达成的程度，着重品质层面"[11]。《现代汉语词典》的解释是："事物所蕴藏的有利的作用"。根据这一定义，综合上述及其他各种相关观点，效能是效率与功能的统一和整合，既追求更高的速率，又追求更完整的功能；既注重系统本身的目标，又注重系统在全局中的地位和作用。

耦合仿生效能是指为了解决工程技术问题，模仿生物模本多元耦合功能、特性，在仿生过程中发挥生物功能特性的程度及产生的经济效益、作业效果等目标的达成情况[1]。其主要内涵如下。

(1) 多元耦合仿生有其特定的功能目标，此功能目标根据工程技术需求提出，来源于生物模本，可能会超越生物模本。

(2) 多元耦合仿生结果可以是一个系统，也可以是系统中的一个或多个部件。基于系统工程理论，将仿生部件也视为系统，其效能评价可分为仿生过程和结果两个阶段。

(3) 多元耦合效能评价主要度量、评价其预期特定功能的达成程度、预定的经济效益达成程度及预期的作业效果或社会影响等目标达成程度，即功能效益、经济效益、作业效果(社会影响)为多元耦合仿生效能评价的主要因素。

(4) 多元耦合仿生既有创新技术和产品，也有对普通产品、技术进行的改进或提高。因此，对于前者，需要创建新的评价指标体系；而对于后者，则可以采取与原有普通产品和技术进行对比，如果其效能不及普通产品和原有技术，则应重新探究仿生原理、方法和路径。

综上所述，多元耦合仿生效能所强调的是数量与质量的统一、功效与价值的统一、目的与手段的统一、过程与结果的统一。在规划、研制多元耦合仿生技术与产品时，效能、费用、周期和风险成为评价仿生项目优劣的四大要素。在各要素中，效能是中心，是讨论其他要素的前提，因此，对多元耦合仿生效能评价就显得尤为重要。

12.2 传统的评估方法和常用评价方法

12.2.1 传统的评估方法

系统评估是系统工程中一项重要的内容，常规的系统评估有其特定的程序。文献[12-13]介绍了传统评估方法的主要过程，如图12-1所示。

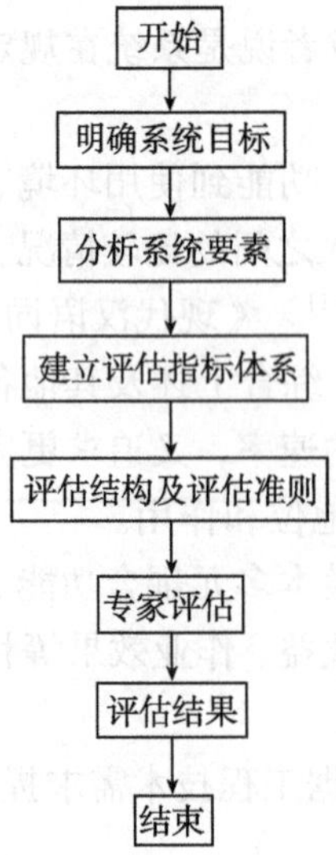

传统评估方法的评估步骤如下。

1) 明确系统目标，熟悉系统方案

按照系统工程理论，需要把评估的对象当成系统看待，反复调查了解此系统的目标及为完成该目标所关联的因素，熟悉系统方案，进一步分析和讨论已经考虑到的各个因素。

2) 分析系统要素

从系统目标出发，集中收集有关的资料和数据，对组成系统的各个要素及系统的性能特征进行全面分析，了解系统要素之间的关系。

3) 建立系统评估指标体系

对于所评估的系统，需要建立统一手段对照和衡量被评系统的不同方案，即评估指标体系。评估指标体系要求科学、客观，尽可能全面地考虑各个因素，包括组成系统的主要因素及有关系统的性能、经济效益、效果等方面因素，可以对各个方案进行对比和评估，给出相应的评价和调整策略。指标体系可以在大量的资料、调查、分析等基础上获得，由若干个评估指标组成的整体，应反映所要解决问题的各项目标要求。

4) 制定评估结构和评估准则

在评估过程中，依据对系统达到目标的定性描述，难以作出科学的评估，因此，需要对所确定的指标进行量化处理。对定性与定量描述的指标进行分析研究，制定和选择出评估的量化依据。当然需要借助于某些理论和方法，其中，评分是最常用的一种简单方法，即按具体情况分成若干等级，然后相互进行比较。由于各指标的计量尺度不一样，不同的指标是很难在一起比较的。因此，必须对指标体系中的指标进行规范化，也就是都采用统一的评估尺度。为此，要制定出评估准则，即根据指标所反映的要素的状况，确定各指标的结构和权重。

5) 评估方法的选定

评估对象的具体要求不同评估方法也不同。一般而言，需根据系统目标与系

图 12-1 传统的评估过程

统分析结果的测定方法及评估准则等来选取评估方法。

6) 以专家为主的评估

评估方法及评估模型确定后，即可请相关领域的专家对评估对象进行评估。

7) 评估结果

专家评估完成后，评估组织者根据专家评估的结果进行统计分析处理，最后给出评估结果报告。

传统评估方法为多元耦合仿生评估问题提供了基本思路，在此基础上需要结合具体的评估问题，对上述方法进行完善，确定评价指标体系，建立评价准则；选择适当的评价方法、模型，将所得结果融合，从而获得效能评价结果。

12.2.2　常用的评价方法

1. 评价的概念及要素

评价，是指依据明确的目标，按照一定的标准，采用科学方法，测量评价对象的功能、品质和属性，并对评价对象作出价值性的判断。评价研究的关键是要依据目标，利用收集的资料作出价值性的判断[14]。由于客观事物的多样性和复杂性，需要对客观事物从不同侧面所得的数据作出总的评价，称为综合评价。

综合评价的要素有以下几个。

1) 评价指标

评价指标是从一个侧面来反映评价对象所具有某种特征大小的度量。建立评价指标是开展评价研究工作的重要内容。实际工作中需要围绕这个评价指标进行资料的搜集、整理和分析。同时，它又是评价判断的依据，依据它作出价值性的判断。对于一个评价对象，一般要从不同的方面建立多个评价指标，从整体上反映评价对象的运行或发展状况，即需要建立一个科学的评价体系。评价指标体系的建立，要围绕具体的评价对象和评价目的而定。一般来说，在建立评价指标体系时，应遵循的原则是：系统性、科学性、可比性、可测取性(可观测性)和相互独立性。

2) 综合评价模型

多指标综合评价，是通过数学模型或算法将多个评价指标合成一个整体性的综合评价值，该数学模型或算法为综合评价模型。

3) 权重系数

相对于评价目的来说，评价指标之间的相对重要性程度是不同的。为了合理地反映不同评价指标对综合评价结果的贡献，可以对每一个评价指标赋予一个权重系数，以体现各评价指标之间的相对重要性。

2. 常用的评价方法

评价方法是在社会生产中产生，由简单到复杂逐渐发展的。最初多使用价值综合指标来衡量事物的发展情况。此法可以综合事物多方面的指标，使相互之间具有可比性。随着管理的重心由单纯地追求高产出而转向注重效益，即追求以尽量少的投入而得到较高的产出。用价值综合指标进行评价就难以满足这一要求。于是，产生了指标体系方法，即用不同的指标对事物发展的多个方面分别予以反映。这种方法虽能全面反映某一事物的发展状况，但在不同事物间比较时又遇到了不同指标之间相互矛盾的问题，不能对被评价事物作时间和空间上的整体对比。于是，人们又发展了多指标综合评价方法，即把反映被评价事物的多个指标的信息综合起来，得到一个综合指标，以此来反映被评价事物的整体情况，并可以进行横向和纵向的比较。

近年来，围绕着多指标综合评价，方法不断出新，有关研究也不断深入，主要表现在以下几个方面[15]。

第一，评价所用的指标是多样的，评价的问题也多种多样，模糊数学在综合评价中得到了较为成功的应用，形成了适于对主观或定性指标进行评价的模糊综合评价方法。

第二，多指标的评价体系中经常会出现各指标间信息的重复问题，多元统计分析为解决这一问题提供了可能性，产生了主成分、因子评价法；另外，判别分析、聚类分析也是较好的定量方法。

第三，由于评价对象的多样性，多目标决策方法也融入到综合评价中来，比如功效系数法、AHP 法等，拓宽了评价方法的思路。

第四，运筹学的发展产生了将投入和产出指标分离开来评价部门间相对有效性的数据包络分析方法，较适合对非单纯营利部门进行评价。

第五，信息论、灰色系统理论等对综合评价的渗透，产生了熵值法、灰色关联度评价法等。

第六，多维标度分析及空间统计学的发展提高了统计分析技术上的整合能力，使多目标综合评价方法的应用更加深入。

综合评价方法很多，关键在于根据待评价的问题正确选用。

12.2.3　多指标综合评价的步骤

多指标综合评价是一项复杂的统计活动过程，同时，也是一个量化的思维过程。具体步骤如下[16-17]：

(1) 确定评价目标，熟悉系统方案；

(2) 分析系统要素，根据评价目标，收集资料和数据，对构成系统的要素与系统的性能特征进行全面分析；

(3) 选取评价指标，建立评价指标体系；

(4) 根据系统具体情况，选择无量纲化方法，确定评价模型；

(5) 根据无量纲化方法，确定指标有关的阈值和参数，如适度值、不允许值、满意值等；

(6) 确定指标的权重；

(7) 利用所选的无量纲化方法和评价模型，获得评价值。其评价步骤如图 12-2 所示。

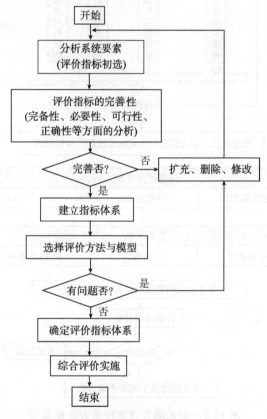

图 12-2　多指标综合评价步骤

12.3　多元耦合仿生效能评价方法的总体框架

从多元耦合仿生效能的定义出发，依据传统评估理论，结合多指标综合评价的步骤，确定多元耦合仿生效能评估过程需要包括如下环节：①评估的需求及评估指标体系的构建；②评估数据源采集；③多数据评估源的融合等关键支撑部分。本节把上述各个环节有机地组合起来，提出多元耦合效能评估方法框架，如图 12-3 所示[1]。

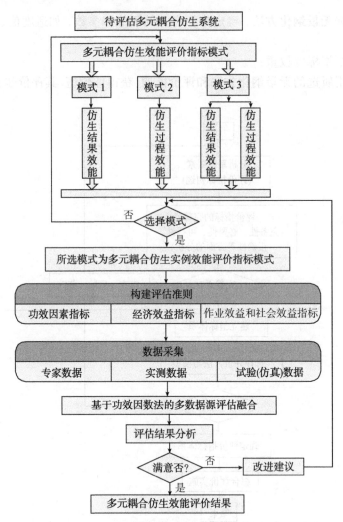

图 12-3　多元耦合效能评价方法框架图

　　其中，评估的需求及评估指标体系构建环节包括：分析评估对象和指导建立合理的评估指标体系。评估数据源采集环节包括：评估数据源的采集，如专家数据源的采集与试验数据源的采集。评估多数据源融合环节包括：采集到效能评估数据源后，往往是不同性质的数据，首先需要归一化，然后采用功效系数法(本章后续介绍)进行多种评估数据源的归一化，进而求取综合的效能评估值。可进行多轮评估，每一轮的评估结论需要保存起来作进一步分析。对评估过程与评估结果进行分析，得到评估活动需要改进的因素与建议，反馈给下一轮改进的评估。经过反复迭代，最后得到可靠的评估结果。

　　多元耦合仿生效能评估方法体现了评估需求→多数据源融合→评估方法→

评估结果→反馈评估建议等关键流程。其评估总体框架的关键技术包括：评估指标体系构建、评估数据源的采集和评估多数据源的融合。

12.4 多元耦合仿生效能评价关键技术

12.4.1 多元耦合仿生效能评价指标体系的建立

1. 评价指标体系建立的基本原则

系统科学的理论指出，任何事物都是系统与要素的统一体，在结构上，系统由若干相互联系、相互作用的要素有机组成，要素是构成系统的基本单元，要素又可以分为不同的层次。各要素可视为子系统，具有一定的功能，它们相互联系、相互作用，构成的整体可以实现系统的功能，但不同的子系统对于大系统来说具有不同作用。因此，把评价对象按照特定的目的分解，如果系统的某些要素较为复杂，还可以进一步细分，评价指标体系就是基于这种思想设计的[1]。

建立科学合理的评价指标体系，才有可能得出科学公正的综合评价结论。文献[18-22]提出了评价指标体系的多个构建原则，如科学性、目的性、层次性、可操作性、全面性、统一性、系统性、可比性等原则。

一般意义上，综合评价指标体系构建时须遵循以下基本原则。

1) 与目标一致性原则

指标是评价目标的具体化、行为化和操作化的体现，它必须充分地反映评价目标，应排除与评价目标不相干甚至有冲突的指标。

2) 全面性原则

评价指标体系必须反映被评价问题的每个侧面，不能"扬长避短"，否则，评价结论将是不公正的。

3) 科学性原则

整个综合评价指标体系从指标构成到结构，从每一个指标计算内容到计算方法都必须科学、合理、准确。

4) 层次性原则

建立层次结构的综合评价指标体系，以便为进一步的因素分析创造条件。

5) 与评价方法一致的原则

不同综合评价方法，对评价指标体系存在不同的要求。因此，实际构造评价指标体系时，需要先确定方法再构建综合评价指标。

6) 可操作性原则

一个综合评价方案的真正价值往往在付诸现实现时才能够体现出来，这就要求指标体系中的每一个指标都应具有可操作性，必须能够及时搜集到准确的数据。

2. 多元耦合仿生效能影响因素指标体系分析

将多元耦合仿生分为研发、生产和产品应用等三个阶段，不同阶段关注的影响仿生效能的主要因素不同，效能评价的作用也不相同。因而，将多元耦合仿生效能评价分为仿生结果、仿生过程、仿生过程+仿生结果三种模式。

多元耦合仿生效能影响因素可以从仿生的功效因素、经济效益因素和作业效益及社会效益因素三个方面进行分析。

1) 功能效益因素

功能效益因素主要包括对生物模本的仿生度，多元耦合仿生期望性能指标(如减阻率、降噪率、耐磨损率等)的达成程度，不同的多元耦合仿生项目的功效因素具体性能指标也不同。需要指出的是，不同阶段功效因素性能指标也不相同，仿生过程关注的是仿生度，即模拟生物特征功能的程度；仿生结果阶段关注的是仿生产品期望的性能指标达成程度。

2) 经济效益因素

多元耦合仿生的研发阶段主要包括研发成本、生产制造成本、储运成本、服务成本、使用成本等，其中，使用成本是指产品使用期间支付产品购置成本、能源消耗成本等。

3) 作业效益和社会效益因素

作业效益因素是考察仿生产品多元耦合仿生效能的影响因素，主要指仿生产品作业质量、稳定性、兼容性、可扩展性。稳定性是指仿生产品在运行过程中的故障概率或使用寿命；兼容性是指仿生产品与系统的协调配合性；可扩展性是指仿生产品的可升级改造程度。

社会效益因素可构建如图 12-4 所示的指标体系。可以具体地分解为以下几个方面。

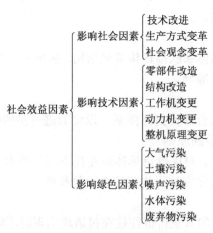

图 12-4　社会效益因素指标体系

(1) 影响社会因素。

影响社会程度如技术改进、生产方式变革、社会观念变革等。

(2) 影响技术因素。

影响技术程度可分为零部件改造、结构改造、工作机变更、动力机变更、整机原理变更等。

(3) 影响绿色因素。

在多元耦合仿生产品的制造和使用过程中，是否会产生大量的废气和尾气、噪声、废水，对环境造成污染；在制造过程中，是否有某些工艺过程的结果对人体有害，如机械触土部件中含有铜、镍、钴、锰、锌、砷、硼等元素，对土壤及土壤中的水体可能形成污染。

综合以上分析，按照功效因素、经济效益因素、作业效益及社会效益因素评估准则，可以建立多元耦合仿生效能评价指标体系。表 12-1 为模式 1 多元耦合仿生效能评价指标体系。用同样方法可以构建模式 2、模式 3 的多元耦合仿生评价指标体系。

表 12-1 模式 1 多元耦合仿生效能评价指标体系

目标层	评估准则	指标
耦合仿生效能	功能效益因素	性能指标 1 性能指标 2 ⋮ 性能指标 n
	经济效益因素	购置费用 维护费用 能源消耗费用
	作业效果因素	作业质量 稳定性(使用寿命) 兼容性 可扩展性

在实际应用中，由于工程仿生的项目不同，具体的指标也不尽相同，应注意遵循指标体系构建原则，认真进行筛选。对于复杂指标体系，应进行指标隶属度分析。

12.4.2 多数据源评估融合方法——功效系数法

多元耦合仿生效能评估，是把仿生系统(部件)在规定的条件下达到预定目标的能力，通过量化的方式反映到决策者面前。从单元仿生到多元耦合仿生，其复杂性有了很大程度的增加，特别是对仿生过程的效能评估，其功效指标将是一个更为复杂的综合性指标。目前，国内外公开的文献尚未查到关于多元耦合仿生效能的综合评价方法。这里参考用于综合评价经济效益的方法，常用的方法有分数评价法、综合经济效益导数法、功效系数法和综合经济效益指数法。鉴于多元耦合仿生系统数据的复杂性，有的来源于专家，有的来源于试验，并且不同向，综合评估时，对这些数据的融合处理有一定的难度。因此，需要选择一种有效的方法，对这些复杂的多数据源数据进行融合，既能综合评价多元耦合仿生效能，又能对不同应用领域的仿生项目进行比较，综合上述需求，可以选择功效系数法。

功效系数法能够反映多指标耦合仿生系统仿生效能的多因素的联系，而且可计算出综合系数，便于比较，其具体方法如下。

假定以 j 代表某个项目的经济活动，使用 m 个指标来衡量，分别以 $x_1, x_2, \cdots,$ x_m 表示。经济活动 j 的 m 个指标具体值为 $x_{1j}, x_{2j}, \cdots, x_{mj}$。

为了将不同活动的效能进行比较，必须把这 m 个指标综合成一个指标。具体计算可分为下面三个步骤：

(1) 把 $x_{1j}, x_{2j}, \cdots, x_{mj}$ 化为同度量，为此，引入功效函数关系式

$$d_i = f_i(x_i) = \frac{x_i - x_i^{(s)}}{x_i^{(h)} - x_i^{(s)}} \qquad x_i \geqslant x_i^{(s)} \tag{12-1}$$

式中，$i = 1, 2, \cdots, m$；$x_i^{(s)}$ 为指标 x_i 的不允许值；$x_i^{(h)}$ 为指标 x_i 的满意值；d_i 为指标 x_i 的功效系数。

(2) 为指标赋权重 $p_1, p_2, \cdots, p_m$，并代入功效系数，则带有权重的功效系数为

$$d_{1i}^{p_1}, d_{2i}^{p_2}, \cdots, d_{mi}^{p_m}$$

其中，权重值为 1~10。

(3) 建立评价模型

$$D_i = {}^{(p_1 + p_2 + \cdots + p_m)}\sqrt{d_{1i}^{p_1} \times d_{2i}^{p_2} \times \cdots \times d_{mi}^{p_m}} \tag{12-2}$$

如果有逆向指标可用：

$$D = \frac{\sum_{i=1}^{n} d_i p_i}{\sum_{i=1}^{n} p_i} \tag{12-3}$$

式中，D_i 为经济活动 i 的综合效益系数。

一般情况下，各指标的实际值应在不允许值和满意值之间，即 $x_i^{(h)} > x_i > x_i^{(s)}$，其中，不允许值是指该项指标根据评价的要求和工程仿生的现状不应该出现的最低值。一般可以取该仿生项目横向比较最差项目的 10%，计算其平均值作为不允许值。满意值指标是指在目前的条件下，根据项目的发展变化，尽最大努

力能够达到的最高值。一般可用横向比较该指标的最高值，或者取横向或纵向比较最好的项目的 10%的平均值。

12.5　多元耦合仿生效能评价实例

本节以仿生非光滑犁为例，将其与普通光滑犁在犁耕作业中测试的数据为依据对比，评价其仿生效能。

12.5.1　多指标综合评价体系构建

1. 评价模式的选择

评价对象为仿生产品，选择模式 1 进行仿生犁壁的仿生效能评价。

2. 评价指标体系的确定

依据综合评价指标体系构建原则，按照评估准则从功效因素、经济效益因素、作业效益因素进行分析。

1) 功效因素

仿生犁的目标功能是减粘降阻，犁耕阻力是犁壁功能的主要衡量指标；机组生产率是指机组单位时间内按一定质量标准完成的作业量，而技术生产率 W 是一定技术水平条件下机组能够达到的生产率，它比理论生产率低，更适宜作参照比较分析[23]，设定为功能效益的评价指标。

2) 经济效益因素

犁耕作业成本有能源消耗费、维修费、大修提存费、更换轮胎或履带提存费、固定资产折旧费、劳动报酬、资金占用费和管理费 8 项[24]。在评价过程中，牵引动力、牵引方式、土壤情况、平均作业速度等各项试验条件均一致，只是所用犁体不同；而在管理费、维修费、更换轮胎或履带的提存费等评价指标方面，仿生犁和普通犁相同；固定资产折旧费由于是以机组整体计提，反映到犁壁对指标影响极小，可以忽略不计，从指标中剔除。因此，我们只需分析因犁体不同而受到影响并与仿生效能密切相关的指标，分别选取耗油量 θ、劳动消耗 H 和犁壁成本 P 等 3 项作为经济效益因素评价指标。

3) 质量效益因素

质量效益因素包括犁壁自身质量(使用寿命衡量)、犁耕作业和与系统的兼容度。仿生犁壁由于与系统完全兼容，因而剔除兼容度指标；犁耕作业质量主要考察耕深、覆盖及碎土效果等[25]，取 4 项指标即耕深均匀性、覆土效果、碎土效果及作业连续性。

12.5.2 仿生犁效能评价指标数据获取

1. 田间试验

1) 试验条件

2004 年 8 月在舒兰进行了仿生非光滑犁及普通光滑犁作业的田间对比试验，土壤属东北黑土，主要试验条件如下。

(1) 计算土壤含水量。取土样 160g，经烘干机烘干 20h 后称得干土重 125.5g。由式[(160–125.5)/125.5]×100%，计算得其含水量为 27.49%。

(2) 平均耕深为 150mm，平均工作幅宽为 180mm。

(3) 平均作业速度为 0.73~0.83m/s，或 2.5~3km/h。

2) 试验数据及处理

首先对所用传感器进行标定，得出所用传感器标定的拟合方程为

$$Y = 1.44815X - 0.01212 \tag{12-4}$$

式中，X 为测试所获得的电压值(mV)；Y 为犁耕阻力(kN)。

试验分 6 组进行，每组采集到的数据个数不等(600~1000)。测试过程中，因土壤条件、载荷、作业速度等因素的瞬时突变，导致测试结果明显高于或低于正常的数据范围，故将这部分数据从原始数据中剔出。计算各组电压平均值，利用式(12-4)计算两种犁的犁耕阻力，计算及统计结果列于表 12-2。

表 12-2　试验数据统计结果

	仿生非光滑犁体测试数据		普通光滑犁体测试数据	
	原始数据均值	有效数据均值	原始数据均值	有效数据均值
第一组	0.851	0.892	0.685	0.733
第二组	1.292	1.105	0.577	0.610
第三组	0.494	0.616	0.724	0.764
第四组	1.086	0.979	1.049	1.013
第五组	0.372	0.551	0.823	0.857
第六组	0.225	0.462	1.002	1.015
总平均	0.720	0.768	0.810	0.832
剔除最大和最小组后均值	0.701	0.760	0.809	0.842
犁耕阻力/kN	1.088	1.088	1.208	1.208

降阻率 = (1.208 – 1.088)/1.208 = 10%

2. 机组技术生产率 W

作业比阻 K 可由下式确定：

$$K = \frac{R}{B_p} \quad \text{(N/m)} \tag{12-5}$$

式中，R 为犁体平均工作阻力(N)；B_p 为犁体平均工作幅宽(m)。

仿生非光滑犁的犁耕比阻 K_1 为

$$K_1 = 1088/0.18 = 6044 \text{ (N/m)}$$

普通光滑犁的犁耕比阻 K_2 为

$$K_2 = 1208/0.18 = 6711 \text{ (N/m)}$$

机组技术生产率 W 可由下式求得

$$W = \frac{N_T \tau}{A_T} = \frac{N_T \tau}{K} \cdot 360 \, (\text{hm}^2/\text{h}) \tag{12-6}$$

式中，A_T 为单位作业面积能量消耗(kW·h/hm²)，与作业比阻有关：$A_T = K/360N_T$ 为拖拉机某档最大牵引功率(kW)；τ 为机组时间利用因数，与地块长度及拖拉机的类型有关；K 为作业比阻。

(1) 仿生非光滑犁的机组技术生产率 W_1 为

$$W_1 = \frac{N_T \tau}{K_1} \cdot 360 = 0.059 N_T \tau \quad (\text{hm}^2/\text{h})$$

(2) 普通光滑犁的机组技术生产率 W_2 为

$$W_2 = \frac{N_T \tau}{K_2} \cdot 360 = 0.054 N_T \tau \quad (\text{hm}^2/\text{h})$$

3. 机组作业的耗油量 θ

机组作业的油料消耗包括主燃油、机油、润滑油、齿轮油等的消耗，本文忽略不计地头转弯与空运转工况的油料消耗。一般机油消耗量 θ_a 为主燃油的 3%~5%，我们取 4%；齿轮油及润滑油脂的消耗量 θ_b 为 5%；单位作业面积主燃油消耗量 θ_T 可由下式计算：

$$\theta_T = \frac{K}{360} \cdot g_T \quad (\text{kg/hm}^2) \tag{12-7}$$

式中，g_T 为拖拉机牵引功率小时耗油量(kg/(kW·h))。

则纯作业总的耗油量为

$$\theta = \theta_T + \theta_a + \theta_b = 1.09 \frac{K g_T}{360} \quad (\text{kg/hm}^2)$$

(1) 仿生非光滑犁耕机组耗油量 θ_1 为

$$\theta_1 = 1.09 \frac{K_1 g_T}{360} = 18.30 g_T \quad (\text{kg/hm}^2)$$

(2) 普通光滑犁耕机组耗油量 θ_2 为

$$\theta_2 = 1.09 \frac{K_2 g_T}{360} = 20.32 g_T \quad (\text{kg/hm}^2)$$

4. 机组作业单位面积的劳动消耗 H

机组作业单位面积的劳动消耗 H 可由下式计算:

$$H = \frac{m}{W} = \frac{mK}{360 N_T \tau} \quad (\text{h/hm}^2) \tag{12-8}$$

式中, m 为机组人数。

(1) 仿生非光滑犁耕机组劳动消耗 H_1 为

$$H_1 = \frac{mK_1}{360 N_T \tau} = 16.78 \frac{m}{N_T \tau} \quad (\text{h/hm}^2)$$

(2) 普通光滑犁耕机组劳动消耗 H_2 为

$$H_2 = \frac{mK_2}{360 N_T \tau} = 18.64 \frac{m}{N_T \tau} \quad (\text{h/hm}^2)$$

5. 犁壁成本 P

犁体为可更换部件,将犁体价格和犁体寿命综合考虑[26],以犁体成本为指标进行评价。按仿生非光滑犁体单价 320 元、普通光滑犁体单价 300 元,每台犁安装五铧计算。仿生非光滑犁体成本 P_1 及普通光滑犁体成本 P_2 分别为

$$P_1 = 320 \times 5 = 1600 \, (\text{元})$$

$$P_2 = 300 \times 5 = 1500 \, (\text{元})$$

6. 使用寿命 L

非光滑犁壁表面具有耐磨特性,经测试仿生非光滑犁的平均寿命可比普通光滑犁提高 40%左右。

7. 作业质量 Q

仿生犁不仅有降阻的作用,还有很好的防粘脱附效果[27],这不仅可以较好地改善作业效果,还有利于降低耕作过程中的故障率,增加作业的连续性,提高工作效率[28]。

邀请 5 名农机运用专家及 5 名一线生产人员,根据耕深均匀性、覆土效果、碎土效果及作业连续性等指标,对作业质量按很好、好、较好、一般和差 5 个标准(5、4、3、2、1),采用德尔菲法进行评价打分[29]。回收结果并统计计算,两种犁的作业质量分数分别为:仿生非光滑犁 4 分,普通光滑犁 3 分。

12.5.3　计算权重

继续邀请前述的 5 名农机运用专家及 5 名一线生产人员，对评价指标重要度按 1~10 进行赋权打分，采用德尔菲法计算权重，结果列于表 12-3。

表 12-3　评委打分统计表

因素	评委										总分	权重
	A	B	C	D	E	F	G	H	I	J		
R	6	5	6	6	5	6	6	4	6	6	56	0.14
W	5	6	7	6	8	7	5	10	7	4	65	0.16
θ	8	6	5	5	6	8	10	9	9	10	78	0.19
H	2	3	2	3	2	4	2	3	3	3	27	0.07
P	10	6	9	6	9	9	5	6	10	7	77	0.19
L	5	4	6	6	7	7	4	1	8	6	54	0.13
Q	3	5	5	4	6	3	4	4	5	5	48	0.12
合计	39	35	40	40	43	44	36	37	48	43	405	

12.5.4　仿生犁效能模型运算

将采集的评价指标数据进行计算，获得评价指标的取值，见表 12-4。

表 12-4　评价指标取值

	犁耕阻力 /N	技术生产率 $N_T\tau$	耗油量 g_T	劳动消耗 m/$N_T\tau$	犁壁成本 /元	使用寿命 L	作业质量 Q
仿生犁	102.8	0.059	18.30	16.78	1600	40%	4
普通犁	120.8	0.054	20.32	19.64	1500	35%	3
	X_1	X_2	X_3	X_4	X_5	X_6	X_7
	0.1	0.1	0.1	0.1	1600	0.4	4

以普通犁各项指标值为不允许值，各类犁壁可以取同类产品期望达到的最高性能指标为满意值，见表 12-5。

表 12-5　不允许值、满意值表

X_1		X_2		X_3		X_4		X_5		X_6		X_7	
$X_1^{(s)}$	$X_1^{(h)}$	$X_2^{(s)}$	$X_2^{(h)}$	$X_3^{(s)}$	$X_3^{(h)}$	$X_4^{(s)}$	$X_4^{(h)}$	$X_5^{(s)}$	$X_5^{(h)}$	$X_6^{(s)}$	$X_6^{(h)}$	$X_7^{(s)}$	$X_7^{(h)}$
0	0.3	0	0.3	0	0.2	0	0.3	1500	1100	0	0.7	3	5

将数值代入式(12-1)，得 $d_1 = 0.33$，$d_2 = 0.33$，$d_3 = 0.5$，$d_4 = 0.33$，$d_5 = -0.25$，$d_6 = 0.57$，$d_7 = 0.5$，由多元耦合效能评价模型式(12-3)，计算效能评估结果 D 为

$$D = \frac{\sum\limits_{i=1}^{n} d_i p_i}{\sum\limits_{i=1}^{n} p_i} = 0.305$$

可见，多元耦合仿生犁壁比传统犁壁效能提高 30.5%。

12.5.5 评价结论

(1) 由于效能评价模型计算中不允许值为传统犁壁的各项指标值，因此，效能评估的结果 D 实际是与传统犁壁对比的比值。由计算结果可知，多元耦合仿生犁壁比传统犁壁效能提高 30.5%。

(2) 由表 12-3、表 12-4 对多元耦合仿生犁壁效能达成指标为−0.25~0.57。对其进行分析，结果表明，多元耦合仿生犁使用寿命、作业质量、耗油量等指标效能达成较好，由于成本指标为−0.25，因此，在下一步的研究中应注意降低产品成本。

(3) 评价模型中的满意值、不允许值的选取对评价结果有一定影响，应根据具体的仿生项目评价要求进行合理选取。

参 考 文 献

[1] 洪筠. 多元耦合仿生可拓研究及其效能评价. 吉林大学博士学位论文, 2009.
[2] 洪筠, 崔占荣, 任露泉. 仿生犁与普通犁犁耕作业综合经济效益的对比分析. 农业机械学报, 2006, 37(10): 93-97.
[3] 李建桥, 任露泉, 刘朝宗, 等. 减粘降阻仿生犁壁的研究. 农业机械学报, 1996, 27(2): 1-4.
[4] 任露泉, 丛茜, 吴连奎, 等. 仿生非光滑推土板减粘降阻的试验研究. 农业机械学报, 1997, 28(2): 1-5.
[5] Ren L Q. Progress in the bionic study on anti-adhesion and resistance reduction of terrain machines. Sci China Ser E-Tech Sci, 2009, 52(2): 273-284.
[6] 李明, 刘澎. 武器装备发展系统论证方法与应用. 北京: 国防工业出版社, 2000.
[7] 孟庆玉, 张静远, 宋保维. 鱼雷作战效能分析. 北京: 国防工业出版社, 2003.
[8] 郭齐胜, 杨瑞平, 李巧丽, 等. 装备效能评估概论. 北京: 国防工业出版社, 2005.
[9] 杨凤鸣. 防空导弹武器系统作战效能分析. 系统工程与电子技术, 1991, 6: 24-28.
[10] 万自明, 廖良才, 陈英武. 武器系统效能评估模式研究. 系统工程与电子技术, 2000, 3: 1-3.
[11] 吴定, 张润书, 陈德禹, 等. 行政学. 台北: 空中大学出版社, 2003.
[12] 侯定丕, 王战军. 非线性评估的理论探索与应用. 合肥: 中国科学技术大学出版社, 2001.
[13] 赵丽艳, 顾基发. 东西方评价方法论对比研究. 管理科学学报, 2000, 3(1): 87-93.
[14] 胡永红, 贺斯辉. 综合评价方法. 北京: 科学出版社, 2000.
[15] 邱东. 多指标综合评价方法的系统分析. 北京: 中国统计出版社, 1991.

[16]　郭亚军. 综合评价理论与方法. 北京：科学出版社, 2002.

[17]　胡宝清. 模糊理论基础. 武汉：武汉大学出版社, 2004.

[18]　王国华, 梁樑. 决策理论与方法. 合肥：中国科学技术大学出版社, 2003.

[19]　邓聚龙. 灰色系统基本方法. 南京：华中理工大学出版社, 1987.

[20]　安景文, 韩朝. 灰色聚类关联分析法在大气环境质量评价中的应用. 数量经济技术经济研究, 1999, 12: 23-26.

[21]　胡笙煌. 主观指标评价的多层次灰色评价法. 系统工程理论与实践, 1996, 1: 34-37.

[22]　何勇. 灰色多层次综合评判模型及应用. 系统工程理论与实践, 1993, 7: 56-58.

[23]　陈济勤. 农业机械运用学. 北京：中国农业出版社, 1995.

[24]　任露泉, 丛茜, 陈秉聪, 等. 几何非光滑典型生物体表防粘特性的研究. 农业机械学报, 1992, 23(2): 29-35.

[25]　古兴荣. 科学技术研究经济学原理. 北京：中国财政经济出版社, 2004.

[26]　Ren L Q, Wang Y P, Li J Q, et al. Flexible unsmoothed cuticles of soil animals and their characteristics of reducing adhesion and resistance. Chinese Sci Bull, 1998, 43(2): 166-169.

[27]　Ren L Q, Tong J, Chen B C. Soil adhesion and biomimetics of soil-engaging components in anti-adhesion against soil: a review. J Agr Eng Res, 2001, 79(3): 239-242.

[28]　Ren L Q, Deng S Q, Wang J C. Design principles of the non-smooth surface of bionic plow moldboard. J Bionics Eng, 2004, 1: 9-19.

[29]　杨印生. 经济系统定量分析方法. 长春：吉林科学技术出版社, 2001.